Visual Studio Code 完全入門

リブロワークス

JN021771

Webクリエイター&
エンジニアの作業がはかどる
新世代エディターの操り方

インプレス

●本書の内容は、2022 年 1 月時点の情報をもとに構成しています。

●本書の発行後にソフトウェアの機能や操作方法、画面などが変更された場合、本書の掲載内容通りに操作できなくなる可能性があります。本書発行後の情報については、弊社の Web ページ（https://book.impress.co.jp/）などで可能な限りお知らせいたしますが、すべての情報の即時掲載および確実な解決をお約束することはできかねます。また本書の運用により生じる、直接的、または間接的な損害について、著者および弊社では一切の責任を負いかねます。あらかじめご理解、ご了承ください。

●本書発行後に仕様が変更されたハードウェア、ソフトウェア、サービスの内容などに関するご質問にはお答えできない場合があります。該当書籍の奥付に記載されている初版発行日から 3 年が経過した場合、もしくは該当書籍で紹介している製品やサービスについて提供会社によるサポートが終了した場合は、ご質問にお答えしかねる場合があります。また、以下のご質問にはお答えできませんのでご了承ください。

・書籍に掲載している手順以外のご質問
・ハードウェア、ソフトウェア、サービス自体の不具合に関するご質問

はじめに

この本を手に取ったあなたは、Visual Studio Code（以降VSCode）というツールについて耳にしたことがあるでしょうか？ そして、どんな印象を持っているでしょうか？

「プログラマが使っているすごいツール」「Visual Studioのような何か」……これらの印象はどちらも間違ってはいませんが、総じて「ソフトウェア開発者向けのツールで、使いこなすのに専門的な知識が必要そう」と感じている方が多いのではないでしょうか。

VSCodeはMicrosoft社が無償で公開しているテキストエディターですが、Visual StudioやAndroid Studioなどソフトウェア開発のための機能を揃えたIDE（統合開発環境）に近い部分があるのも事実です。

そのため、専業のエンジニア向けというイメージが先行して、ハードルの高さを感じている方も多いかもしれません。

しかし、VSCodeはソフトウェア開発者やエンジニアのためだけのツールではありません。

VSCodeの魅力は、テキスト編集やフォルダー操作などの日常業務から、プログラミングやバージョン管理といった本格的な開発業務まで、あらゆる作業をこれ1つでこなせるところにあります。

もしあなたがWebクリエイターやエンジニアで、本書を読んで仕事にVSCodeを導入すれば、効率的に作業を進められるようになるだけでなく、1日の業務を終えたあと、その日に立ち上げたアプリはWebブラウザとVSCodeだけだった、ということさえ珍しくなくなるでしょう。

とはいえ、Microsoftが公開しているVSCodeの公式ドキュメントには英語でしかアクセスできない情報も多くありますし、エンジニア向けの解説書も何冊か出ていますが、前提知識がないと読むのに苦労してしまうかもしれません。

本書では、VSCodeの導入から本格的に使いこなすところまで、手順を図解しながらやさしく説明していきます。

基本的な設定や自分好みにカスタマイズする方法はもちろん、Web制作やプログラミング向けの機能もスクリーンショットを交えて手順を解説していくので、迷わずに操作をマスターしていただけます。

各CHAPTERの構成は、VSCodeの基本的な機能の解説からはじまって、そのあとにWeb制作やプログラミングのための機能を紹介する流れになっています。

これからVSCodeを導入するという方はCHAPTER1から、すでに使っていて基本的な操作方法は知っているという方は開発用途に合わせてCHAPTER3～6の自分に必要そうなところを読んでいただくとよいでしょう。

CHAPTER1　VSCodeを導入しよう
CHAPTER2　基本的なファイル編集をしてみよう
CHAPTER3　設定とカスタマイズを理解しよう
CHAPTER4　Web制作に最適化しよう
CHAPTER5　プログラミングに最適化しよう
CHAPTER6　VSCodeからGitを使ってみよう

本書の内容を理解することで、日々の業務をVSCodeで行えるようになるだけでなく、皆さんの仕事のやり方自体をアップデートする助けになれば幸いです。

CONTENTS

CHAPTER 2 基本的なファイル編集をしてみよう

CHAPTER 3 設定とカスタマイズを理解しよう

CHAPTER 4 Web制作に最適化しよう

CHAPTER 5 プログラミングに最適化しよう

CHAPTER 6

VSCodeからGitを使ってみよう

CHAPTER 1

VSCodeを導入しよう

その歴史と特徴を追う

＃概要説明／＃オープンソース

コードエディターの新定番、Visual Studio Code

Visual Studio Codeは、短期間でデファクトスタンダードに登り詰めたコードエディターです。オープンソースなどのさまざまな技術トレンドを押さえています。

IDEより軽く、過去のエディターより高機能

Visual Studio Code（ビジュアルスタジオコード、以降VSCode）は、Microsoft社が無償で公開しているテキストエディターです。実際はまったく別のアプリなのですが、同社の伝統あるIDE（統合開発環境）の「Visual Studio」の名を受け継いでいます。

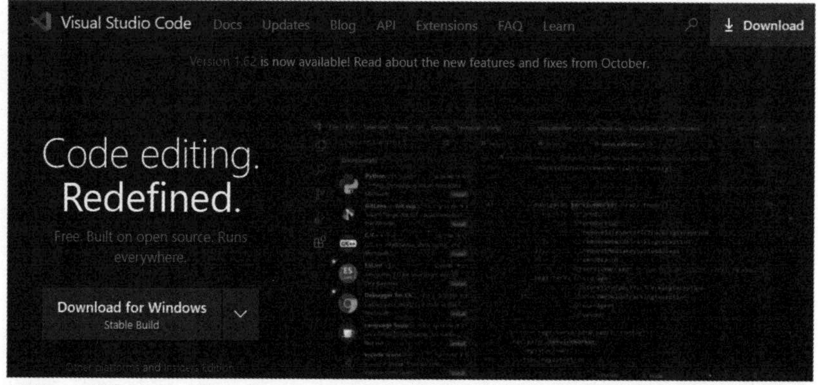

VSCode のダウンロードページ

VSCodeのように、プログラミングやWeb制作のコーディングに適したテキストエディターは、**コードエディター**とも呼ばれます。コードエディターは昔から複数が併存していて、特に標準となる存在もなかったのですが、ここ数年で一気にVSCodeのユーザーが増え、デファクトスタンダード（業界標準）となりつつあります。

人気の秘密を探るために、VSCodeの特徴を列挙してみましょう。

- 無償で配布されている
- オープンソースソフトウェアとして開発されている
- クロスプラットフォームである（Windows、macOS、Linux対応）
- IDEよりも軽い（動作が速い）

- 豊富な拡張機能があり、IDEと並ぶレベルまで強化できる
- アップデートが頻繁（改良が早い）
- 標準でGitによるバージョン管理をサポートしている
- マルチカーソルなど強力な編集機能を持つ
- Web技術（JavaScriptなど）をベースにしている

わかりやすい特徴だけを選り抜くと**「無償で軽くて高機能」**ですから、流行るのが当たり前とも感じますね。しかし、それだけでスタンダードになれるほどエディターの世界は甘くないはずです。もう少し掘り下げて見ていきましょう。

VSCodeは最新技術トレンド全部入り？

VSCodeの特徴を見て気が付くのは、オープンソースソフトウェアなどの技術トレンドをひととおり押さえている点です。**オープンソースソフトウェア（Open Source Software＝OSS）**とは、プログラムのソースコード（Source Code、源という意味）を広く公開し、有志によって共同で開発するソフトウェアのことです。オープンソースなら必ずそうなるわけではありませんが、うまく波に乗れば、無償かつ高機能で、頻繁にアップデートされ、拡張機能なども豊富なソフトウェアプロジェクトに成長します。その点でVSCodeは、うまく波に乗ったといえそうです。

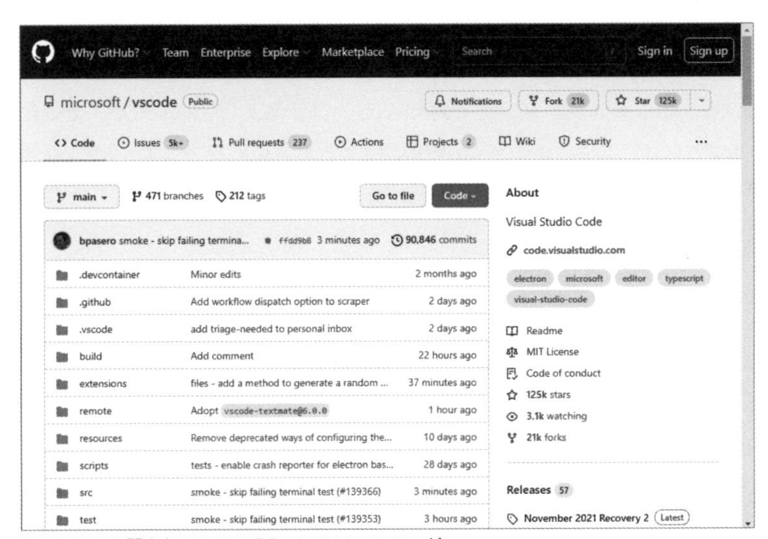

GitHubで公開されているVSCodeのソースコード

2つ目の特徴は、標準でバージョン管理システムの**Git（ギット）**をサポートしている点です。GitはLinux（リナックス）を開発する際に産み出されたもので、複数人での開発をスムーズに行えるようソースコードを管理します。オープンソースソフトウェアの開発で広く使われており、そのソースコードの多くはGitベースのWebサービスである**GitHub（ギットハブ）**に集められています。つまり、VSCodeはオープンソースソフトウェアの開発にも適しているといえます。

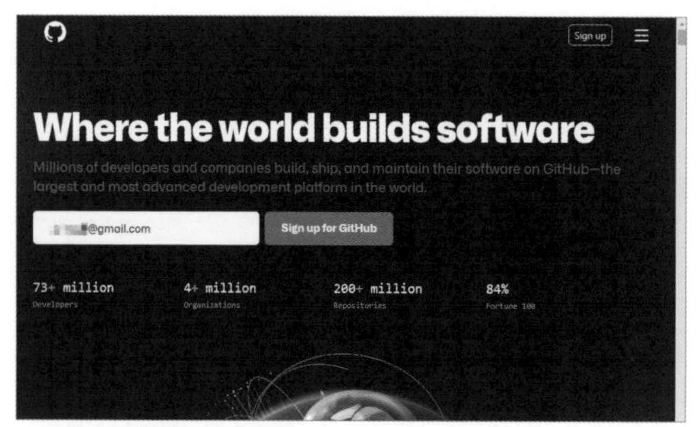

ソースコード共有サイト GitHub

3つ目の特徴は、**Web技術**をベースとしている点です。VSCodeはElectron（エレクトロン）というフレームワーク（アプリの骨組みのこと）で開発されています。ElectronはNode.js（ノード・ジェイエス）とChromium（クロミウム）を組み合わせたもので、Node.jsはJavaScript実行環境、ChromiumはGoogle Chromeの中核部分ですから、要するにデスクトップ上で動くWebアプリのようなものです。そのおかげで、Windows、macOS、Linuxの3環境で動作する**クロスプラットフォーム**を実現しています。

紆余曲折もあったスタンダードまでの道のり

VSCodeは現在のかたちでいきなり現れたわけではありません。初めて登場したときは、先行するコードエディター**Atom（アトム）**に似たプロジェクトとされており、そのAtomはシェアウェアの**Sublime Text（サブライムテキスト）**に強い影響を受けています。コードエディターのはやりすたりを見ていくと、VSCodeは勝つべくして勝ったというよりは、いつの間にかライバルが消えて標準となったという印象も受けます。

Sublime Textは2008年に公開された有償のコードエディターで、革新的なさまざまな機能から人気を集めました。VSCodeのマルチカーソルやミニマップ、JSONによる柔軟な設定、拡張機能の仕組みなどはSublime Textにもあり、先にSublime Textを使った経験があると、ほとんど違和感なくVSCodeになじめるはずです。

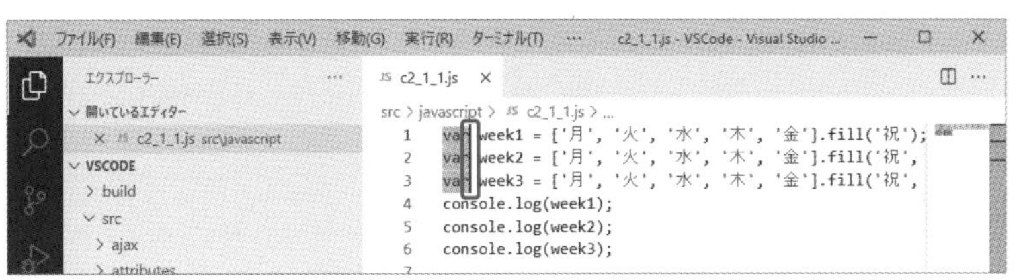

VSCode のマルチカーソル。カーソルを増やして複数箇所を同時に編集できる

それに続くAtomは、GitHub社が開発したオープンソースソフトウェアで、機能面ではSublime Textの影響を受けていましたが、その最大の特徴は開発にWeb技術――Electronが使われている点にありました。VSCodeの開発にも使われているElectronは、もともとはAtomのために作られたものです。

そのあとにElectronベースのコードエディターがいくつか登場し、その中の1つが2015年のVSCodeでした。コードエディターとしては後発でしたが、その成長はめざましく、短期間でAtomと並ぶレベルに達します。GitHub社は2018年にMicrosoft傘下となり、Atomの更新速度が鈍りつつあるなか、現在に至ります。

このような紆余曲折はありましたが、VSCodeが現在最も勢いがあるコードエディターであることは衆目の一致するところです。さらに新たな試みとして、**Webブラウザのみで動作するオンライン版**（P.254参照）も誕生しています。技術トレンド全部入りともいえる最新コードエディターを、皆さんも一緒に体験していきましょう。

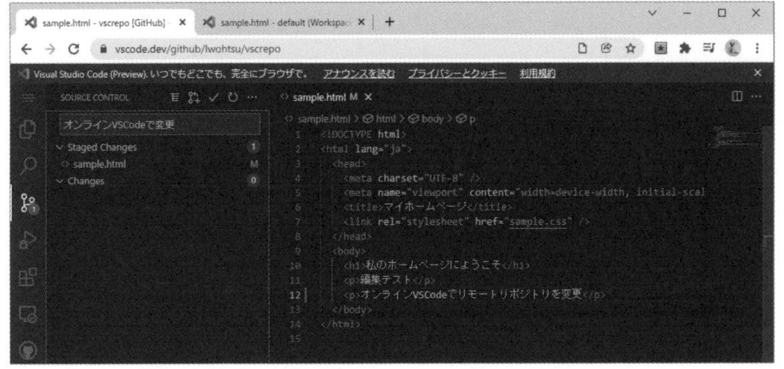

Web ブラウザで動くオンライン版 VSCode

VSCodeをインストールする

VSCodeは高機能なソフトウェアですが、無料でインストールできます。Windows、macOSのそれぞれでインストールする方法を紹介します。

Webサイトからダウンロード

VSCodeをインストールするためには、まずは公式Webサイトからインストーラをダウンロードします。以下のURLからアクセスしてください。

・**Visual Studio Code**
https://code.visualstudio.com

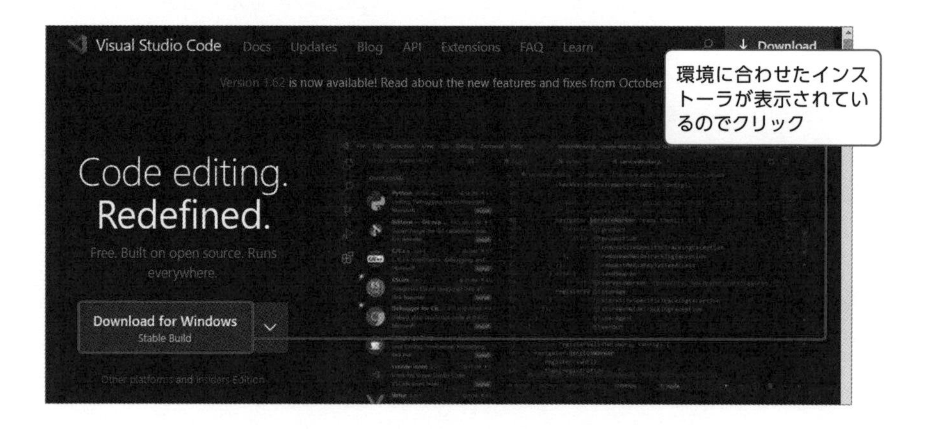

ダウンロードボタンの横の［∨］をクリックすると、ダウンロードするインストーラを選択できます。

インストーラを選択する場合、OSごとにStable／Insidersという選択肢が表示されます。これはオープンソースのソフトウェアではよくあることで、Stableは動作が安定している機能のみを使用できるもの、Insidersは最新の機能をいち早く使用できるものです。Insidersは拡張機能（P.112参照）の開発者など向けに提供されているので、通常はStableをダウンロードします。

Windows版のインストール手順

インストーラのダウンロードが完了したら、インストーラファイルを開きます。以下の画像はMicrosoft Edgeでダウンロードが完了したあとの画面です。

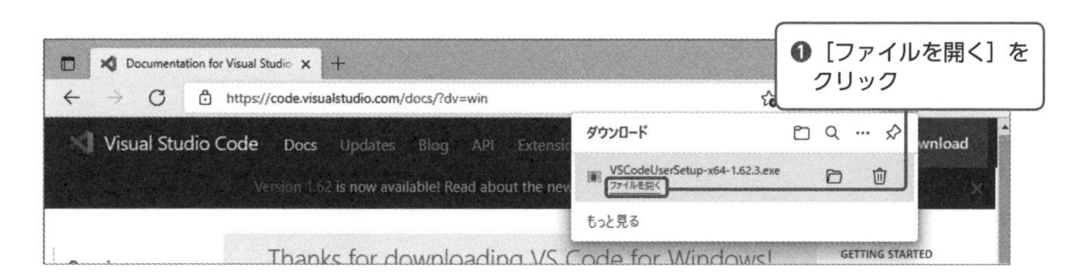

使用許諾契約書に同意する画面が表示されるので、［同意する］をチェックして［次へ］をクリックします。続いてインストール先のフォルダーや、VSCodeをスタートメニューやデスクトップから起動するための設定を行います。

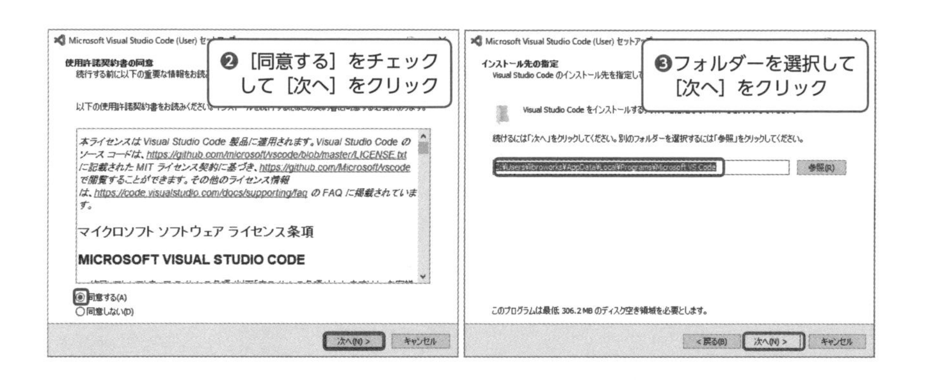

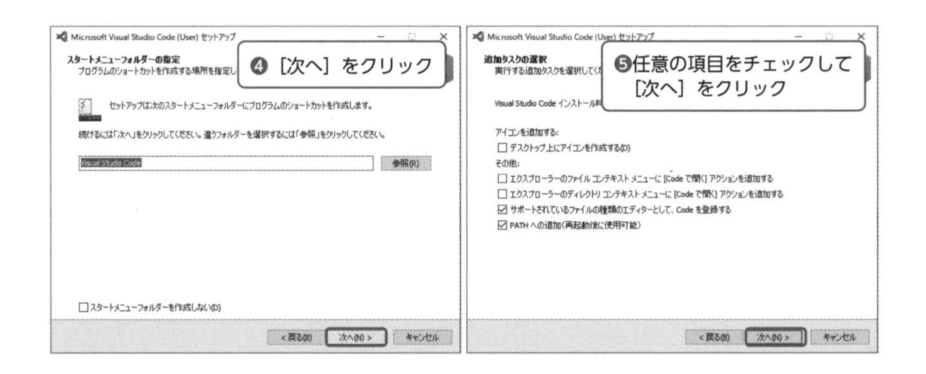

最後に［インストール］ボタンをクリックするとインストールが開始されます。

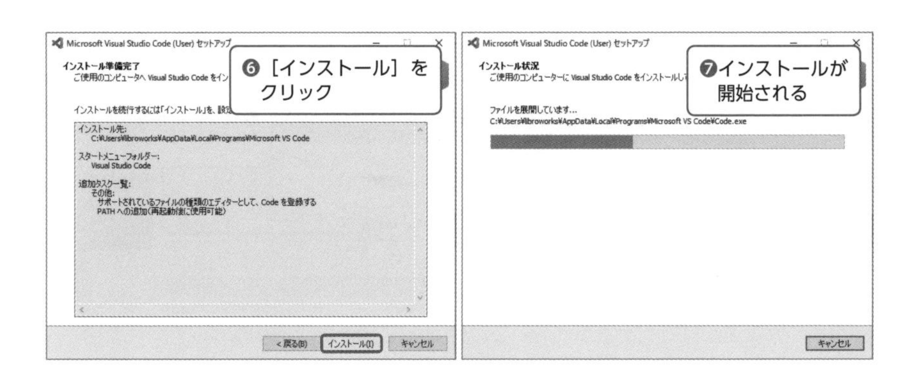

インストールが完了したら、［完了］をクリックしてセットアップを終了します。

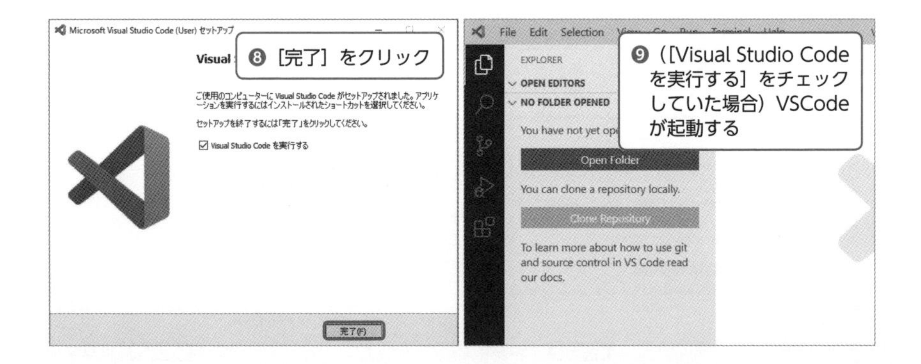

macOS版のインストール手順

macOSの場合は、ダウンロードしたアプリケーションファイルを開くだけでVSCodeが起動します。以下の画像はSafariでアプリケーションファイルのダウンロードが完了したあとの画面です。

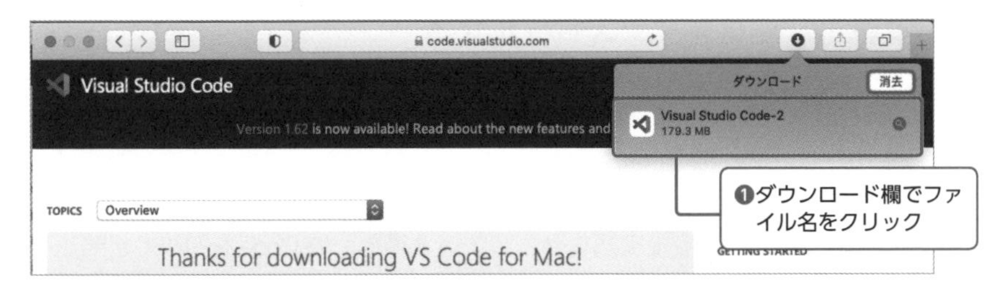

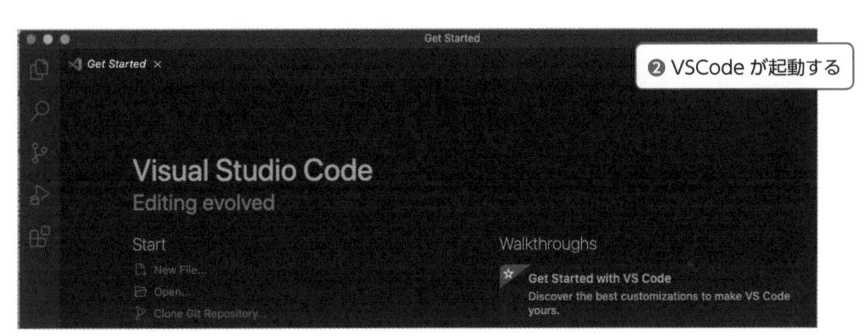

ダウンロードされたファイルはデフォルトで［ダウンロード］フォルダーに保存されますが、［アプリケーション］フォルダーに移動しておくとLaunchpadなどからもVSCodeを起動できます。

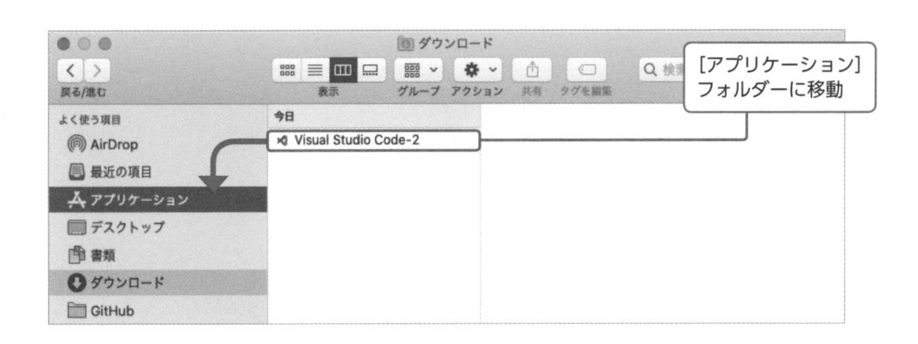

標準機能 ／ # 初期設定

初期設定を行う

インストールしたVSCodeの初期設定を行う手順を解説します。拡張機能をインストールする方法、設定画面を開く方法も合わせて覚えましょう。

日本語化パックをインストールする

VSCodeの表示言語は、標準では英語に設定されています。これを日本語に切り替えるためには、Microsoftから提供されている**「Japanese Language Pack for Visual Studio Code」という拡張機能**をインストールする必要があります。

コンピュータの言語設定を英語以外にしている場合、VSCodeを初めて起動したときに言語を変更するか確認するダイアログが表示されるので、これに従って表示言語を日本語にすることもできますが、今回は拡張機能の説明も兼ねて「Japanese Language Pack for Visual Studio Code」をインストールする手順を紹介します。

拡張機能をインストールするには、まずVSCodeのウィンドウ左側にあるアクティビティバーで［Extensions（拡張機能）］タブをクリックしてMarketplaceを開きます。

※環境によっては画面の見た目が異なる場合があります

Marketplaceでは、VSCodeにさまざまな機能を追加する**拡張機能**を入手することができます。拡張機能にはVSCodeを提供しているMicrosoftが公開しているものから一般のユーザーが開発したものまで幅広い種類があり、自分で作成した拡張機能を公開することもできます。

それでは、Marketplaceの検索欄に「Japanese」と入力して、「Japanese Language Pack for Visual Studio Code」を検索してみましょう。目的のものが見つかったら[Install] ボタンをクリックすることでVSCodeに拡張機能をインストールします。

拡張機能のインストールが完了すると、言語設定を日本語に変更するためにVSCodeの再起動をすすめるダイアログがVSCodeウィンドウの右下に表示されるので、[Restart] をクリックしてください。

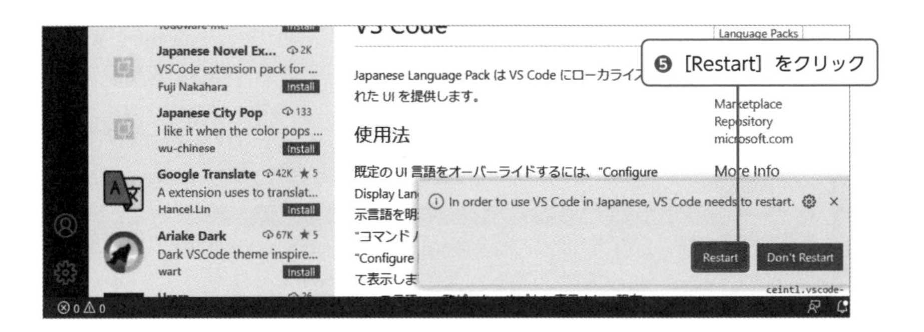

もう一度VSCodeが起動すると、メニューバーなどの表示が日本語に切り替わっているはずです。

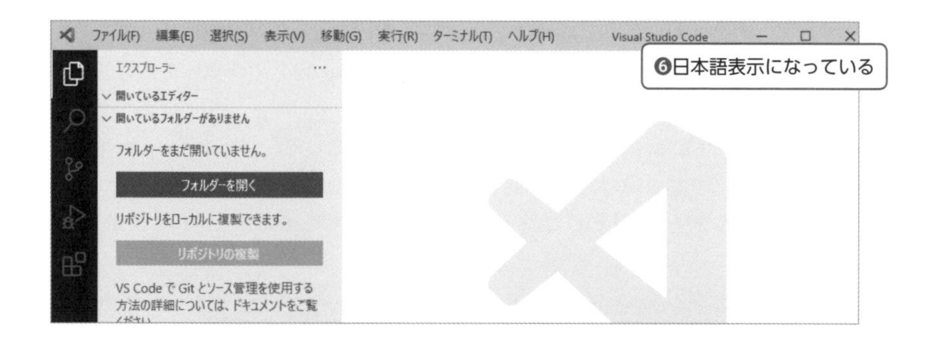

コマンドパレットから表示言語を切り替える

次に、**コマンドパレット**で表示言語を切り替える方法を説明します。VSCodeには、「コピー」や「ペースト」といった簡単なものから「プログラムをデバッグ実行する」などの高度なものまで、さまざまな操作が**コマンド**として登録されています。コマンドパレットでしかできない操作もあるので、使い方を覚えておきましょう。

拡張機能「Japanese Language Pack…」をインストールしたあとでも、VSCodeの起動時にたびたび表示言語が英語に戻ってしまっている場合があります。そのようなときは、以下の手順で簡単に日本語表示に戻せます。

まず、Ctrl+Shift+Pキーを押して**コマンドパレットを起動**します。Macをお使いの場合はCtrlキーの代わりにcommandキーを押します。**本書では基本的にWindowsのショートカットキーで手順を解説します**が、Ctrlキー→commandキー以外の違いがある場合は適宜Macでのショートカットキーについて補足します。

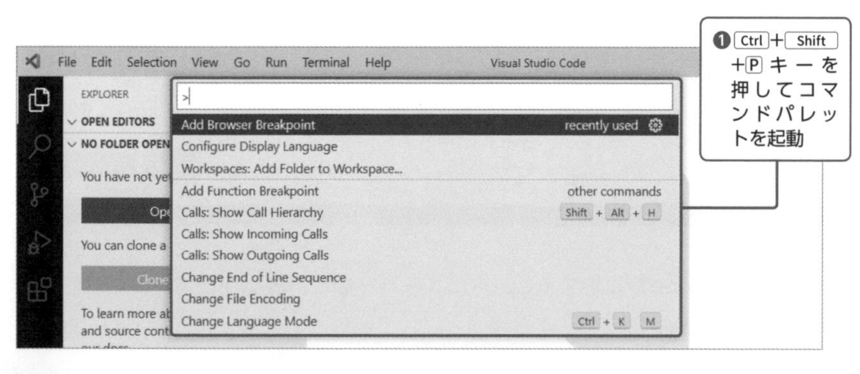

key ▲ すべてのコマンドの表示 | Windows: Ctrl+Shift+P | Mac: command+shift+P

コマンドパレットを開いたら、実行したいコマンドを検索します。今回は言語に関する設定を行いたいので「language」と入力してみましょう。候補に表示された「Configure Display Language」が表示言語の設定を行うコマンドなので、これをクリックするか選択した状態で Enter キーを押して実行します。続いて、どの言語を表示言語にするかを選択します。日本語を意味する「ja」を選んでください。

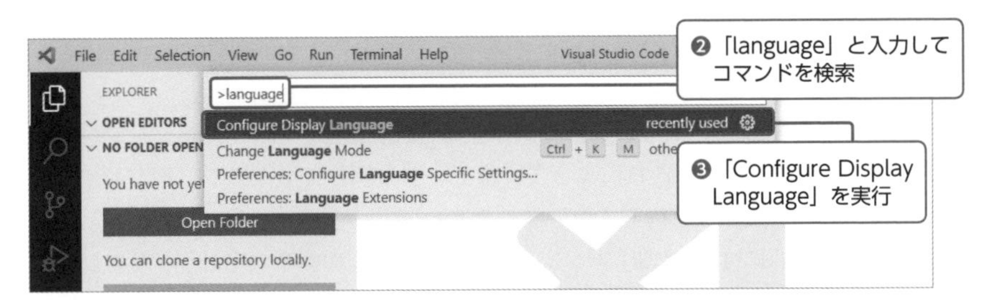
❷「language」と入力してコマンドを検索
❸「Configure Display Language」を実行

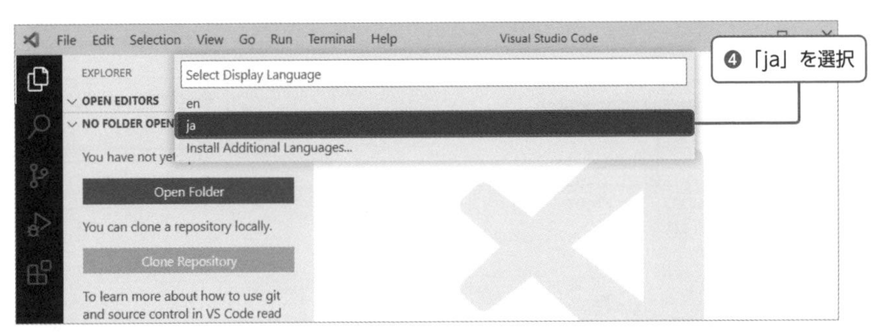
❹「ja」を選択

言語設定を変更するためにVSCodeの再起動をすすめるダイアログボックスが表示されるので、[Restart] をクリックします。これで表示言語が日本語に変更されます。

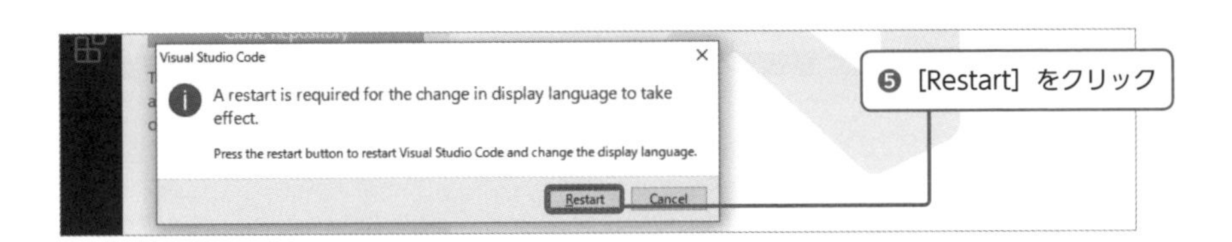
❺ [Restart] をクリック

なお、コマンドパレットについてはCHAPTER3でも解説しています。

設定画面を開く

VSCodeで設定を行うには、設定画面から各種設定を行う方法と、settings.jsonという設定ファイルを直接テキストとして編集する方法の2種類があります。

VSCodeには膨大な設定項目があり、設定画面からはすべての項目にアクセスできないので、慣れてくるとsettings.jsonを編集する方法のほうが網羅性の点で優れているのですが、ここでは設定画面から設定を行う手順を紹介します。

今回は、編集中のファイルを自動で保存するAuto Saveという機能を設定画面からONにしてみましょう。これによって、エディター部分で操作しているファイルを切り替えると自動で保存されるようになります。

設定画面を開くには、[管理] ボタン (ウィンドウ左下の歯車のマーク) をクリックし、続いて [設定] をクリックします。

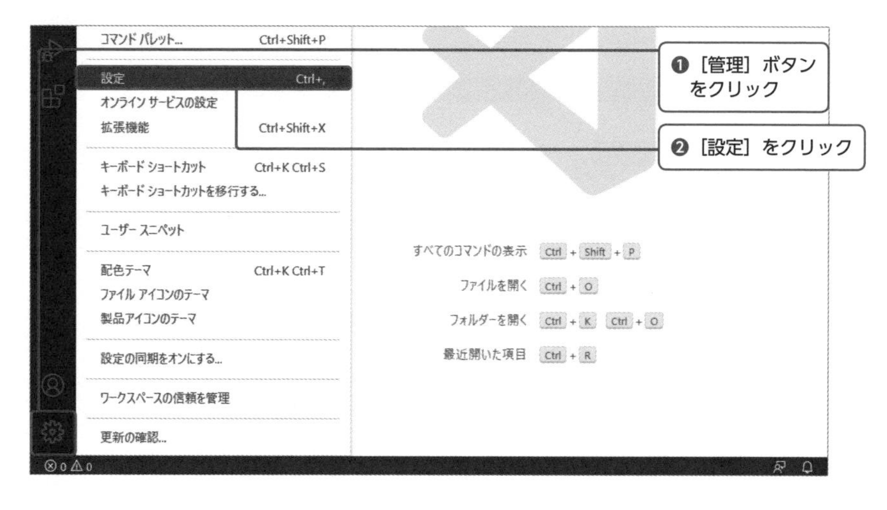

エディター部分 (P.28参照) に設定画面が表示されます。

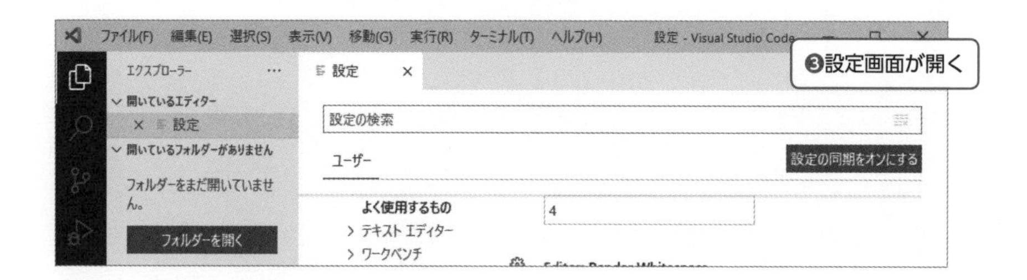

設定画面の項目はsettings.jsonの一部ですが、スクロールしてみるだけでも非常に多くの項目があることがわかります。そのため、設定画面上部には項目を検索するための入力欄が用意されています。ここに「auto save」と入力して目的の項目を検索してください。

表示言語を日本語にしている場合は日本語でも検索できますが、設定項目ごとに割り当てられている**設定ID**は英語なので、**英単語を入力するほうが精度の高い検索ができます**。

結果が表示されたら、「Files: Auto Save」の設定値を「off」から「onFocusChange」に変更します。

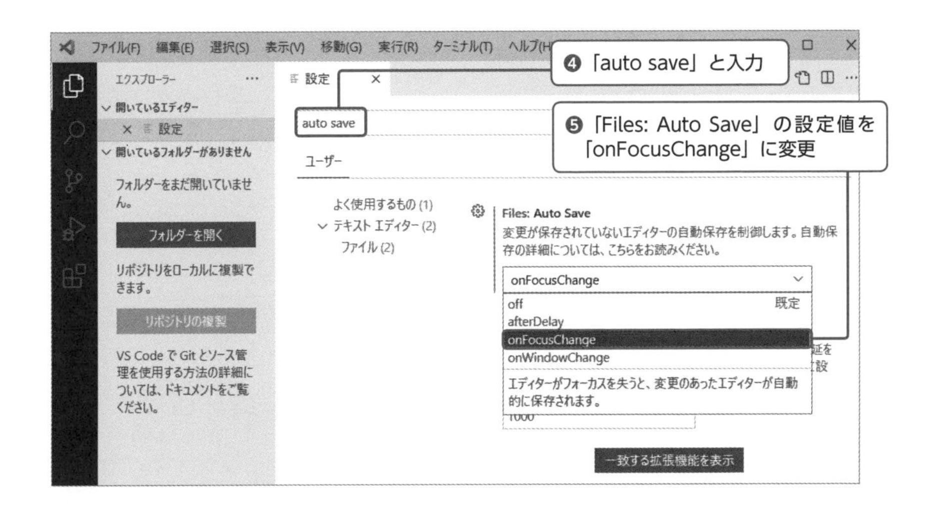

Point **settings.json について**

VSCode の設定を行うには、ここで説明したように設定画面を操作する方法と、settings.json というファイルを編集する方法の 2 種類があると説明しましたが、実はどちらの方法で設定しても settings.json 上にその内容が反映されています。

そのため、設定画面から行える設定はすべて settings.json からでも可能なのですが、settings.json を編集する方法については P.92 で解説します。

標準機能 ／ # 画面構成

VSCodeの画面構成

エディター分割で並行作業

VSCodeの画面は5つの領域に分けられますが、それぞれの大きさや配置を自由に調整して、作業しやすい画面構成に変更できます。

画面の5つの領域

VSCodeを本格的に操作する前に、画面の見方について学んでおきましょう。以下の画面はフォルダーやファイルを開いた状態のものですが、その方法はCHAPTER2で解説します。

VSCodeの画面は、以下の**5つの領域**に分けられます。このうちパネルについてはP.186、ステータスバーについてはP.34で詳しく説明します。

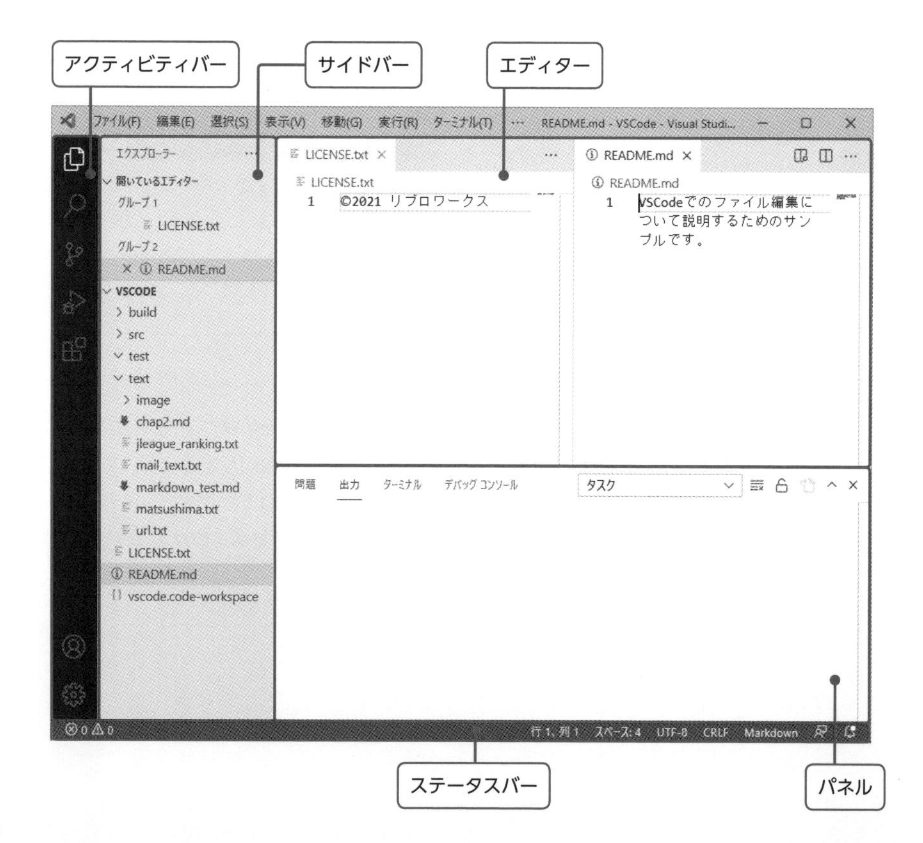

アクティビティバー

エクスプローラー、検索などサイドバーに表示する機能を切り替えるためのアイコンが配置されています。

アクティビティバーのアイコン

アイコン	名前	説明
	エクスプローラー	開いているファイルやフォルダー、ワークスペース（P.46参照）を一覧表示する
	検索	ファイルやフォルダーから指定したキーワードを検索する
	ソース管理	ソース管理ツールGit（P.196参照）との連携機能がまとめられている
	実行とデバッグ	プログラムを実行、デバッグする
	拡張機能	新しい拡張機能をインストールしたり、インストールした機能を管理したりする

サイドバー

アクティビティバーで選択した内容によって、エクスプローラービュー、検索ビューなどに切り替わります。ここではエクスプローラービューの3つの部分について見ておきましょう。

エクスプローラービューには、[開いているエディター][フォルダー][アウトライン]の3つの部分があります。[フォルダー]は常に表示されていますが、それ以外の2つはエクスプローラービューの右上にある… [ビューとその他のアクション]ボタンから表示／非表示を切り替えられます。

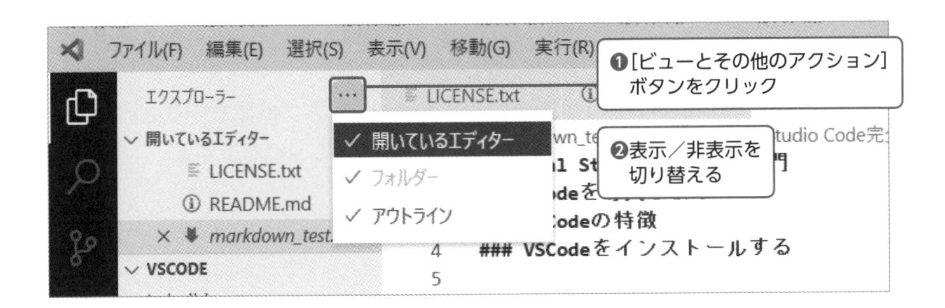

エクスプローラービューの機能

名前	説明
開いているエディター	エディター部分に開いているファイルが一覧表示される。複数のファイルを開いているときに役立つ
フォルダー	開いているフォルダーが階層構造で表示される
アウトライン	エディターで選択されているファイルの概要を表示する。たとえばMarkdownファイル（P.58参照）ではヘッダー階層が表示される

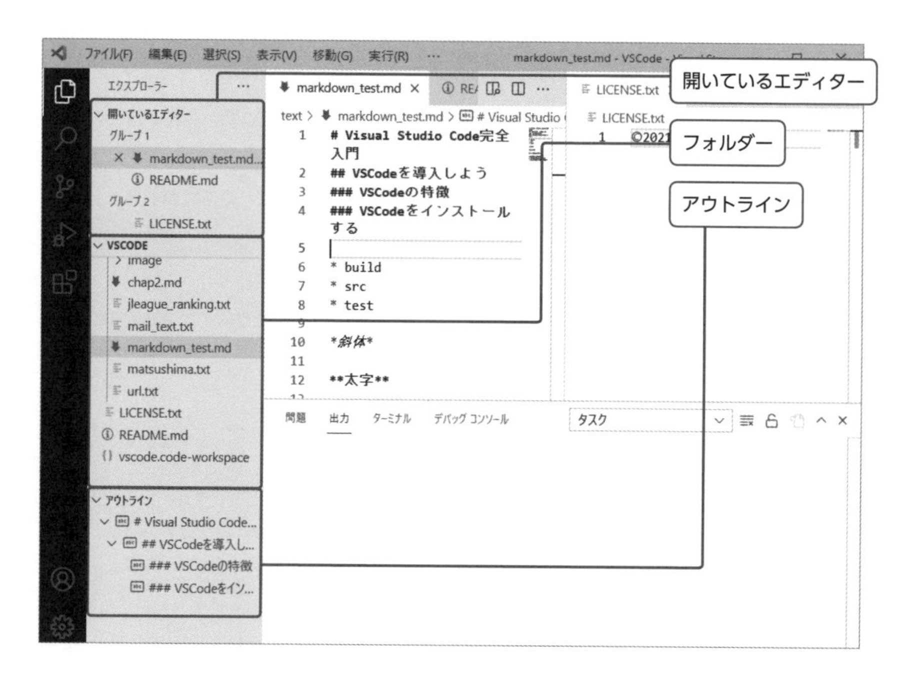

エディター

開いているファイルがタブで表示される、ファイル編集の基本となる領域です。VSCodeでは、**エディター領域を縦、横に分割して複数のファイルを一度に表示できます**。

エディターを分割する方法はいくつかありますが、マウス操作で行うにはエディターの右上にある◫（エディターを右に分割）ボタンをクリックします。

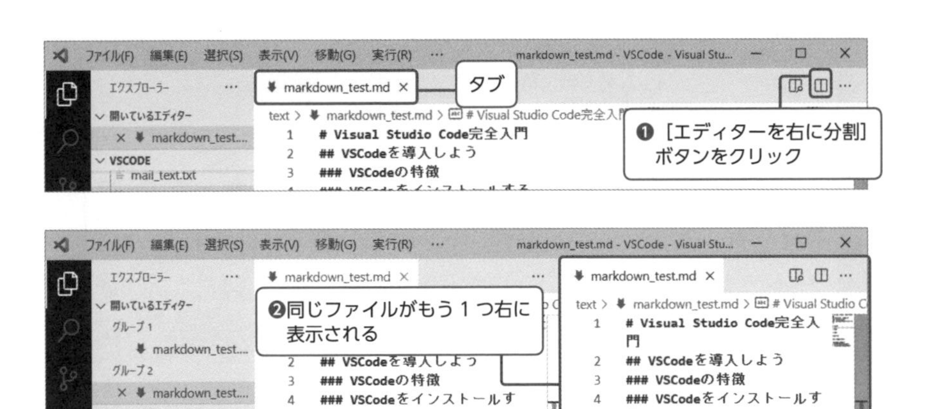

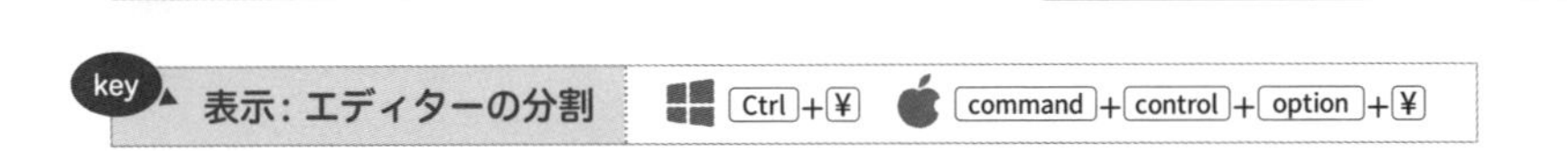

エクスプローラービューからエディター部分へ、ファイルをドラッグ＆ドロップする方法でもエディターを分割できます。開いているエディターの右端に向けてエクスプローラービューからファイルをドラッグすると、エディター部分の右半分の色が変わります。この状態でファイルをドロップすると、エディターが左右に分割されます。

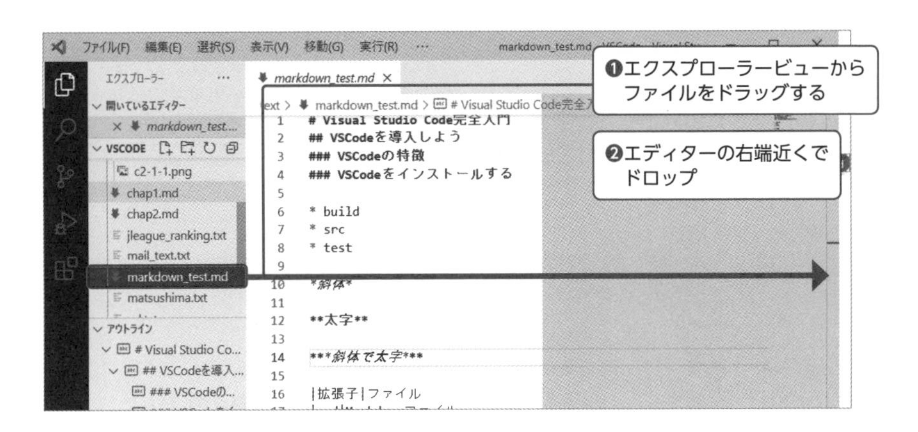

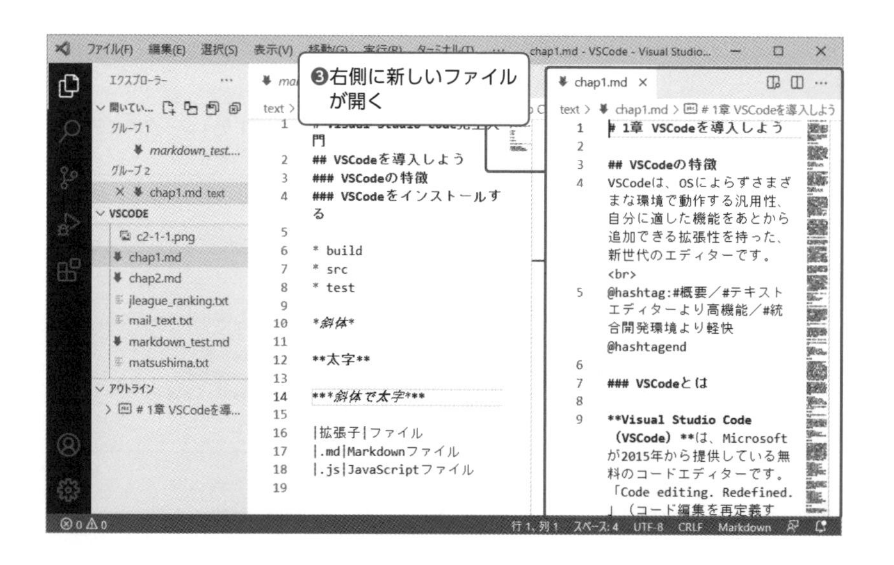
❸右側に新しいファイルが開く

ファイルをドロップする位置によって、右側だけでなく左側や上下にも新しいエディターを配置できます。

横並びのレイアウトを縦並びに、または縦並びを横並びに切り替えたい場合は、エクスプローラービューの［開いているエディター］の部分に表示される［エディター レイアウトの垂直/水平を切り替える］ボタンをクリックします。

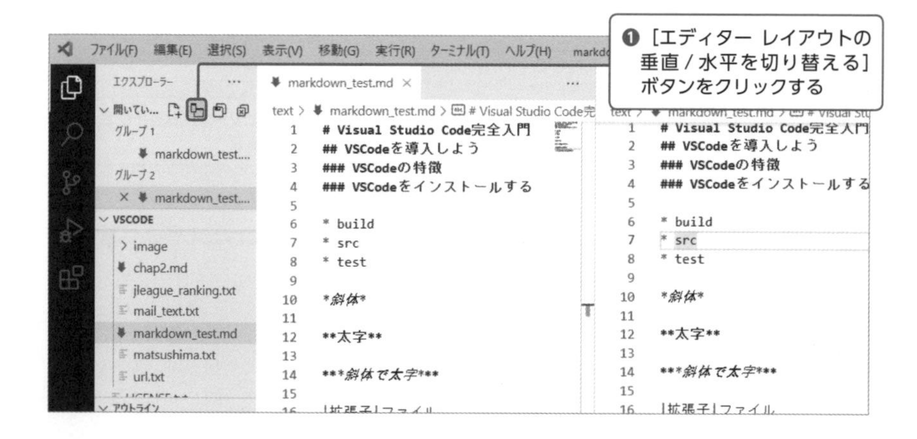
❶［エディター レイアウトの垂直/水平を切り替える］ボタンをクリックする

❷エディターのレイアウトが
縦方向に切り替わる

key エディター レイアウトの垂直/水平を切り替える

Shift + Alt + 0
option + command + 0

エディターを分割すると、それぞれのエディターのまとまりが [開いているエディター] の部分に「グループ1」「グループ2」と表示されます。このエディターのまとまりを**エディターグループ**といいます。

エディターのタブをドラッグ&ドロップすると、エディターを別のエディターグループへ移動させられます。

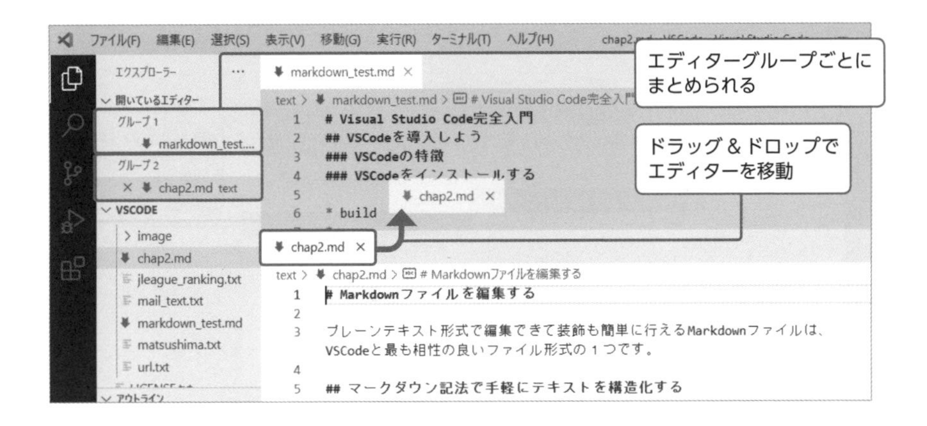
エディターグループごとに
まとめられる
ドラッグ & ドロップで
エディターを移動

MiniMapでファイル全体を確認

エディターの右端には、MiniMapというファイル全体の縮図のようなものが表示されています。カーソルがある位置を確認したり、クリックして任意の位置に移動したりできるので、特に行の多いファイルを編集している際に役立ちます。

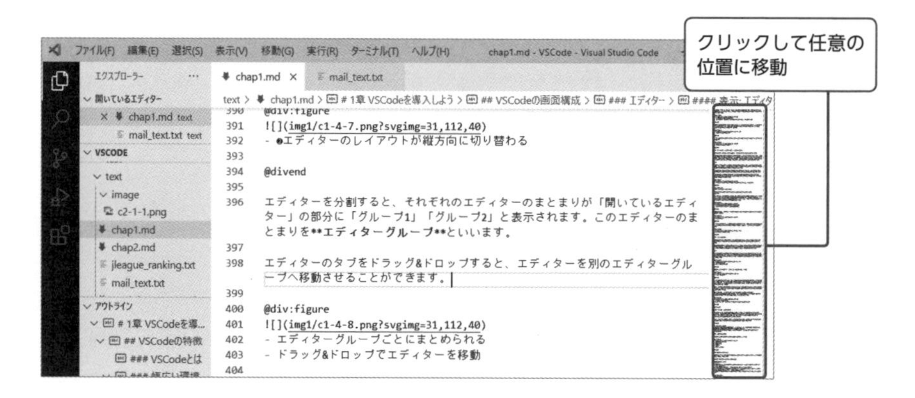
クリックして任意の位置に移動

Zenモードでファイル編集に集中

エディターでファイルを編集することに集中したいときは、エディター以外のすべての領域を非表示にするZenモードを活用するとよいでしょう。

メニューバーの［表示］-［外観］-［Zen Mode］とクリックするか、Ctrl+Kキーを押したあとZキーを押すことで、Zenモードに切り替えます。

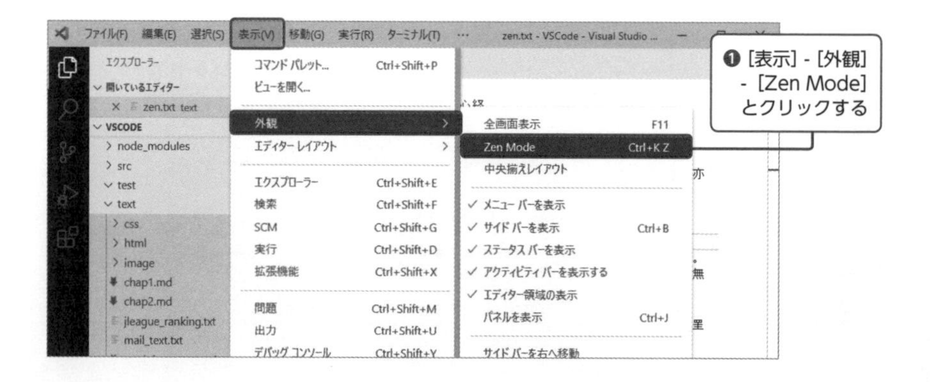
❶［表示］-［外観］-［Zen Mode］とクリックする

zen.txt text\zen.txt

仏説摩訶般若波羅蜜多心経

観自在菩薩行深般若波羅蜜多時。照見五蘊皆空。度一切苦厄。

舎利子。色不異空。空不異色。色即是空。空即是色。受想行識亦復如是。

舎利子。是諸法空相。不生不滅。不垢不浄。不増不減。

是故空中。無色無受想行識。無眼耳鼻舌身意。無色声香味触法。無眼界。乃至無意識界。無無明。亦無無明尽。乃至無老死。亦無老死尽。無苦集滅道。

無智亦無得。以無所得故。菩提薩埵。依般若波羅蜜多故。心無罣礙。無罣礙故。無有恐怖。遠離一切顛倒夢想。究竟涅槃。

❷エディター以外の領域が非表示になる

表示：Zen Mode の切り替え

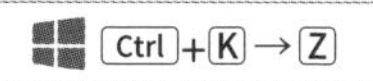

Point　サイドパネルに複数のビューをまとめる

2022年1月に公開されたv1.64から、VSCodeにサイドパネルという機能が追加されました。サイドパネルは画面右側に表示できる新しいスペースで、検索ビュー（P.65参照）やソース管理ビュー（P.196参照）などサイドバーに表示されるビューをここにドラッグ＆ドロップして移動させることができます。

サイドバーには1つのビューしか表示できず、従来は別のビューを表示するにはアクティビティバーからビューを切り替える必要がありましたが、サイドパネルによって複数のビューを同時に表示させられるようになりました。

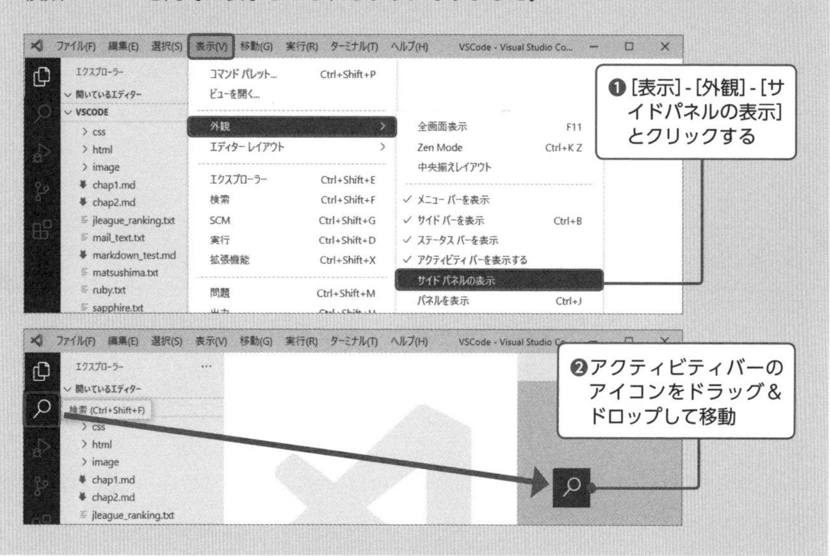

改行コードやインデントを簡単に切り替え

ステータスバーでファイルの設定を行う

#標準機能 ／ #設定

画面下に表示されるステータスバーでは、ファイルに関する設定を確認できます。文字コード、インデントを編集する機会が特に多いのでよく覚えておきましょう。

ステータスバーに表示される情報

VSCodeの画面下部に表示されている**ステータスバー**には、カーソルがある行数と列数、インデント（字下げ）の幅、どの文字コードでエンコードされているか、どの改行コードが使われているか、拡張子から検出されたファイルの種類、といった情報が表示されています。

ステータスバーではこれらの情報を確認できるだけではなく、クリックしてファイルに関する設定を変更することもできます。それぞれの設定を変更する方法について見ていきましょう。

文字コードを指定してファイルを開く／保存する

VSCodeはデフォルトでは文字コードがUTF-8に設定されているので、シフトJISなどの文字コードのファイルを開いたときに文字化けが発生することがあります。そのようなときは、正しい文字コードでファイルを開きなおすことで文字化けを解消できます。

ファイルを別の文字コードで開きなおすには、まずステータスバーの**エンコードの選択**の部分をクリックします。

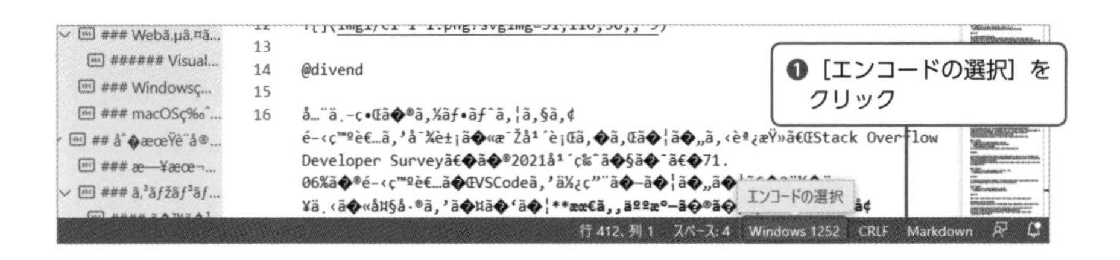

画面上部にコマンドパレットが表示されるので、[Reopen with Encoding]をクリックし文字コードを指定すると、指定した文字コードでファイルを開きなおします。

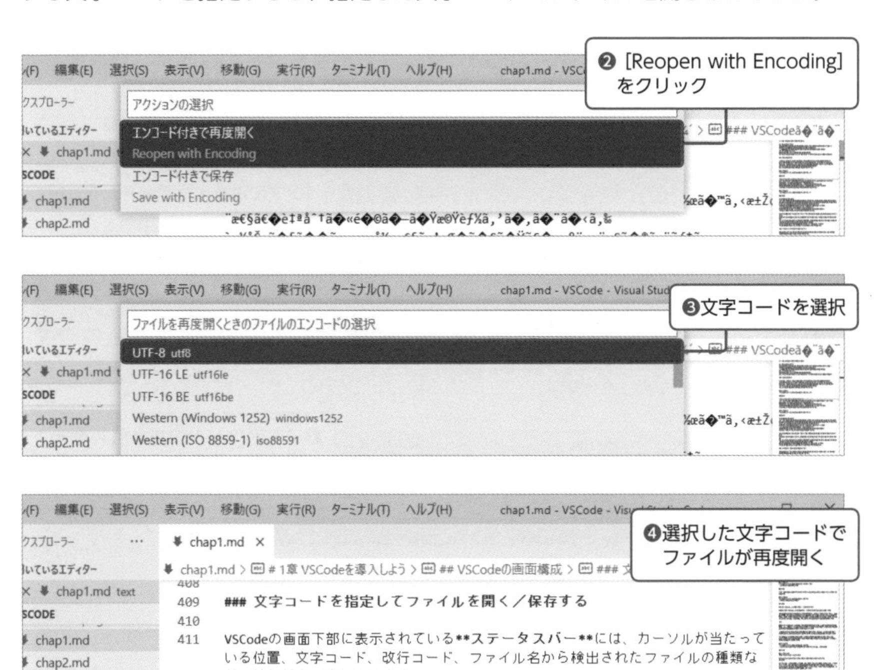

インデントの方法を変更する

プログラムを書くとき、行頭を揃えるためのインデントをどのように入れるかは、採用するプログラミング言語やコード規約によって異なります。**VSCodeでは、ステータスバーからファイル内のインデントの方法を一括で変更できます**。

ファイルのインデントを設定するには、ステータスバーの［インデントを選択］（インデントに使われている文字が表示されている部分）をクリックします。

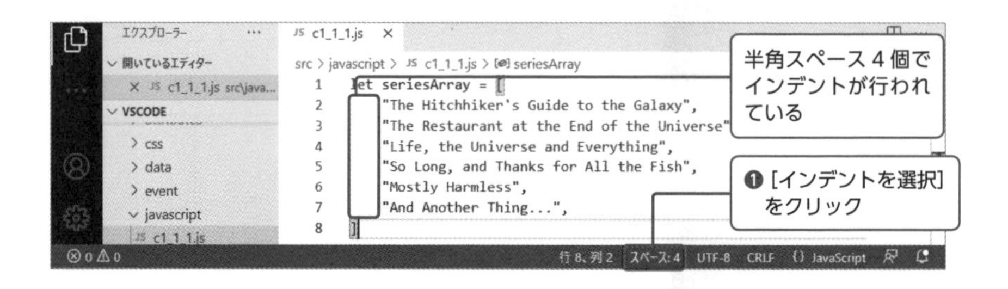

続いて、画面上部のコマンドパレットで「スペースによるインデント」か「タブによるインデント」を選択し、**インデント1つあたりの見た目が半角スペース何個ぶんになるか**を選択します。

CHAPTER 2
基本的なファイル編集をしてみよう

＃標準機能 ／ ＃ファイル操作

フォルダー、ファイルを開いて編集する

フォルダーごと開いて効率アップ

VSCodeのエクスプローラービューは名前のとおりエクスプローラーのようにファイルやフォルダーを開くだけでなく、さまざまな機能を備えています。

フォルダーを開く

Web制作やプログラミングでは、プロジェクトごとに必要なファイルをまとめたフォルダーを作ることが一般的です。そのため、**VSCodeを使ってWeb制作やプログラミングを行うときは個別のファイルを開くよりフォルダーを開いて作業するほうが効率的です**。

VSCodeでフォルダーを開くには、メニューバーの［ファイル］-［フォルダーを開く］をクリックするか、サイドバーのエクスプローラービューで［フォルダーを開く］をクリックしてフォルダーを選択する画面を開きます。

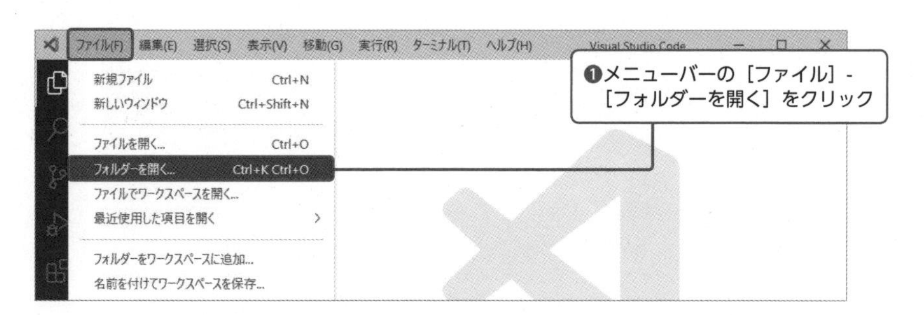

フォルダーを開く

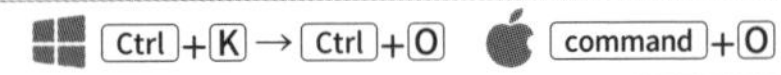

フォルダーを開くと、サイドバーのエクスプローラービューに現在開いているフォルダーが階層構造で表示されます。

Point ファイルの作成者を信頼

VSCode にはフォルダーを開いた際にそこに含まれるファイルを自動的に実行する機能が含まれているため、フォルダーを開いたとき、画像のように「このフォルダー内のファイルの作成者を信頼しますか？」という警告が表示される場合があります。ここで［いいえ、作成者を信頼しません］を選択すると、自動的にファイルを実行する機能をオフにした「制限モード」でフォルダーが開かれます。

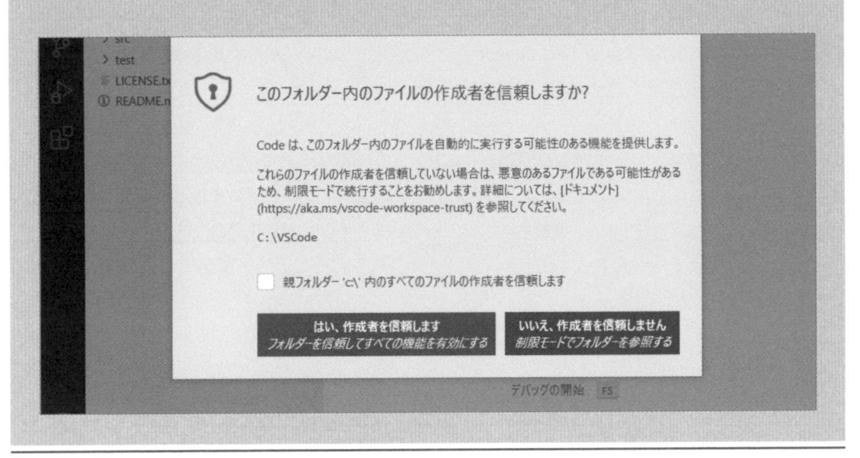

フォルダー内のファイルを開く

エクスプローラービューで**ファイル名をクリックすると、エディター部分にプレビューモードでファイルの内容が表示されます**。プレビューモードはあくまで閲覧用の表示形式なので、**ファイルの内容を編集できません**。また、別のファイルをプレビューモードで開くと1つ目のファイルは閉じられてしまいます。

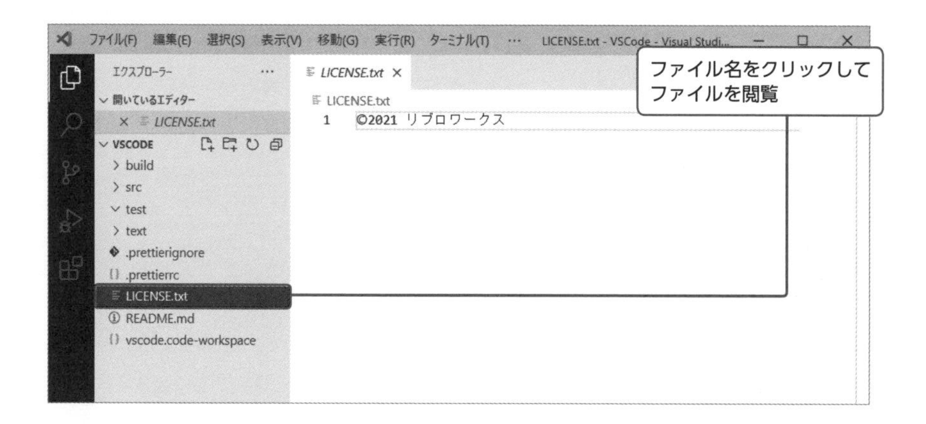

ファイルを編集する場合は、**ファイル名をダブルクリックしてエディターでファイルを開きます**。または、プレビューモードで開いているファイルを編集してもファイルをエディターで開くことができます。

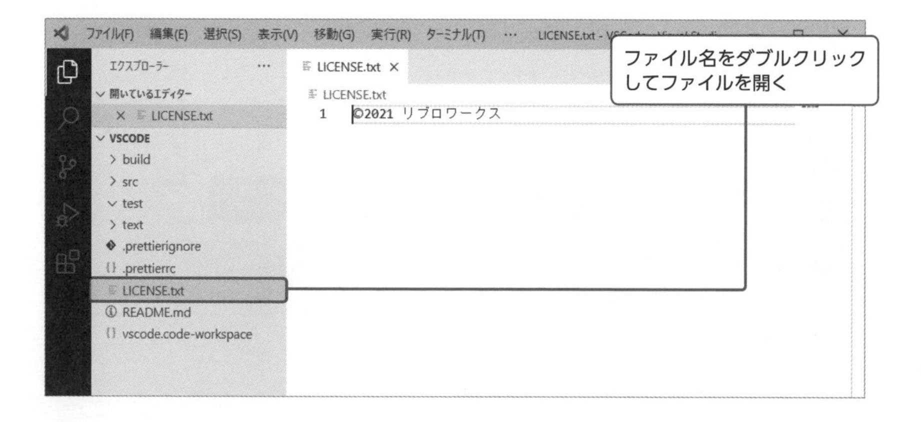

複数のファイルを開いているときは、エディター上でタブの部分をクリックするか、Ctrl+Tab キーを押すとファイルを切り替えることができます。

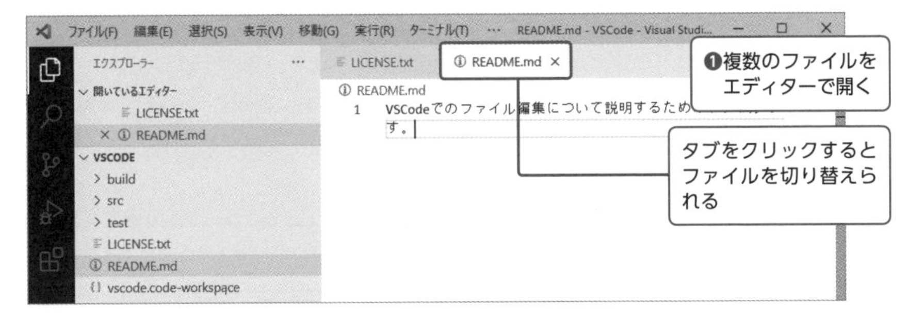

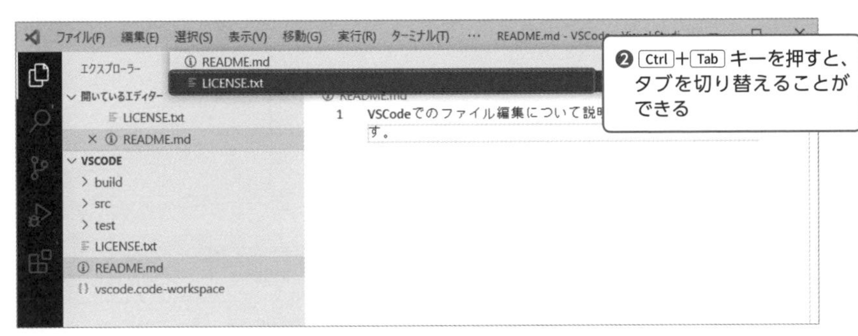

❷ Ctrl+Tab キーを押すと、タブを切り替えることができる

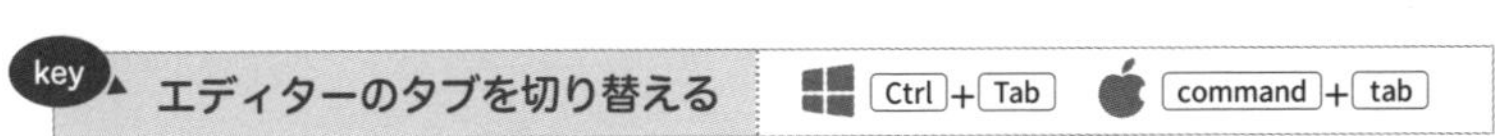

key
エディターのタブを切り替える
Ctrl+Tab
command+tab

エディター部分で開いているファイルは、エクスプローラービューの［開いているエディター］にも一覧表示されます。

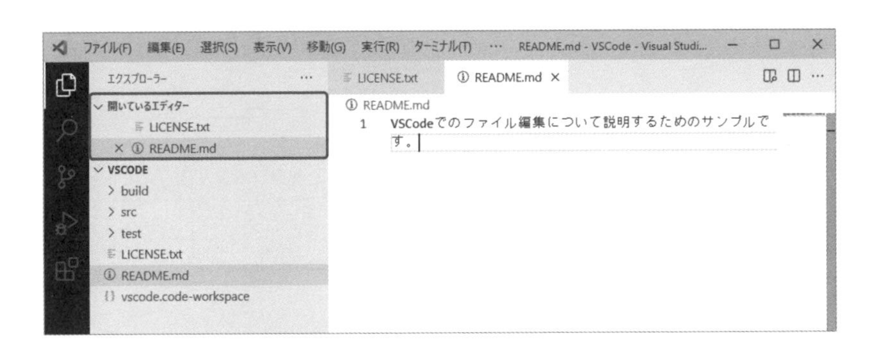

新しいファイルを作成する

ファイルを新規作成する方法はいくつかありますが、最も簡単なのはエクスプローラービューで開いているフォルダー名の右側に表示されている [新しいファイル] ボタンをクリックして新しいファイルを作成する方法です。選択しているフォルダーの配下に新しいファイルが作成されるので、拡張子を含めたファイル名を入力します。

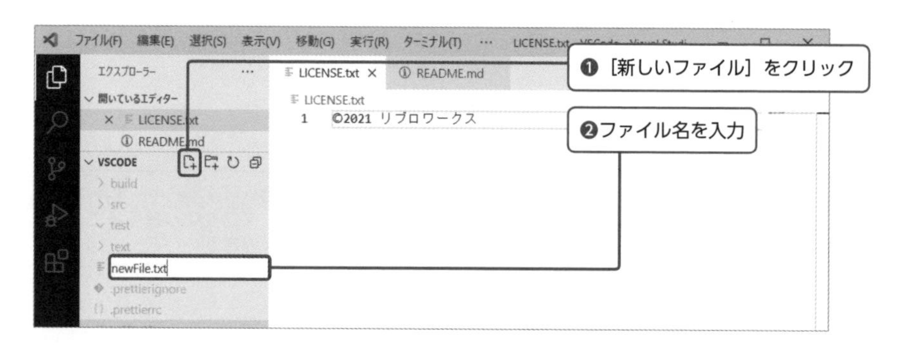

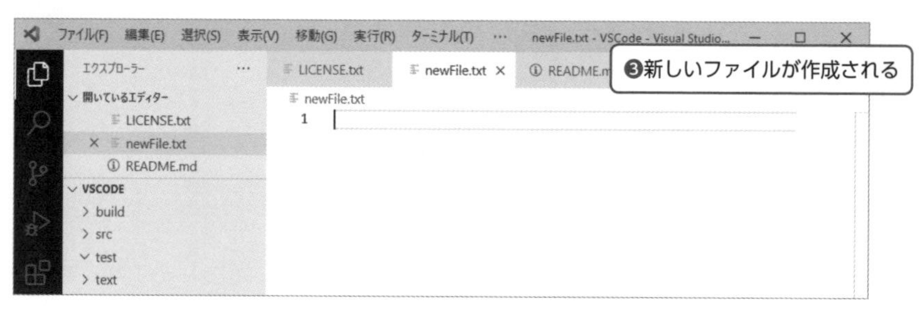

エクスプローラービューでフォルダーかファイルを右クリック-[新しいファイル]をクリックする方法でも同じようにファイルを作成できます。

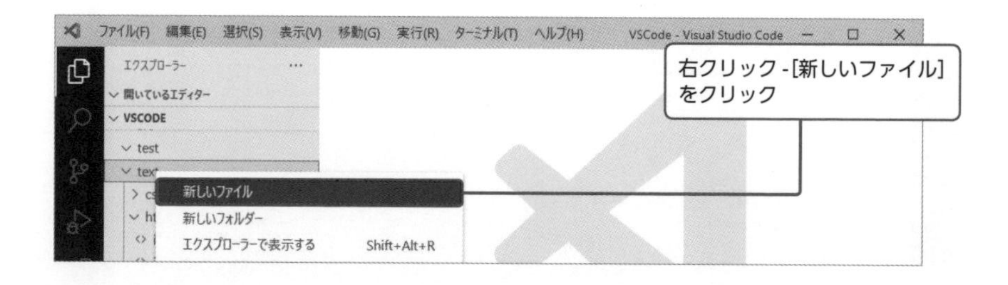

直前に編集していたフォルダーを再度開く

VSCodeは、アプリを終了したときに開いていたエディターの情報を保存して、**再びVSCodeを起動したときに前回と同じ状態で開いてくれます**。エディターの中でのカーソルの位置や、保存せずに終了したファイルの編集内容まで保存してくれているので、誤ってアプリを終了してしまった場合もすぐに作業を再開できます。

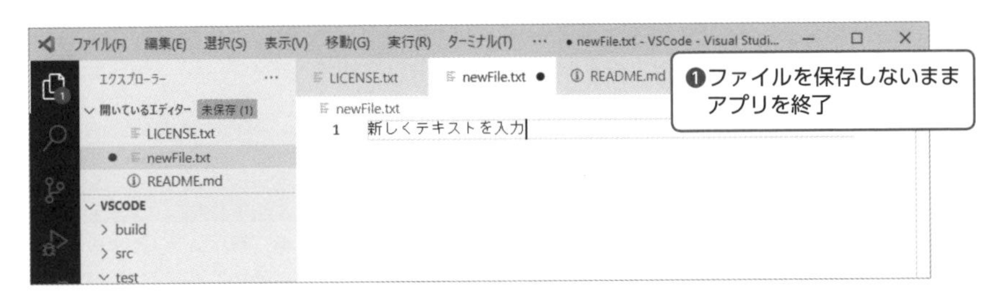
❶ファイルを保存しないまま
アプリを終了
新しくテキストを入力

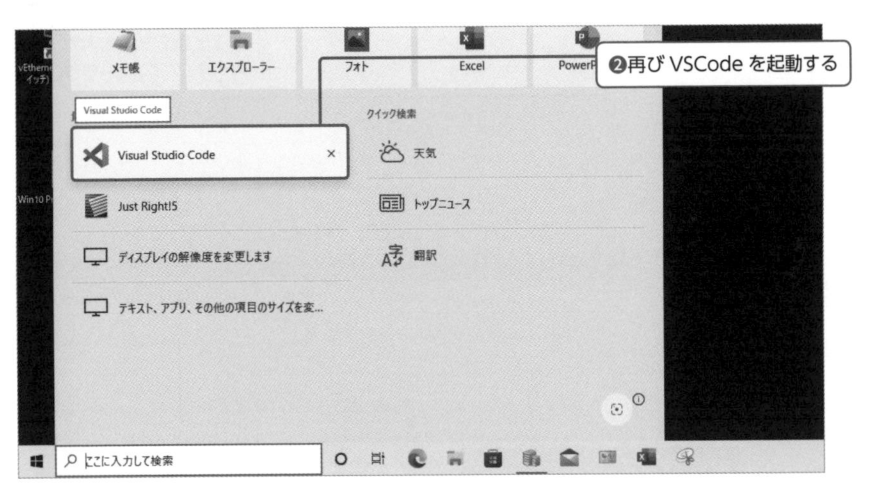
❷再び VSCode を起動する
Visual Studio Code

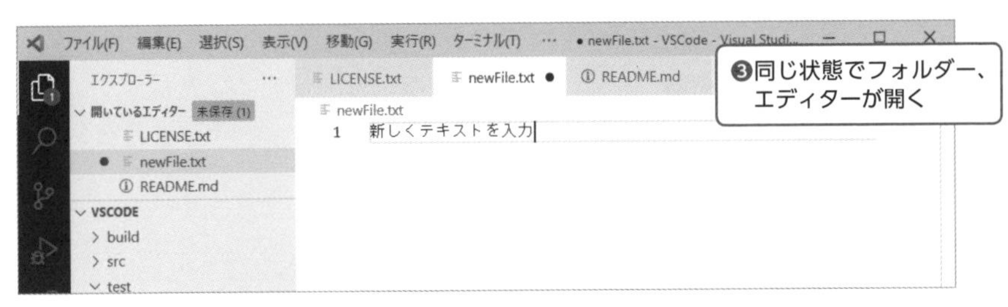
❸同じ状態でフォルダー、
エディターが開く

なお、設定画面から「Window: Restore Windows」という項目の設定値を「None」に変えると、前回開いていたフォルダーやエディターを開かないようにすることもできます。毎回新しくフォルダーを開きたいという場合は設定を変更しましょう。

フォルダー、ファイルに関するその他の操作

新しいフォルダーを作成

新しいフォルダーを作成するには、ファイルの新規作成と同じくエクスプローラービューの [新しいフォルダー] ボタンをクリックする方法と、フォルダーかファイルを右クリック - [新しいフォルダー] をクリックする方法の2つがあります。

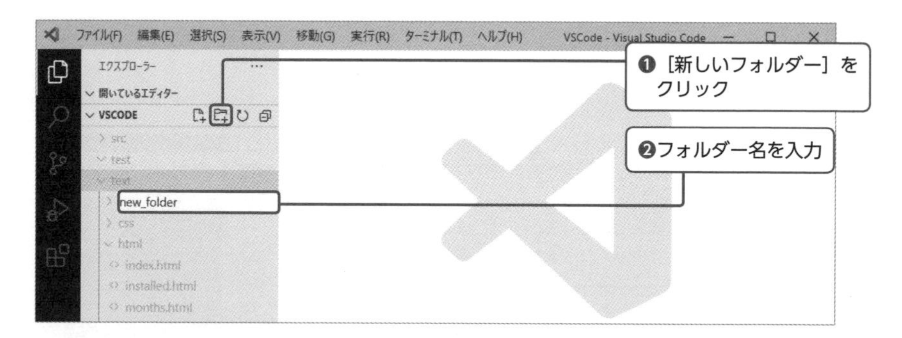

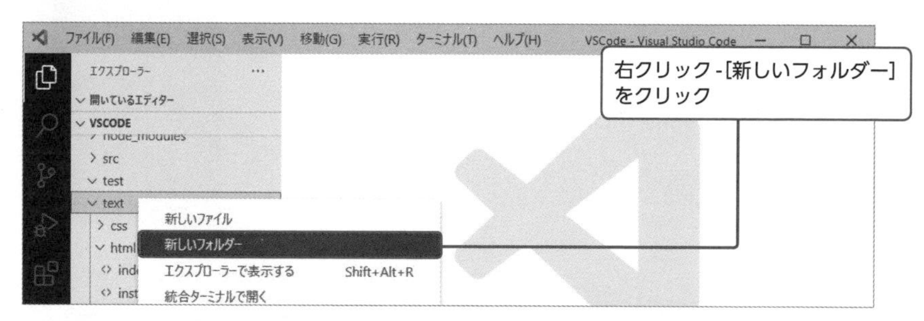

フォルダー、ファイルを削除

不要なフォルダーやファイルを削除するには、エクスプローラービューで右クリック - [削除] をクリックするか、Delete キーを押します。

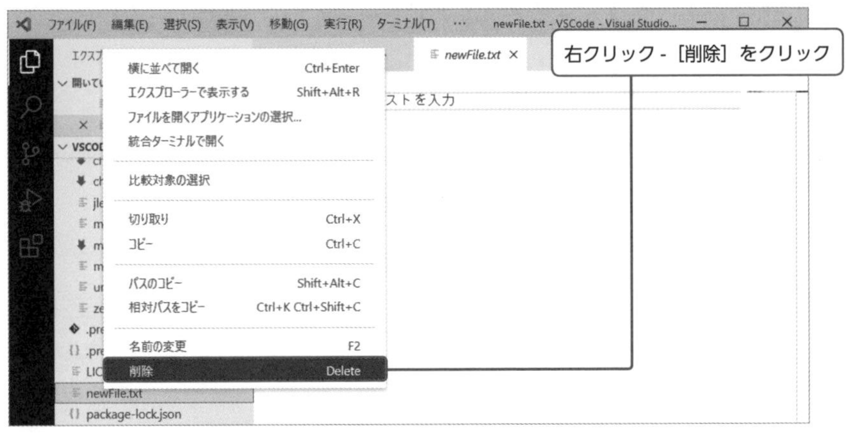

ドラッグ&ドロップで移動

エクスプローラービューでは、Windowsのエクスプローラーのようにフォルダーやファイルをドラッグ&ドロップで移動できます。フォルダーの中身を確認しながら移動できるので、フォルダーの階層を超えた移動も簡単に行えます。

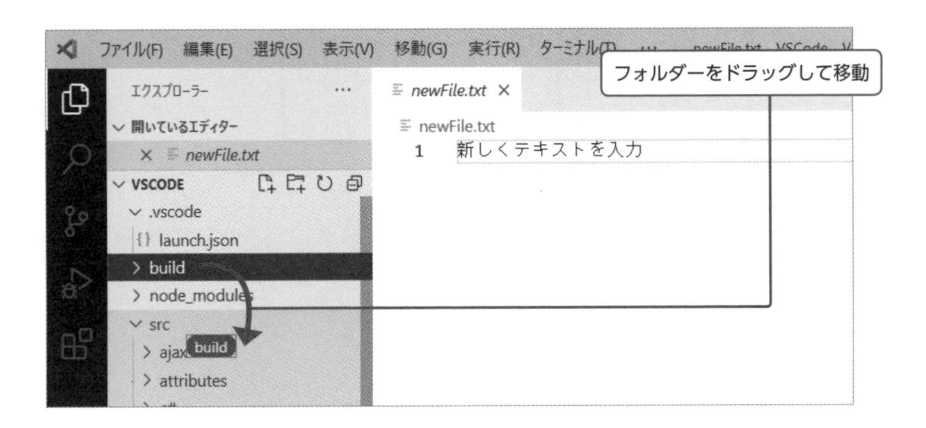

標準機能 ／ # フォルダー操作

ワークスペースで複数のフォルダーを開く

複数のフォルダーを一気に開く

VSCodeでは、ファイルやフォルダーを開くだけでなく、複数のフォルダーをワークスペースという単位でまとめて管理できます。

ワークスペースで複数のフォルダーを1つにまとめる

フォルダーを開く方法では、複数のファイルをエディターで開くことができる一方でフォルダーは1つしか開けません。開きたいフォルダーが複数ある場合は、**ワークスペース**という機能を使いましょう。

ワークスペースはフォルダーを管理するための機能で、1つのワークスペースには別々の場所にある複数のファイルやフォルダーを含めることができます。

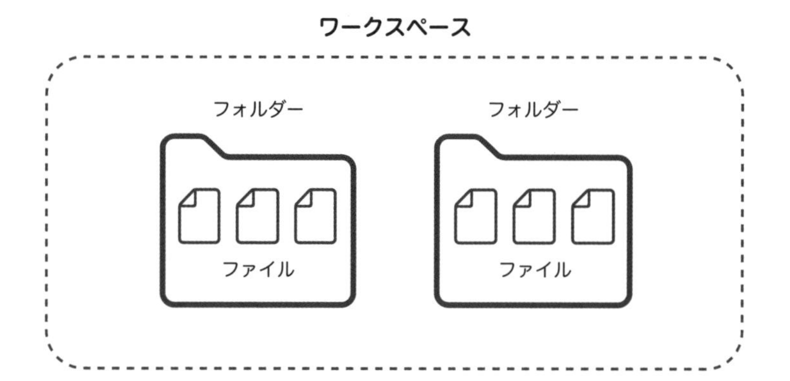

たとえば、複数の開発プロジェクトに所属している人が、プロジェクトごとに必要なファイルやフォルダーを1つにまとめて管理したい場合、ワークスペースを使うとよいでしょう。

また、CHAPTER3で詳しく説明しますが、**ワークスペースごとに設定を変更できる**ので、プロジェクトを混同しないようにエディターの見た目を変えたり、プロジェクトごとに異なるルールでソースコードを編集したりすることも可能です。

新しいワークスペースを作成するにはまず、メニューバーから [ファイル]-[フォルダーをワークスペースに追加] をクリックして、最初に追加するフォルダーを選択します。

❶［ファイル］-［フォルダーをワークスペースに追加］をクリック
ファイル(F)
新規ファイル Ctrl+N
新しいウィンドウ Ctrl+Shift+N
ファイルを開く... Ctrl+O
フォルダーを開く... Ctrl+K Ctrl+O
ファイルでワークスペースを開く...
最近使用した項目を開く
フォルダーをワークスペースに追加...
名前を付けてワークスペースを保存...
ワークスペースを複製
保存 Ctrl+S
名前を付けて保存... Ctrl+Shift+S

❷フォルダーを選択して［追加］をクリック
ワークスペースにフォルダーを追加
Program Files
Program Files (x86)
ProgramData
VSCode
Windows
ユーザー
フォルダー: VSCode
追加(A)
キャンセル

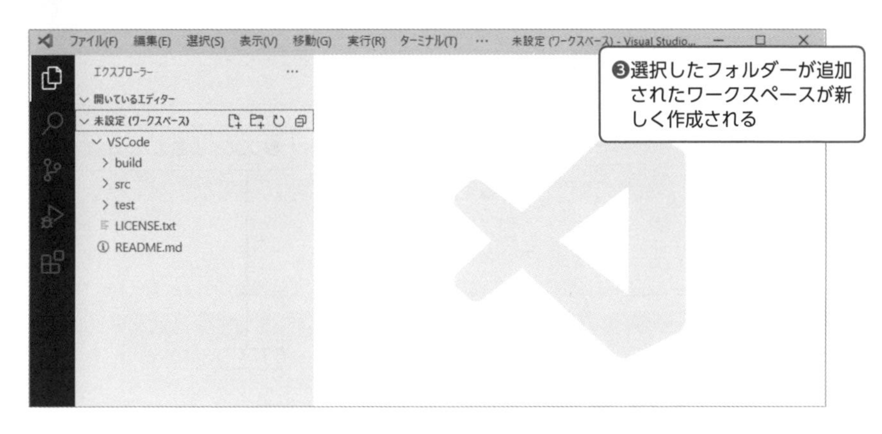
❸選択したフォルダーが追加されたワークスペースが新しく作成される
エクスプローラー
開いているエディター
未設定 (ワークスペース)
VSCode
build
src
test
LICENSE.txt
README.md

ワークスペースを作成したあと、もう一度［フォルダーをワークスペースに追加］を実行して別のフォルダーを選択すると、複数のフォルダーを1つのワークスペースに含めることができます。複数のフォルダーをまとめたワークスペースを**マルチルートワークスペース**といい、編集したファイルが複数のフォルダーに散らばっている場合や、別のプロジェクトで作成したファイルを参考にしたい場合などはマルチルートワークスペースを作成すると便利です。

ワークスペースを保存する

ワークスペースを作成したあとは、そこに含まれるフォルダーの情報やワークスペースごとに設定した内容を**.code-workspaceという拡張子のファイルとして保存できます**。

ワークスペースをファイルとして保存するには、メニューバーから［ファイル］-［名前を付けてワークスペースを保存］をクリックします。

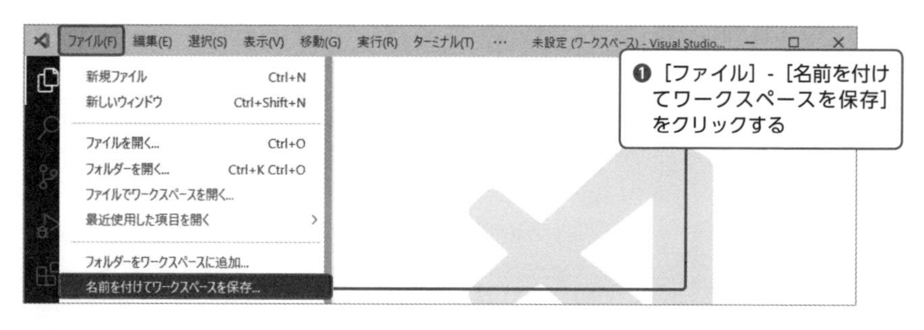

保存したワークスペースをもう一度開く

一度保存したワークスペースは、ファイルを開いて簡単に呼び出せます。ワークスペースをファイルとして開くには、メニューバーの［ファイル］-［ファイルでワークスペースを開く］をクリックするか Ctrl + O キーを押して、開きたい.code-workspaceファイルを選択します。

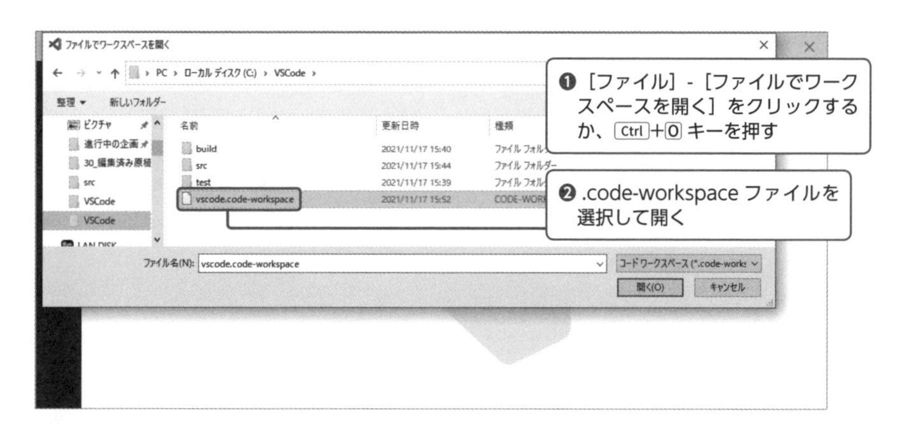

標準機能 ／ # テキスト全般

テキスト編集に役立つ必須テクニック

ショートカットキーで効果倍増

Web制作やプログラミングだけでなくあらゆるテキスト編集で役立つ、必須のテクニックを紹介します。

選択範囲を追加してまとめて編集する

「複数箇所をまとめて修正する」というと、すぐに思いつくのが検索／置換機能ですが、VSCodeにはもっと手軽で便利なものがあります。それは**「選択範囲の追加」機能**です。Ctrl+Dキーを押すたびに、現在選択中のテキストと同じものが追加選択され、まとめて編集できます。メニューバーの［選択］-［次の出現箇所を追加］でも実行できますが、ショートカットキーを使うと素早く複数の箇所を選択できます。

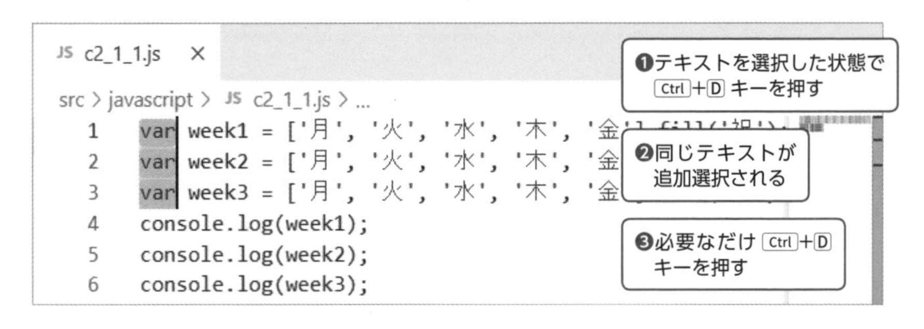

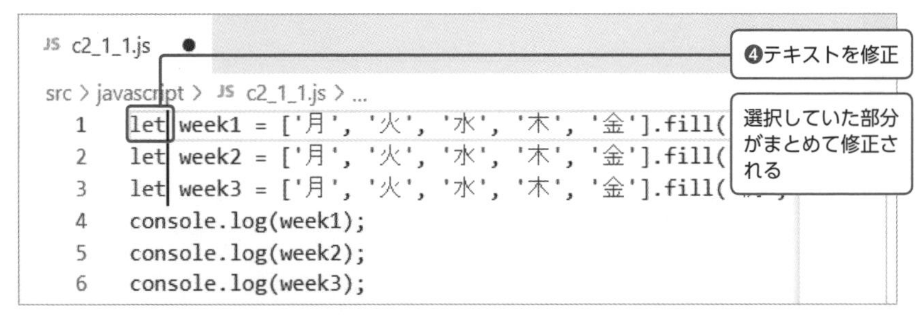

key
次の出現箇所を追加
Ctrl+D
command+D

　検索・置換（P.64参照）は検索ウィンドウを表示して実行しなければいけませんが、選択範囲の追加機能であれば、エディター内だけで行えるので手軽に修正できるのが大きなメリットです。修正が終わったら、**必ず Esc キーを押して範囲選択を解除**しましょう。解除し忘れると、複数選択状態のまま編集して大変なことになる場合もあるので、注意してください。

Point　**文書中のすべての同じテキストを選択**

数が多くて何度も Ctrl + D キーを押すのが面倒なら、目的のテキストを１つ選択した状態でメニューバーの［選択］-［すべての出現箇所を選択］をクリックしましょう。以下のショートカットキーでも実行できます。文書中の同じテキストがすべて選択され、部分的に解除することはできないので、余計なところまで修正しないよう注意が必要です。

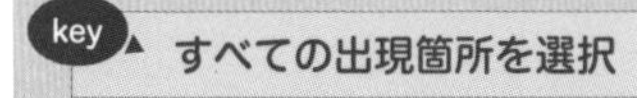

行単位でテキストを編集する

　テキストファイルの**特定の行を上下に移動させたい**とき、行単位で切り取り→貼り付けをして移動させることもできますが、Alt + ↑ ↓ キーを押すとより少ないキー操作で行を移動できます。

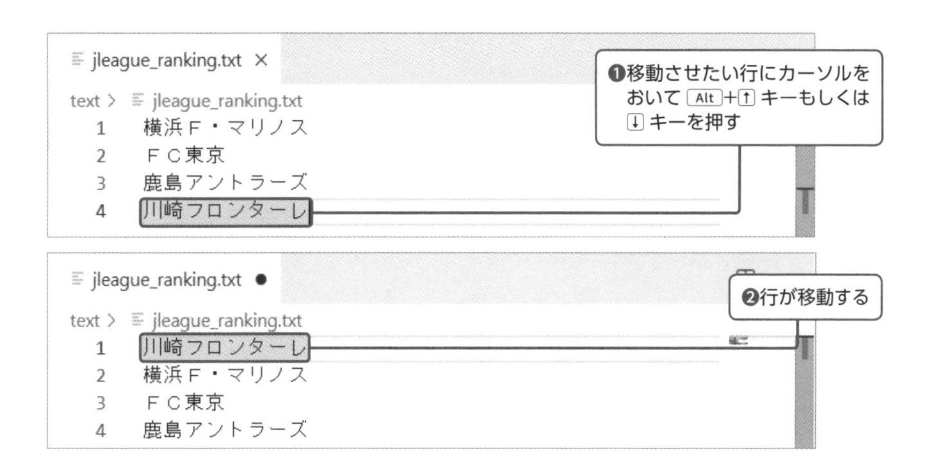

key 行を上へ移動 | Windows: Alt+↑ | Mac: option+↑
key 行を下へ移動 | Windows: Alt+↓ | Mac: option+↓

特定の行を上下にコピーしたいときは、Alt+Shift+↑↓キーでコピーできます。

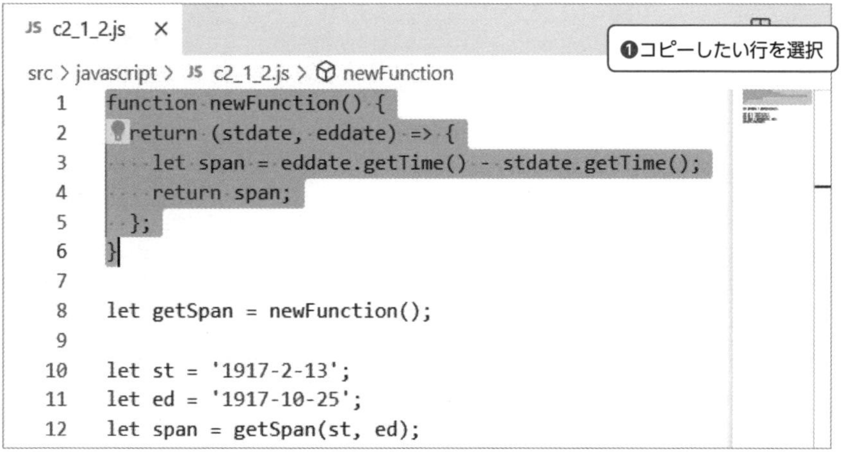

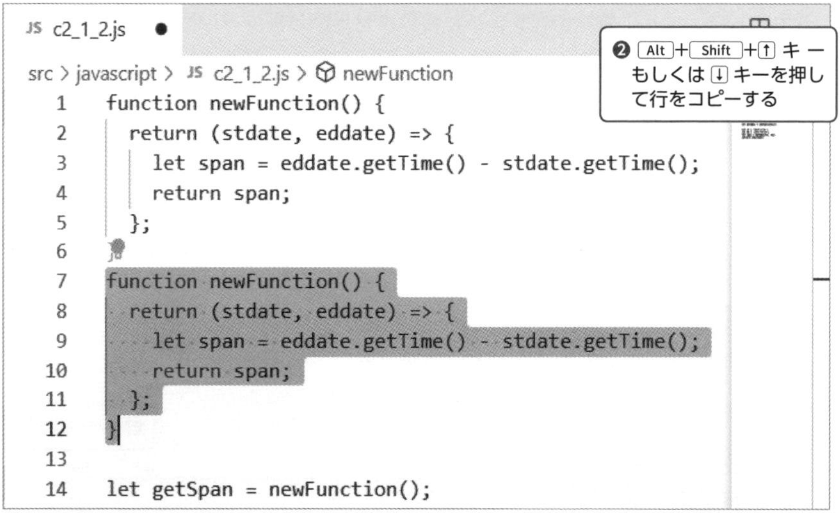

JS c2_1_2.js ×

src > javascript > JS c2_1_2.js > newFunction

```
1  function newFunction() {
2    return (stdate, eddate) => {
3      let span = eddate.getTime() - stdate.getTime();
4      return span;
5    };
6  }
7
8  let getSpan = newFunction();
9
10 let st = '1917-2-13';
11 let ed = '1917-10-25';
12 let span = getSpan(st, ed);
```

❶コピーしたい行を選択

JS c2_1_2.js ●

src > javascript > JS c2_1_2.js > newFunction

```
1  function newFunction() {
2    return (stdate, eddate) => {
3      let span = eddate.getTime() - stdate.getTime();
4      return span;
5    };
6
7  function newFunction() {
8    return (stdate, eddate) => {
9      let span = eddate.getTime() - stdate.getTime();
10     return span;
11   };
12 }
13
14 let getSpan = newFunction();
```

❷ Alt+Shift+↑キーもしくは↓キーを押して行をコピーする

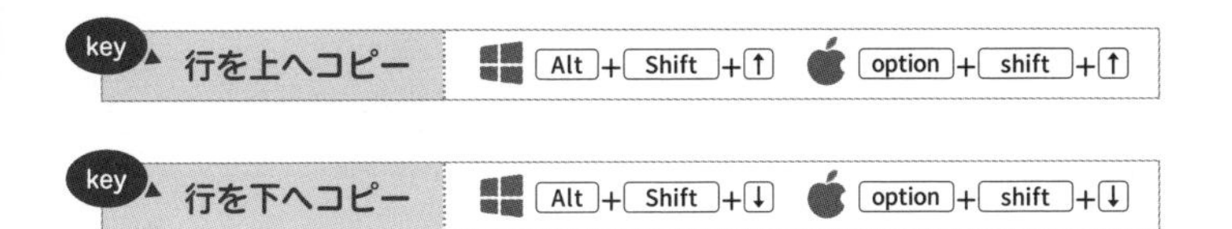

カーソルを複数の箇所におく

VSCodeのエディターでは、**カーソルを拡大して複数の行を一度に編集する**ことができます。たとえば、複数の行の同じ位置に同じ文字を挿入したい場合、Ctrl+Alt+↑キー（もしくは↓キー）を押してカーソルを上下の行に拡大してから文字を入力すると、1回の入力ですべての行に同じ文字を入力できます。

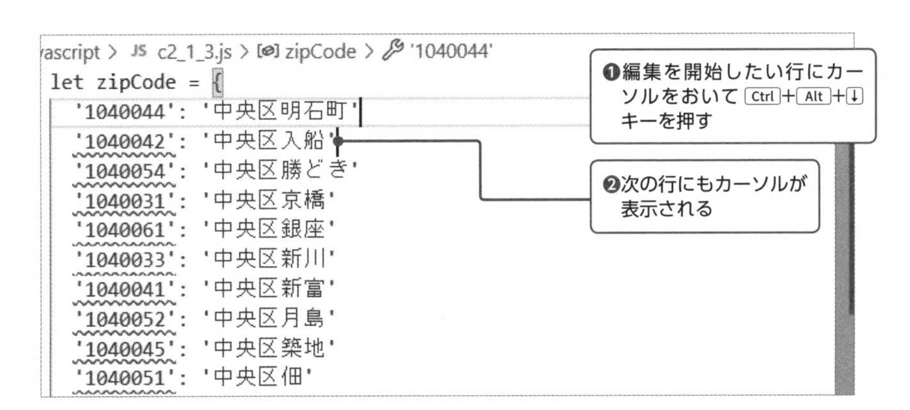

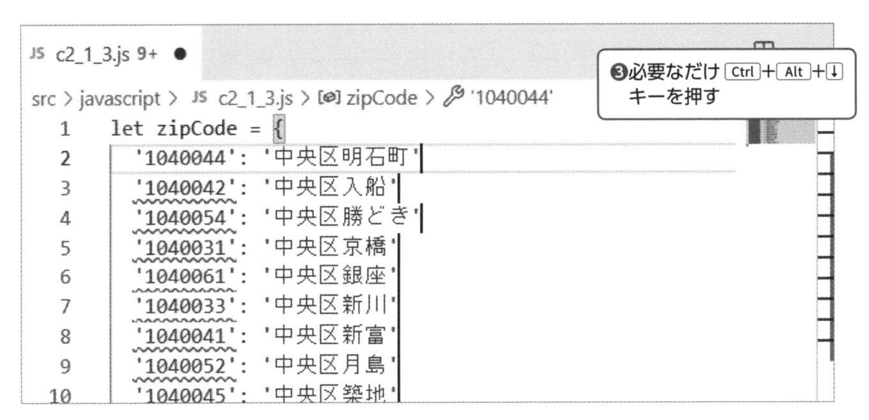

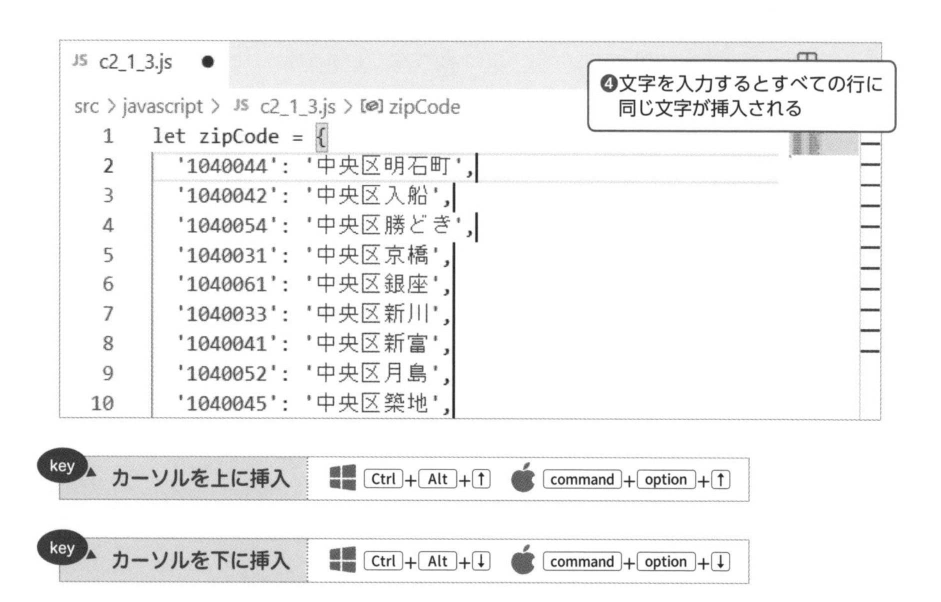

key	Windows	Mac
カーソルを上に挿入	Ctrl + Alt + ↑	command + option + ↑
カーソルを下に挿入	Ctrl + Alt + ↓	command + option + ↓

連続していない箇所を一度に修正したい場合は、**Alt キーを押しながらクリックしても、複数箇所にカーソルをおくことができます**。テキストファイルの中の不規則な位置に同じ文字を挿入したいという場合に便利です。

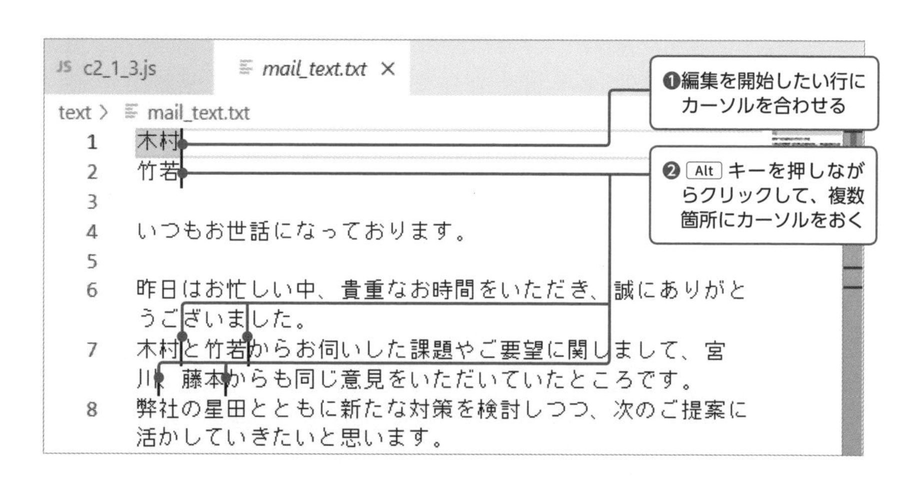

c2_1_3.js
mail_text.txt
text > mail_text.txt
❸文字を入力するとすべてのカーソル部分に同じ文字が挿入される
1 木村様
2 竹若様
3
4 いつもお世話になっております。
5
6 昨日はお忙しい中、貴重なお時間をいただき、誠にありがとうございました。
7 木村様と竹若様からお伺いした課題やご要望に関しまして、宮川様、藤本様からも同じ意見をいただいていたところです。

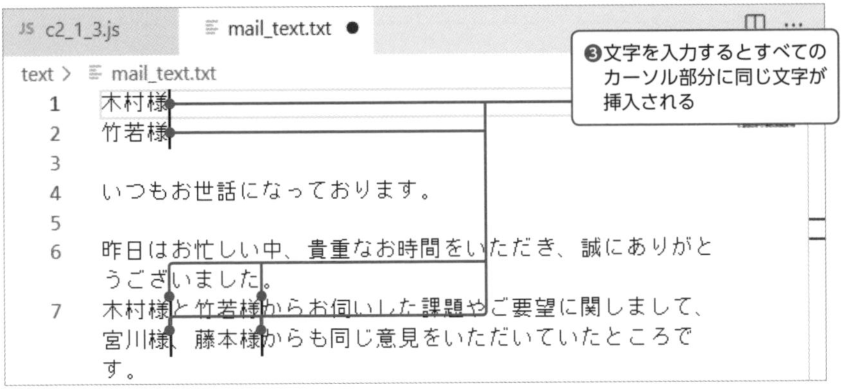

編集が終わったら、[次の出現箇所を選択] と同じように Esc **キーを押して範囲選択を解除するのを忘れないようにしましょう**。

Point

カーソルについての設定

P.77 で解説する設定画面で上部のテキストボックスに「cursor」と入力すると、エディターに表示されるカーソルの見た目や、明滅させるかどうかなど、カーソルについて細かく設定を行うことができます。

エディター部分のカーソルに関わる設定（一部）

設定ID	説明
editor.cursorBlinking	カーソルが明滅するときのアニメーション効果を設定できます。規定値はblink
editor.cursorStyle	カーソルの見た目を変更できます。規定値はline
editor.multiCursorModifier	カーソルを複数の箇所にあてるときに押すキーを変更できます。規定値は Alt キー

ファイルの内容を比較

VSCodeには、2つのファイルの内容が同じか、どこに違いがあるかなどを調べたいときに便利な**ファイル比較**の機能が備わっています。

ファイル比較を行うには、まずエクスプローラービューで1つ目のファイルを右クリック - [比較対象の選択] をクリックします。次に比較したい2つ目のファイルを右クリック - [選択項目と比較] をクリックすると、2つのファイルの内容が比較され、結果がエディター部分に表示されます。違いがあった場合は差分が強調されます。

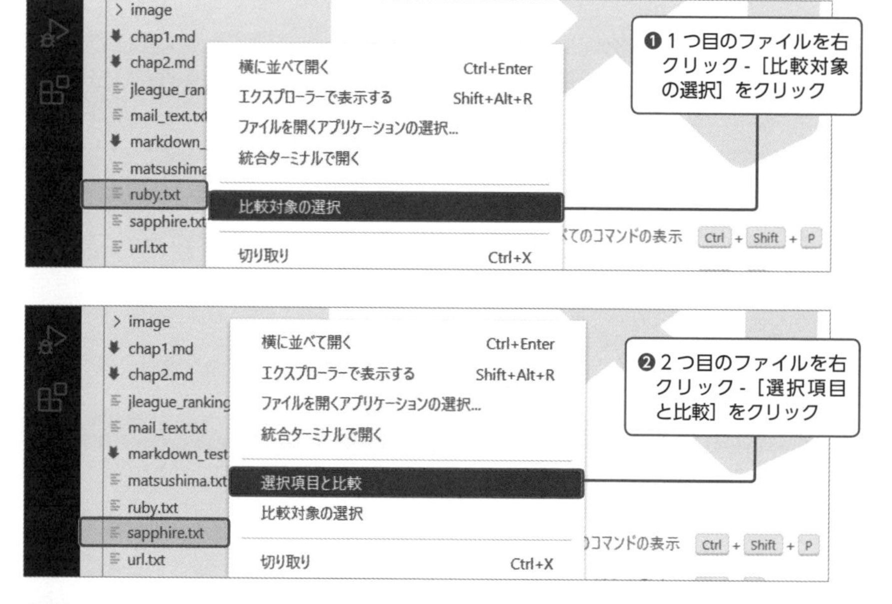

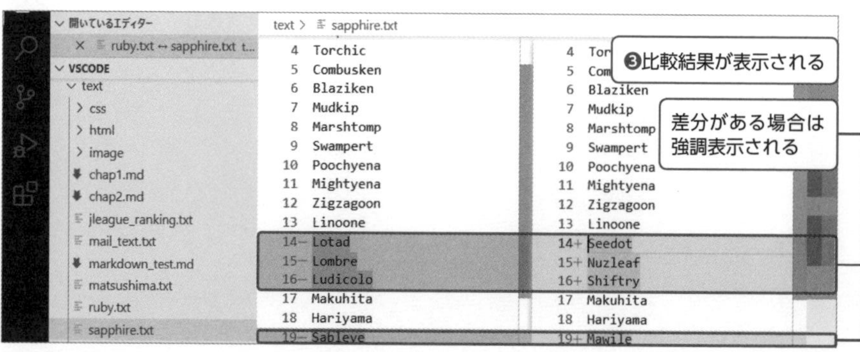

矩形選択でインデントを維持したまま編集

以下の画像のようにインデントを整えて文字列を入力しているとき、複数行にわたって矩形（くけい）状に文字列を選択すると都合がよいことがあります。

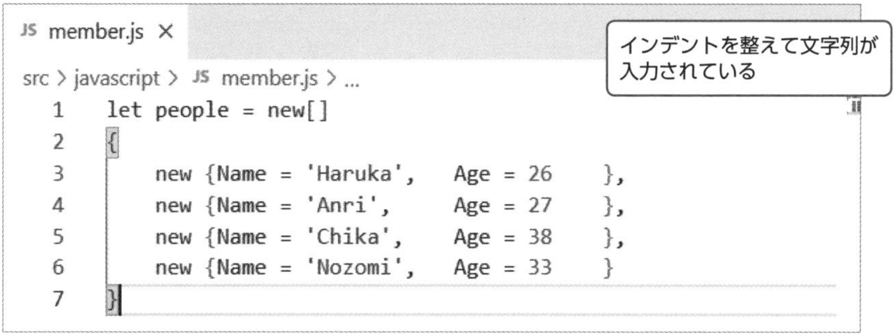

JS member.js ×

src > javascript > JS member.js > ...

```
1   let people = new[]
2   {
3       new {Name = 'Haruka',   Age = 26    },
4       new {Name = 'Anri',     Age = 27    },
5       new {Name = 'Chika',    Age = 38    },
6       new {Name = 'Nozomi',   Age = 33    }
7   }
```

インデントを整えて文字列が入力されている

VSCodeでは、Shift+Altキーを押したまま文字列をドラッグすると、その範囲を**矩形選択**できます。

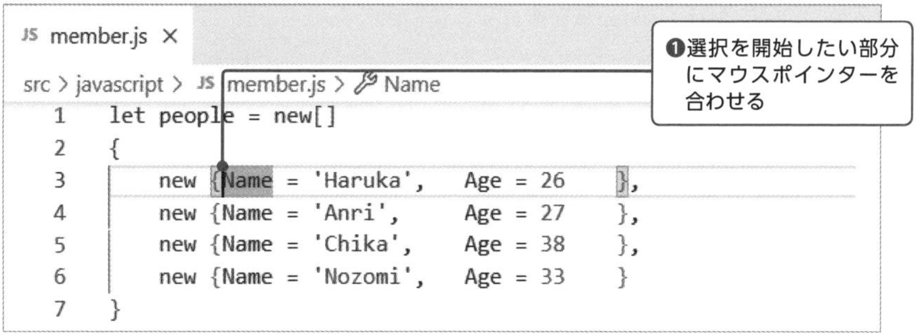

JS member.js ×

src > javascript > JS member.js > Name

```
1   let people = new[]
2   {
3       new {Name = 'Haruka',   Age = 26    },
4       new {Name = 'Anri',     Age = 27    },
5       new {Name = 'Chika',    Age = 38    },
6       new {Name = 'Nozomi',   Age = 33    }
7   }
```

❶選択を開始したい部分にマウスポインターを合わせる

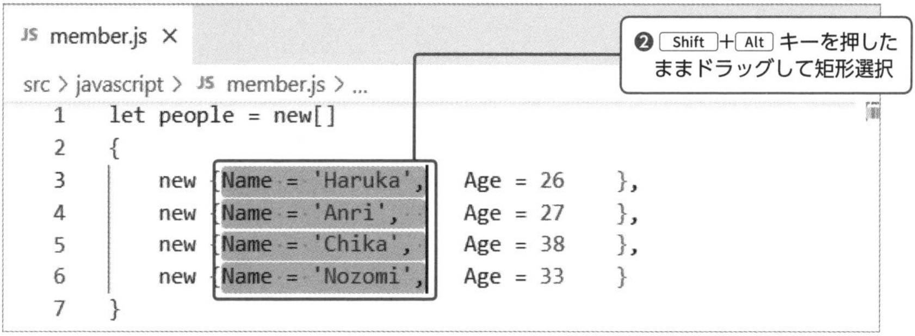

JS member.js ×

src > javascript > JS member.js > ...

```
1   let people = new[]
2   {
3       new {Name = 'Haruka',   Age = 26    },
4       new {Name = 'Anri',     Age = 27    },
5       new {Name = 'Chika',    Age = 38    },
6       new {Name = 'Nozomi',   Age = 33    }
7   }
```

❷Shift+Altキーを押したままドラッグして矩形選択

読みやすい文書を
簡単に作成

#標準機能 ／ #テキスト全般

Markdownファイルを編集する

プレーンテキスト形式で編集できて装飾も簡単に行えるMarkdownファイルは、VSCodeと最も相性のよいファイル形式の1つです。

Markdown記法で手軽にテキストを構造化する

Markdownファイルとは、テキストに「見出し・小見出し・本文」のような階層構造を持たせたり、装飾を施したりできる**Markdown記法**で書かれたファイルのことです。

Markdown記法で書かれたテキストファイルは、Webページで使われるHTML形式など多くの形式に変換できるため、さまざまな場面でこの記法が使われています。たとえば、ソフトウェアの開発者向けドキュメントで広く使われているほか、Slackのようなコミュニケーションツールでも Markdown記法でメッセージを装飾できるなど、**近年その利用範囲が広がっています**。

本書のような書籍も、「第○章」「第○節」というかたちで構造化されているので、ある程度まではMarkdown記法を使って表現できます。

```
chap2.md ×
t > chap2.md > # Markdownファイルを編集する > ## マークダウン記法で手軽にテキストを構
1  # Markdownファイルを編集する
2
3  プレーンテキスト形式で編集できて装飾も簡単に行えるMarkdownフ
   ァイルは、VSCodeと最も相性の良いファイル形式の１つです。
4
5  ## マークダウン記法で手軽にテキストを構造化する
6
7  Markdownファイルとは、テキストに「見出し・小見出し・本文」の
   ような階層構造を持たせたり、装飾を施したりできる**Markdown記
   法**で書かれたファイルのことです。
8
9  Markdown記法で書かれたテキストファイルは、Webページで使われ
```

Markdown 記法で構造化した文書

Markdownファイルを作成してプレビューを表示する

Markdownファイルは、ファイル名に「.md」という拡張子を付けることで作成できます。

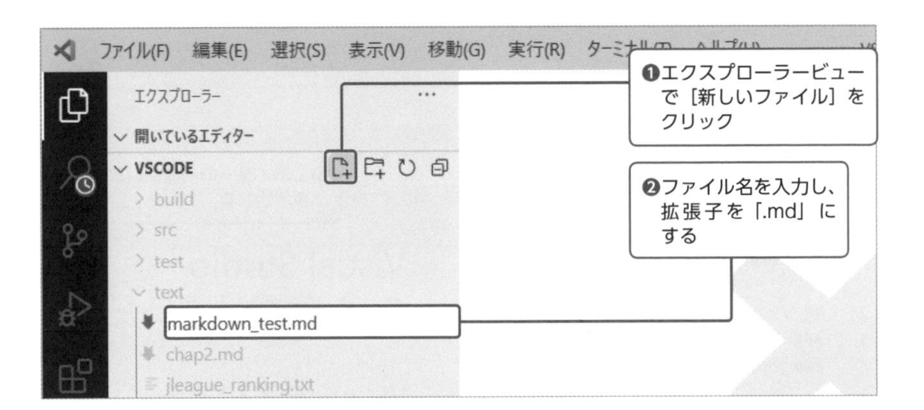

新しく作成したMarkdownファイルに、以下のようにテキストを入力します。Markdown記法では**「#」のあとに半角スペースを空けると、その行は見出しとして扱われます**。「#」の数によって、1～6までの優先順位が付けられます（少ないほうが優先順位が高い）。

● **入力例**

```
# Visual Studio Code 完全入門
## VSCode を導入しよう
### VSCode の特徴
### VSCode をインストールする
```

入力できたら、VSCodeのエディター部分の右上に表示されている［プレビューを横に表示］ボタンをクリックしてみましょう。

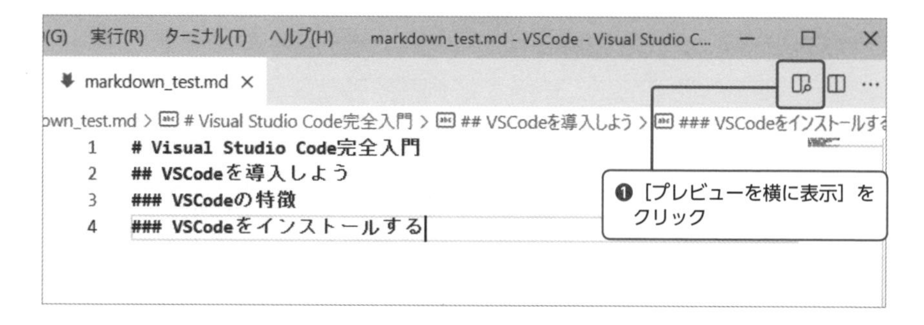

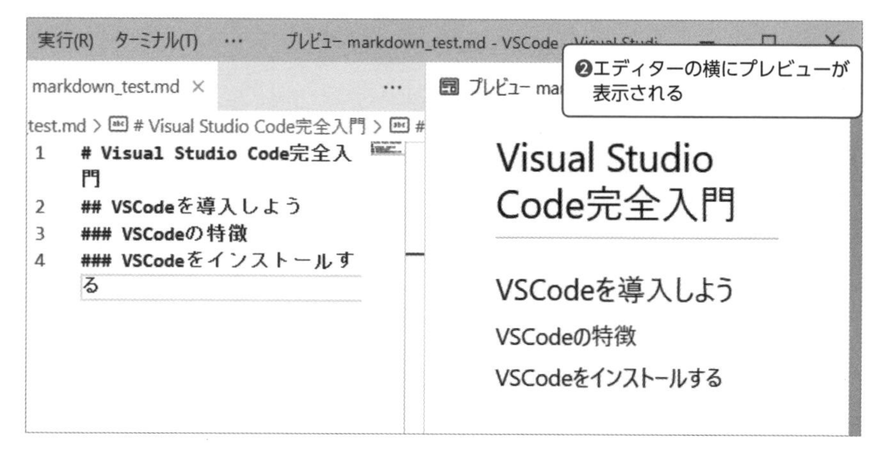

エディターの横に「プレビュー」というウィンドウが開きました。プレビューにはMarkdown文書の内容をHTMLに変換したものが表示され、**Markdown文書を変更するとほぼリアルタイムでプレビューに反映します**。

文字の強調、リスト、テーブルをMarkdown記法で表現する

見出し以外にも、Markdown記法でよく使われるのがリストです。**「*」(アスタリスク) のあとに半角スペースを空けると、その行はリストの項目として扱われます**。Markdownファイルに以下の内容を書き足してみましょう。

● 入力例

```
* build
* src
* test
```

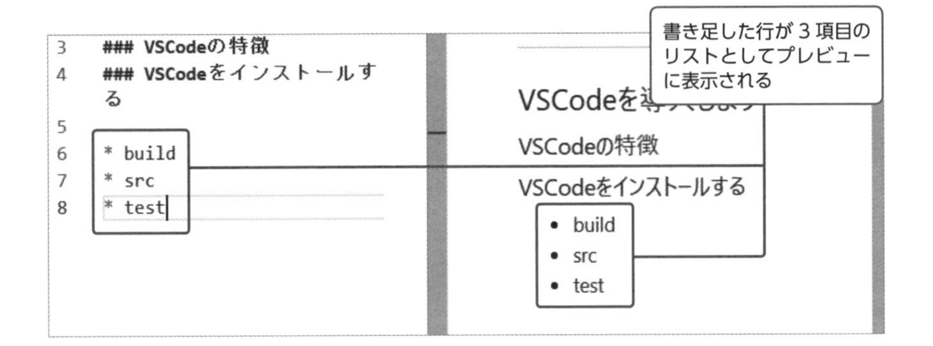

***（アスタリスク）は文字列を囲んで強調するのにも使われます**。*（アスタリスク）1つ、2つ、3つで囲んだ文字列がそれぞれどのように表示されるか確認しましょう。

Markdown記法では、（見出しなどではない）**通常の段落は2つ以上改行しないと別の段落として認識されないことにも注意してください**。

● 入力例

```
*斜体*

**太字**

***斜体で太字***
```

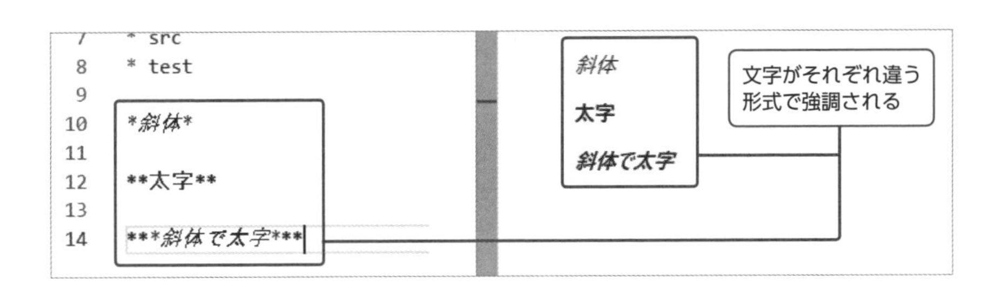

Markdown記法でテーブルを表現する方法も紹介します。**テーブルを作成するには、まずヘッダになる項目を「|」で区切って並べ、次の行に-（ハイフン）2つずつをヘッダ項目と同じ数だけ「|」で区切って書きます**。3行目以降にテーブルの行になる内容を書いていきます。

● **入力例**

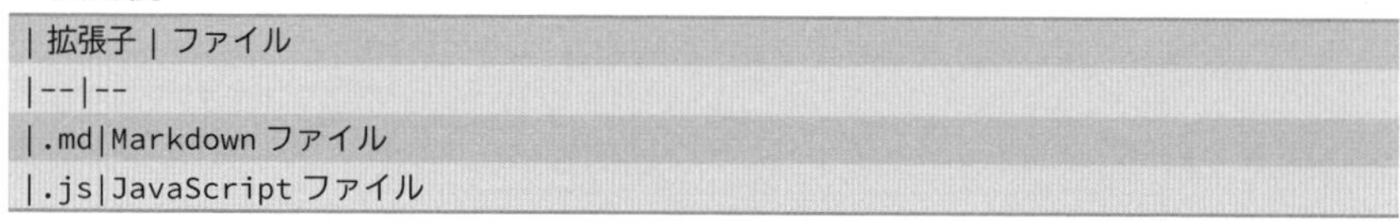

```
|拡張子|ファイル
|--|--
|.md|Markdown ファイル
|.js|JavaScript ファイル
```

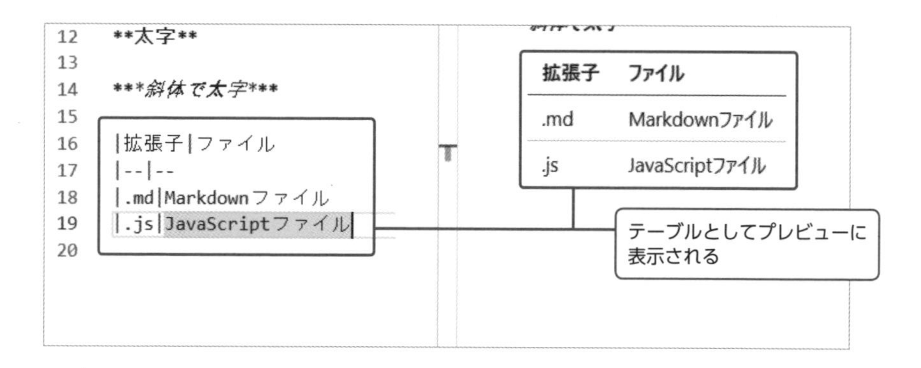

2行目にハイフンの行がなかったり、項目の数が一致しない行があったりすると、全体がテーブルとして判別されず、通常の文字列として表示されるので注意してください。

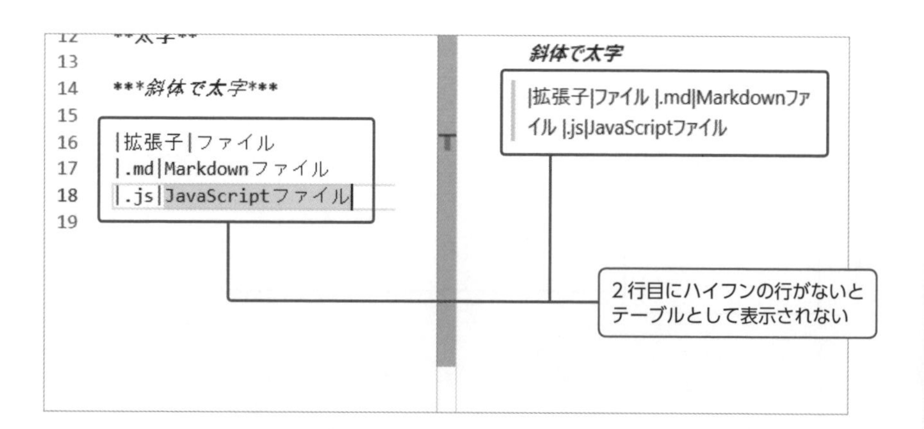

画像を表示する

Markdown文書には、Webページのように**JPG形式、PNG形式の画像を埋め込むこともできます**。以下の入力例のような書式で、はじめに「!」を書いて、[]の中に画像の代替テキストを、()の中に画像ファイルの相対パスを書きます。

● 入力例

```
![太陽のアイコン](image/07_July.png)
```

```
18  |.js|JavaScriptファイル
19
20  ![太陽のアイコン](image/
    07_July.png)
```

Point VSCodeで使用できるMarkdown記法

Markdown記法を使うと、ほかにもさまざまな要素を簡単なルールで表現できます。

使用できるMarkdown記法とその説明（一部）

名前	書き方	説明
ブロック引用	>	引用を表現する。インデントされ、ほかの段落と異なるスタイルで表示される。
リンク	[]()	Markdownファイル内にリンクを埋め込む。[]の中にリンクテキストを、()の中にURLを書く。

VSCodeで使えるMarkdown記法については、以下のURLを参照するとより理解が深まるでしょう。

Docs Markdownリファレンス（Microsoftドキュメント）

https://docs.microsoft.com/ja-jp/contribute/markdown-reference

\# 標準機能 ／ # テキスト全般

検索・置換を使いこなす

ファイルを横断して一気に編集

検索・置換はほとんどのテキストエディターで使える機能ですが、VSCodeには高度な検索・置換をわかりやすく使える「検索ビュー」が用意されています。

1ファイルの中で検索・置換する

あらゆるテキストエディターと同じく、VSCodeでもメニューバーの［編集］-［検索］や Ctrl + F キーでファイル内の検索ができます。検索ウィンドウが表示されるので、そこに検索したい文字列を入力します。

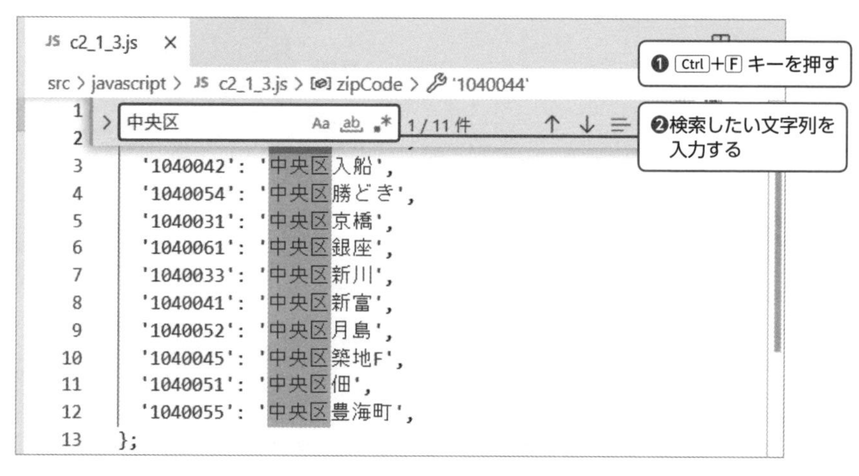

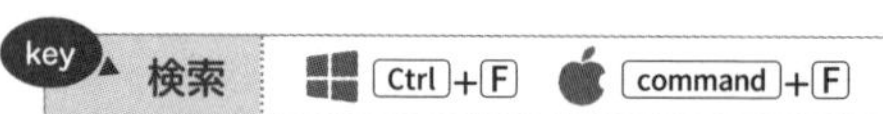

メニューバーの［編集］-［置換］をクリックするか Ctrl + H キー（Macでは command + option + F）を押すと、検索する文字列と置換後の文字列を入力できるウィンドウが表示されます。置換後の文字列を入力したあと、**Enter キーを押すと選択している部分を1箇所ずつ置換、Ctrl + Enter キーを押すとファイル内のすべての箇所を置換します**。

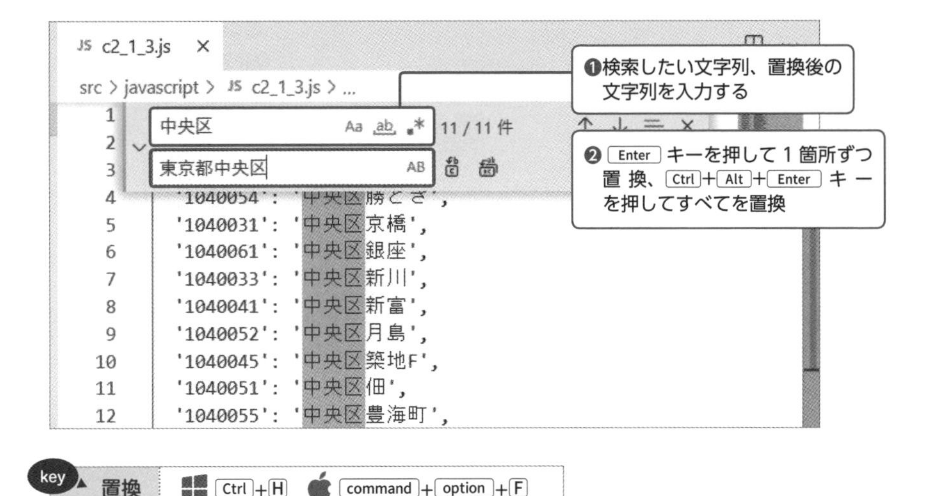

key 置換　Ctrl+H　command+option+F

以上の手順は1つのファイル内で手軽に検索・置換を行うためのものです。P.50で紹介した「次の出現箇所を追加」、「すべての出現箇所を追加」と使いわけるとよいでしょう。

検索ビューで複数のファイルからまとめて検索

アクティビティバーの［検索］アイコンをクリックするか、Ctrl+Shift+Fキーを押すと、サイドバー部分に検索ビューが表示されます。**検索ビューを使うと、開いているフォルダーやワークスペース内のすべてのファイルから、文字列を検索できます**。検索の結果は、ファイル単位で何箇所が検出されたか表示されます。表示された結果をダブルクリックすると、該当箇所がエディターで開きます。

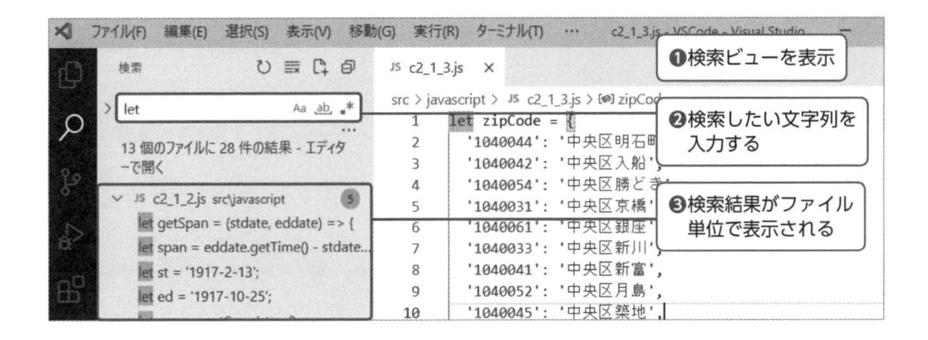

❹結果をクリックするとエディターで開かれ、その場所が表示される

key▲ **検索：フォルダーを指定して検索**　Windows Ctrl+Shift+F　Mac command+Shift+F

ファイルを横断して文字列を置換

Ctrl+Shift+Hキーを押すと、検索ビューで置換を行えます。置換後の文字列を入力すると、検索結果の部分に置換後のプレビューが表示されるようになり、ファイル名の横の[すべて置換]ボタンをクリックするとファイル内の該当箇所を一度に置換、個々の検索結果の横の[置換]ボタンをクリックすると1箇所ずつ置換できます。

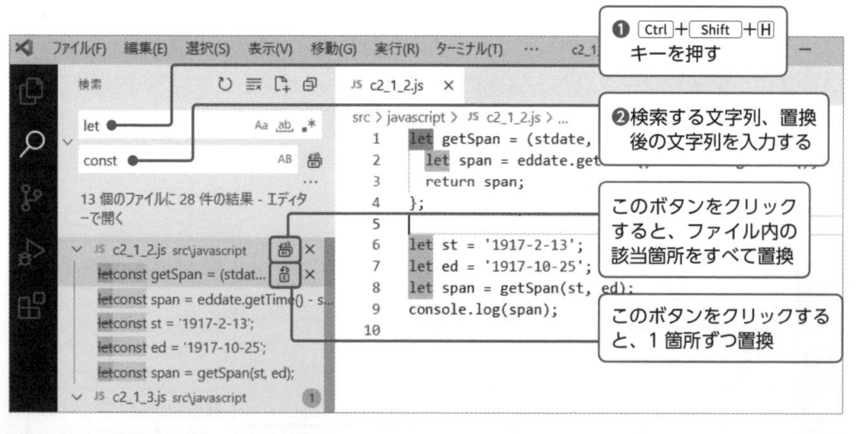

❶ Ctrl+Shift+H
キーを押す
❷検索する文字列、置換後の文字列を入力する
このボタンをクリックすると、ファイル内の該当箇所をすべて置換
このボタンをクリックすると、1箇所ずつ置換
let
const
13 個のファイルに 28 件の結果 - エディターで開く

key▲ **検索：複数のファイルで置換**　Windows Ctrl+Shift+H　Mac command+shift+H

置換後の文字列の入力欄の右側にある [すべて置換] ボタンをクリックすると、検索されたすべてのファイルで文字列を置換します。置換したくないファイルや部分がある場合は、事前にファイル名、検索結果の横にある [無視] ボタンをクリックして置換の対象から外しておきましょう。

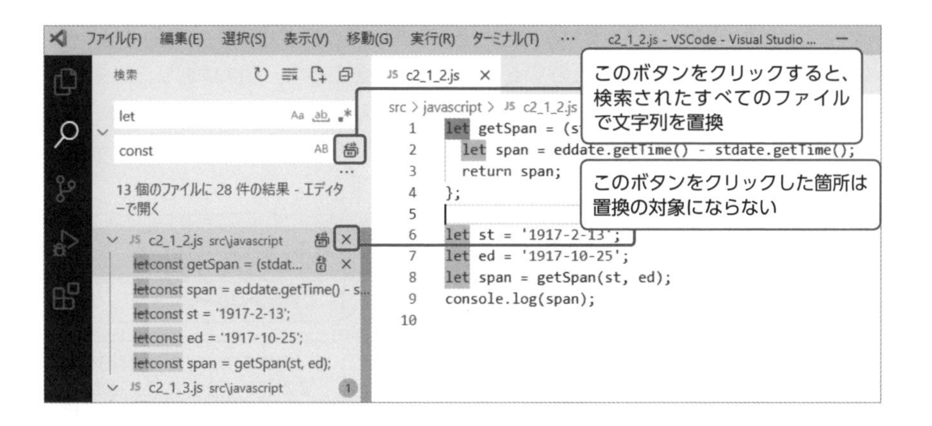

Point [すべて置換] を取り消す

[すべて置換] を行うと、複数のファイルが書き換わって保存まで自動で行われるため、間違ってしまった場合の被害は甚大です。誤って置換を実行してしまったら、置換が実行されたファイルのうちどれか 1 つで Ctrl+Z キーを押して操作を取り消すと、編集されたすべてのファイルで置換を取り消すことができます。

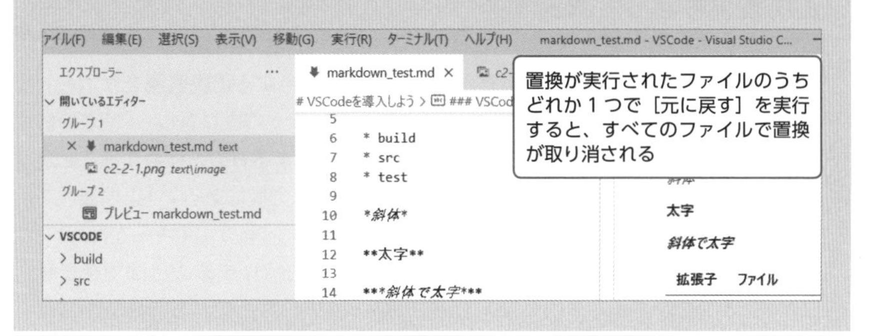

検索・置換の対象にするファイルを絞り込む

検索ビューで[...][詳細検索の切り替え] ボタンをクリックするかCtrl+Shift+Jキーを押すと、**検索の対象にするファイル名を指定することができます**。

ファイル名の指定には*(ワイルドカード)を使うこともできます。たとえば、「含めるファイル」に「c2*.js」と入力すると、ファイル名が「c2」ではじまり、拡張子が「.js」であるファイルだけを検索・置換の対象にします。逆に、「除外するファイル」に指定することで、検索・置換の対象から外すこともできます。

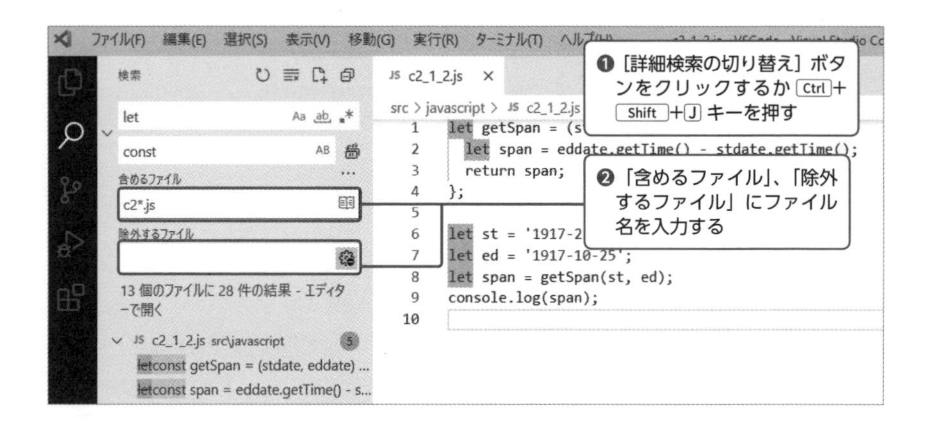

❶[詳細検索の切り替え] ボタンをクリックするかCtrl+Shift+Jキーを押す
❷「含めるファイル」、「除外するファイル」にファイル名を入力する

正規表現を使って検索する

VSCodeでの検索は、文字列の組み合わせを柔軟に照合する**正規表現**をサポートしています。正規表現を使うことで、「同じ文字の一定数以上の繰り返し」「特定の桁数の数字」など、**文字列のパターンを指定してそれにあてはまるものを検索することができます**。検索で正規表現を使うには、検索する文字列の入力欄にある[.*][正規表現を使用する]ボタンをクリックするか、Alt(macOSの場合はoption)+Rキーを押します。

正規表現にはさまざまなものがあるのでそのすべてを紹介することはできませんが、特に使う機会が多いものとして**「|」(または)**が挙げられるでしょう。検索したい複数の文字列を「|」(または)でつなぐと、どれか1つにあてはまった箇所がすべて対象になります。

次の画像では、敬称が「さん」と「さま」に分かれているテキストを、正規表現による検索と置換で「様」に統一しています。

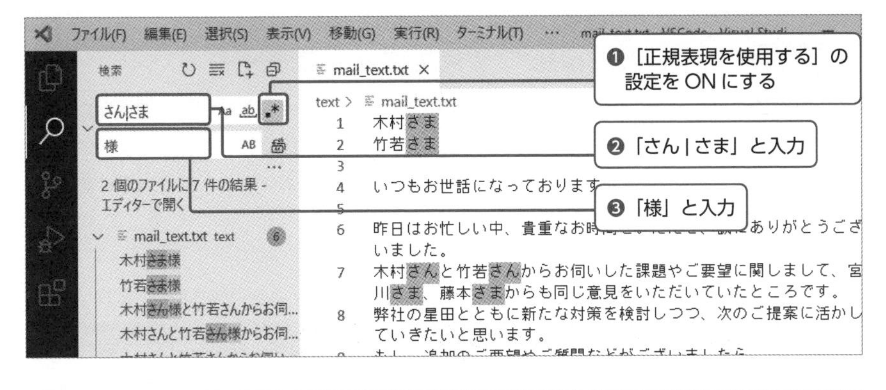
❶［正規表現を使用する］の設定を ON にする
❷「さん | さま」と入力
❸「様」と入力

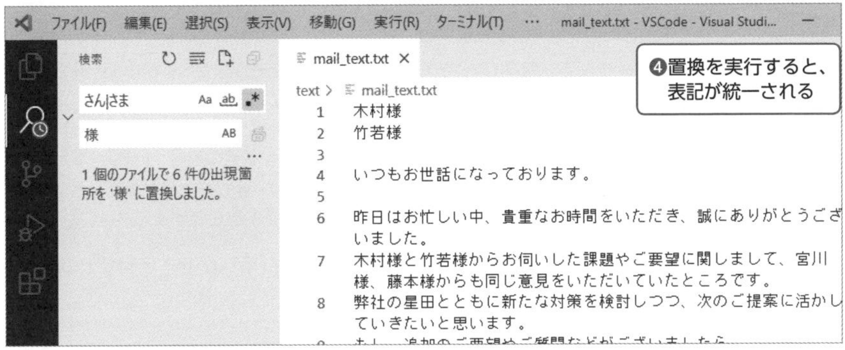
❹置換を実行すると、表記が統一される

検索ビューだけでなく、エディター上に表示される**検索ウィンドウでも［正規表現を使用する］をONにできます**。1ファイルの中だけで検索・置換を行いたい場合はこちらのほうが便利です。

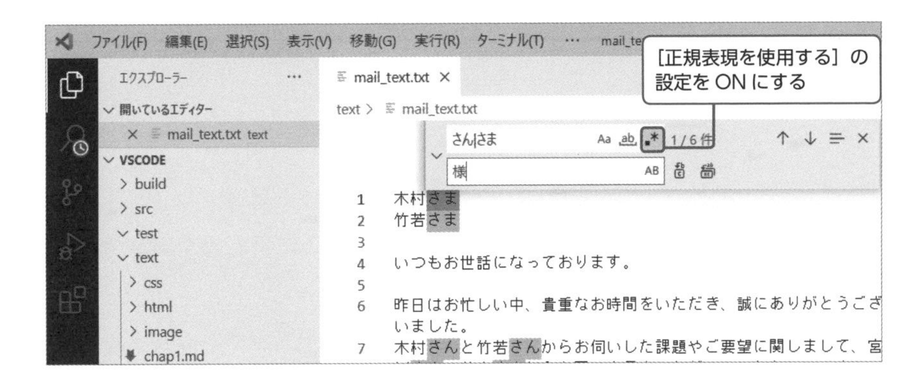
［正規表現を使用する］の設定を ON にする

Point VSCodeで使用できる正規表現

正規表現には、|（または）以外にもさまざまな種類のものがあり、検索・置換と組み合わせることでプログラムやテキストの編集が大幅に効率化されます。そのすべてを本書で解説することはできませんが、VSCodeで使える正規表現の一部を以下の表にまとめました。

使用できる正規表現とその説明（一部）

種類	説明	文字、構造
エスケープ	\（バックスラッシュ）につづけて文字を書くことで、改行文字、タブ文字などの特殊な文字を表現する	\n（改行文字）、\t（タブ文字）、など
文字クラス	アルファベット、数字など文字の種類を区別する	[A-Z]（大文字アルファベット）、[1-9]（数字）、など
アンカー	先頭、末尾など文字列のなかでの位置を表現する	^（文字列の先頭、複数行の文字列の場合は行頭）、$（文字列の末尾、行末）、など
グループ化構成体	文字列をグループにまとめる	()（パターンに一致した文字列をまとめて、1からはじまる序数をつける）、など
量指定子	同じ文字の繰り返し、同じパターンの繰り返しなど、文字列のなかで登場する回数を表現する	{n}（n回の繰り返し）、{n,}（n回以上の繰り返し）、など

VSCodeで使える正規表現についての情報は、以下のURLも参照してください。

正規表現言語 - クイック リファレンス（Microsoft ドキュメント）

https://docs.microsoft.com/ja-jp/dotnet/standard/base-types/regular-expression-language-quick-reference

CHAPTER 3

設定とカスタマイズを理解しよう

コマンドパレットで
簡単にコマンド実行

標準機能 ／ # 設定

VSCodeでどんなことができるか検索する

VSCodeでは、あらゆる操作がコマンドという命令として管理されています。コマンドを使いこなすことがすなわちVSCodeを使いこなすことです。

コマンドパレットを使う

コマンドとは「命令する」「指揮する」などの意味を持つ英単語で、ITの分野では主に「人間からコンピューターへの処理の指示」という意味で使われます。VSCodeではあらゆる操作がコマンドとして登録されていて、これまで実行してきた「フォルダーを開く」「検索する」「置換する」などの操作も実はVSCodeに登録されたコマンドです (P.22参照)。

そして、VSCodeはそれらのコマンドを**コマンドパレット**を使って呼び出すことができます。いくつかのコマンドにはショートカットが割り当てられていたり、メニューバーなどから操作を行ったりできますが、**コマンドパレットを使えば、VSCodeが持つすべてのコマンドを簡単に検索して実行することができます**。

では、コマンドパレットを開く手順を紹介します。Ctrl+Shift+Pキーを押してください。

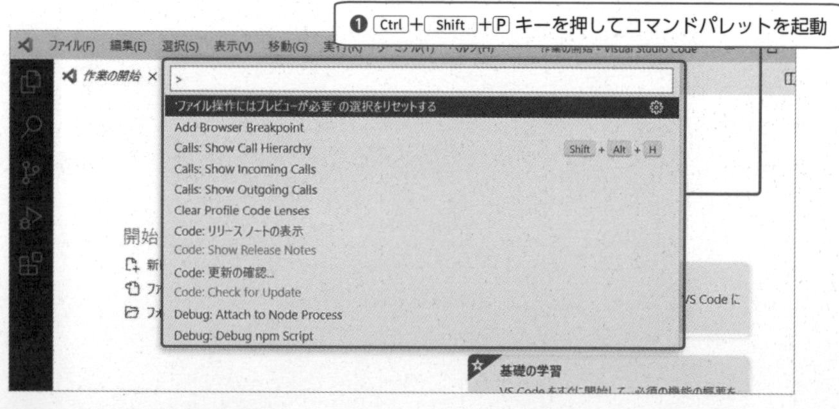

key すべてのコマンドの表示　Windows: Ctrl+Shift+P　Mac: command+shift+P

画面上部に入力欄とコマンドの一覧が表示されます。これがコマンドパレットです。ただ、この一覧にはすべてのコマンドが表示されているため、このままでは目的のコマンドを探し出すのが大変です。そこで、コマンドパレットに**語句の一部を入力してコマンドを絞り込みます**。

試しに、コマンドパレットからユーザー設定画面を開いてみましょう。表示されている「>」は消さず、「settings」と入力してみてください。

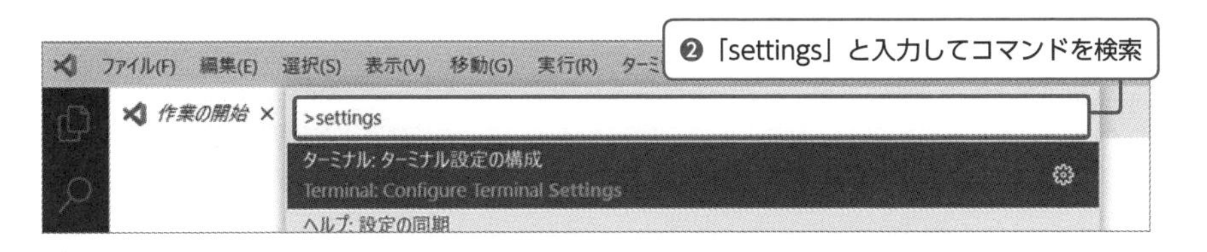

すると「settings」という語句を含むコマンドの一覧が候補として残ります。

ここまで絞り込めたら、[Preferences: Open User Settings] をクリックするか、↑↓キーでコマンドを選択して Enter キーで実行してください。ユーザー設定画面が表示されます。

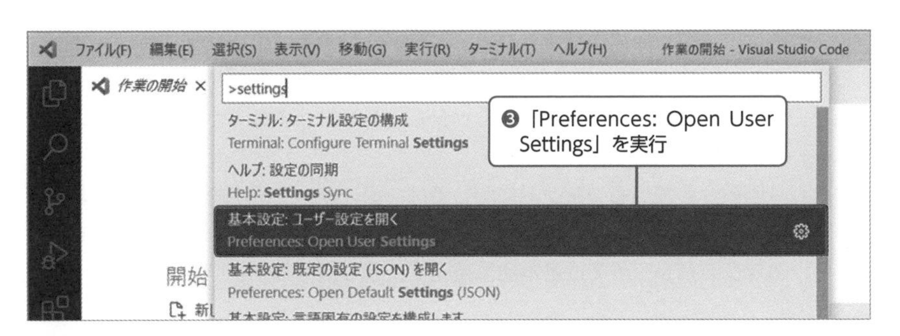

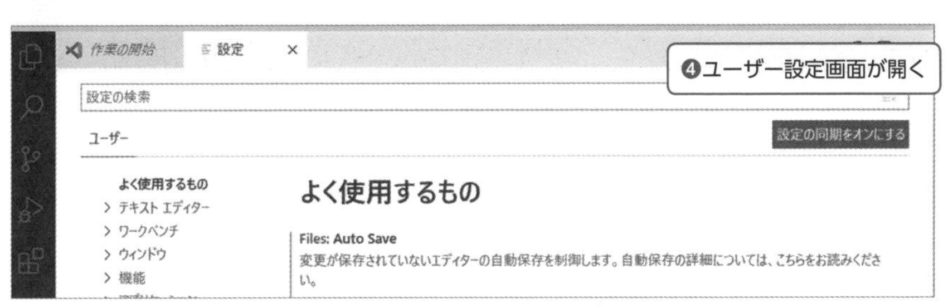

今回はマウスやEnterキーを使って対象のコマンドを実行しましたが、コマンドにショートカットが割り当てられている場合は**表示のとおりにショートカットキーを押して実行することもできます**。

たとえば「copy」と検索した場合、以下の結果が表示されます。「File: Copy Path of Active File」というコマンドにはShift+Alt+Cというショートカットの情報がコマンドの右側に表示されています。

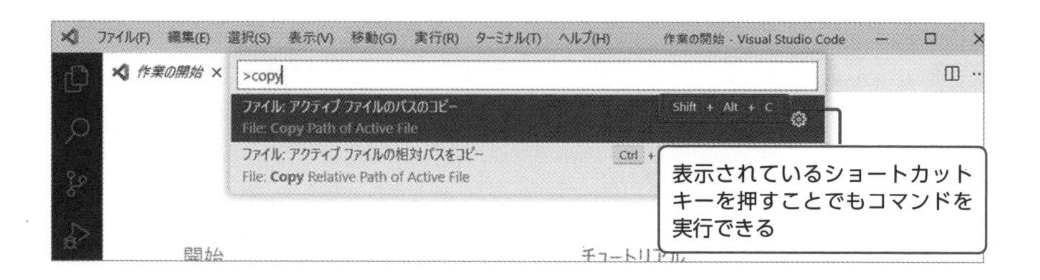

よく使うコマンド

ここからは、VSCodeでよく使うコマンドを紹介します。コマンドパレットで検索する際は「コマンド」列に記載の語句を入力してください。ショートカットが割り当てられているものに関してはショートカットも記載しているので、適宜参考にしてください。

なお、今回紹介しているコマンドに関しては、VSCodeを日本語化している場合は日本語でも検索できます。ただ、すべてのコマンドが日本語化されているわけではないため、**コマンドパレットでは基本的に英語で検索したほうがよいでしょう**。

ファイル操作を行うコマンド

コマンド	説明	ショートカット
File: Open File	ファイルを開く	Ctrl+O (Mac command+O)
File: Open Recent	最近開いた項目の履歴を開く	Ctrl+R (Mac command+R)
File: New Untitled File	無題のファイルを新規作成	Ctrl+N (Mac command+N)
File: Save	ファイルを保存	Ctrl+S (Mac command+S)
File: Save As	ファイルに名前をつけて保存	Ctrl+Shift+S (Mac command+shift+S)

設定に関するコマンド

コマンド	説明	ショートカット
Preferences: Open User Settings	ユーザー設定を開く	-
Preferences: Open Workspace Settings	ワークスペース設定を開く	-
Preferences: Open Keyboard Shortcuts	キーボードショートカットを開く	Ctrl+K→Ctrl+S (Mac command+K→command+S)

その他のコマンド

コマンド	説明	ショートカット
Viewer: Toggle Zen Mode	Zenモードの切り替え	Ctrl+K→Z (Mac command+K→Z)
Extensions: Check for Extension Updates	拡張機能の更新を確認する	-
Close Window	VSCodeを閉じる	Ctrl+Shift+W (Mac command+shift+W)

ところで、多くのコマンドについている「File:」や「Preferences:」といったキーワードは、コマンドの分類を表す接頭語です。たとえば「File:」と検索すると、ファイルに関係するコマンドの一覧が表示されます。

また今まで説明してきたように、コマンドパレットでは語句の一部を入力して候補を絞り込むことができますが、ほかにもコマンド名の大文字の部分だけで検索できたり（例：コマンド「File: Save」は「FS」でも検索可能）、スペースを挟んで複数の語句で検索できたりといった便利な機能もあります。

このように簡単にコマンドを検索して実行できるコマンドパレットは、VSCodeで最もよく使われる機能の1つです。「あの操作がしたい」と思った場合はまずコマンドパレットで検索してみることをおすすめします。

Point　**コマンドパレットには「>」が必須**

コマンドパレットで「settings」と検索する際に、表示されている「>」は消さないよう説明しました。その理由は、この記号を削除してしまうと、クイックオープンという別の機能に切り替わってしまうためです。クイックオープンについてはP.170で説明しているので参照してください。

なお、間違えて「>」を消してしまっても、もう一度キーボードで入力すればコマンドパレットとして検索できるようになります。

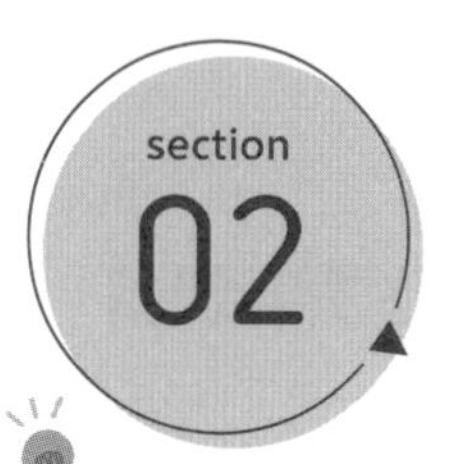

カスタマイズして
より使いやすく

標準機能 / # 設定

VSCodeを自分好みにカスタマイズする

標準機能のみを使って、自分が操作しやすいようにVSCodeをカスタマイズする方法を紹介します。

おすすめの設定項目

VSCodeにはたくさんの設定項目が用意されており、それらを細かく設定することでより自分に合った、自分だけのVSCodeにカスタマイズできます。

ここでは、VSCodeを自分好みにカスタマイズするためのおすすめの設定項目として、**①文字の見た目、②行番号の表示方法、③ファイルの保存方法、④カラーテーマ**の4つと、それぞれの設定方法を紹介します。また、操作はすべて**ユーザー設定画面**から行います。

文字の見た目を変更する

文字の見た目の設定として代表的なものに、フォント・フォントサイズ・行の高さがあります。それぞれ変更してみましょう。以下の表はそれぞれの設定項目名の一覧です。

文字の見た目に関する設定項目

設定項目名	説明
Editor: Font Family	フォントの種類を変更する
Editor: Font Size	フォントのサイズを変更する
Editor: Line Height	行の高さを変更する

フォントの種類を変更する

では、フォントの種類を変更してみましょう。まずはユーザー設定画面を開きます。ユーザー設定画面を開くには、[管理] ボタン（ウィンドウ左下の歯車のマーク）-[設定] をクリックするか、コマンドパレットから「Preferences: Open User Settings」コマンドを実行します。

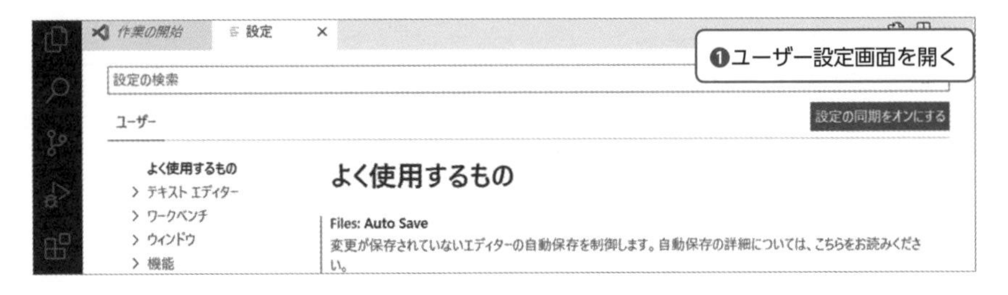

続いて、目的の設定項目を絞り込みます。今回は「Editor: Font Family」という設定を検索したいため、「font family」と入力してください。表示された候補から「Editor: Font Family」を探します。今回のように設定したい項目名がわかっている場合は、設定画面で検索する方法が便利です。

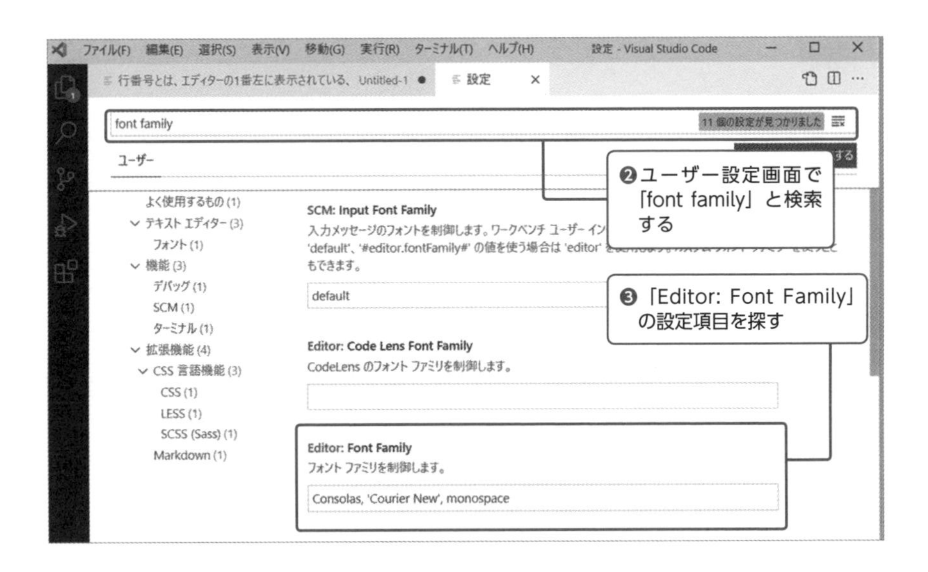

OSによりデフォルトの値は異なりますが、この端末では「Consolas,'Courier New',monospace」という3つのフォントがカンマ区切りで表示されています。VSCodeではこのように**カンマ区切りで複数のフォントを指定できます**。一番左のフォントで優先して読み込み、読み込めない文字についてはその右隣のフォントで読み込む、というように使い分けられています。

この設定を変更し、自分で使用したいフォントに変えましょう。ここでは、「Consolas」を「メイリオ」に変えてみます。なお、「Courier New」のようにフォント名にスペースが入っている場合はシングルクォート（'）で囲ってください。

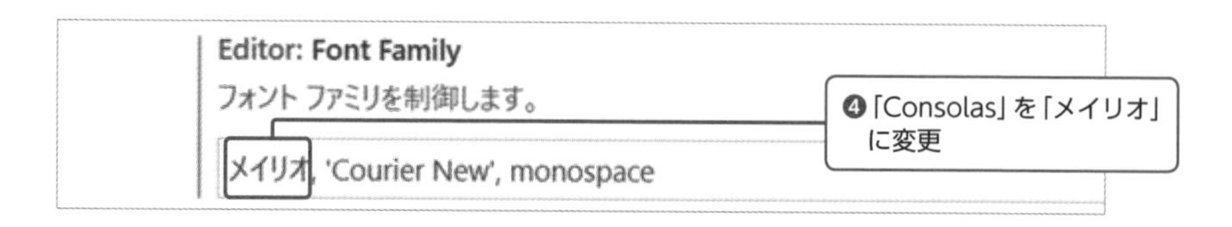

では、フォントが変更されたことを確認してみます。以下の2つの画像は変更前の「Consolas」と変更後の「メイリオ」で入力した文章です。それぞれフォントが異なっていることを確認してください。

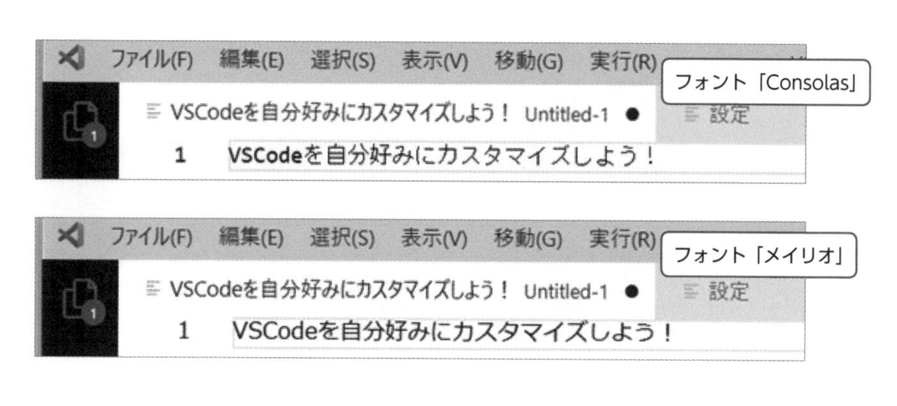

フォントのサイズを変更する

続いてはフォントのサイズを変更してみましょう。

「Editor: Font Size」の設定項目を確認してください。この端末ではデフォルトのフォントサイズが「14（ピクセル）」です。この値を変更し、自分の好みのフォントサイズにしましょう。ここでは「20」に変更してみます。

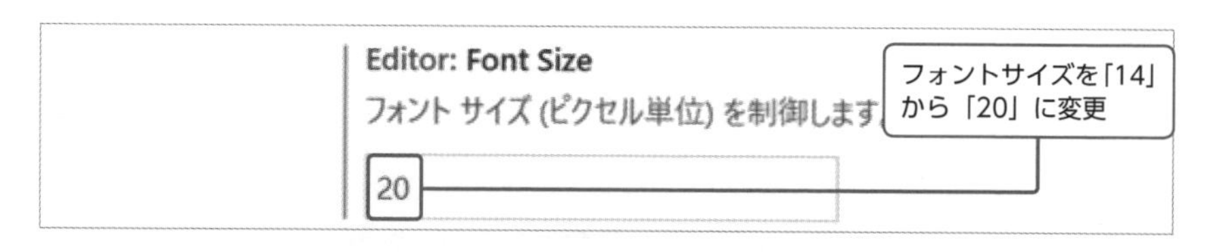

フォントサイズが変更されたことを確認してみましょう。フォントサイズが20のときのほうが文字が大きくなっています。

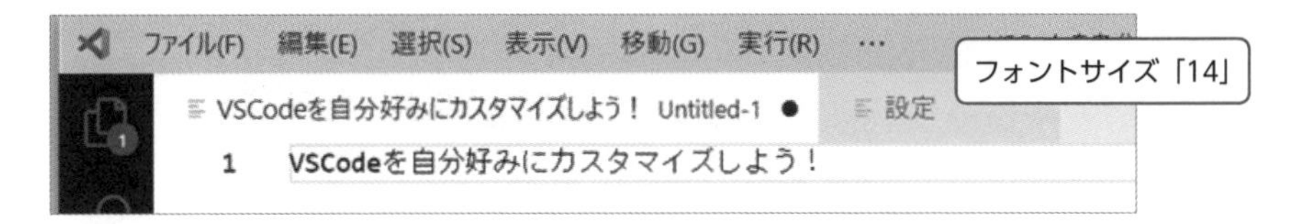

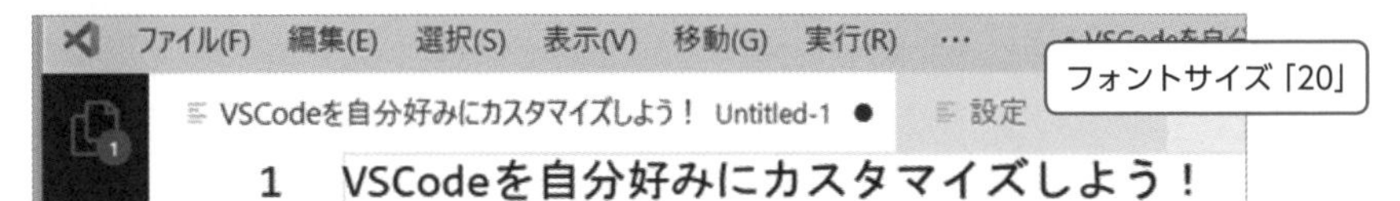

行の高さを変更する

最後に、行の高さを変更してみましょう。

「Editor: Line Height」の設定項目を表示させてください。デフォルトでは「0」となっているので、必要に応じて好みの数字に変更してください。ここでは、「3」に変更します。ちなみに「0」は、フォントのサイズに合わせて行の高さを自動で調整するという意味です。

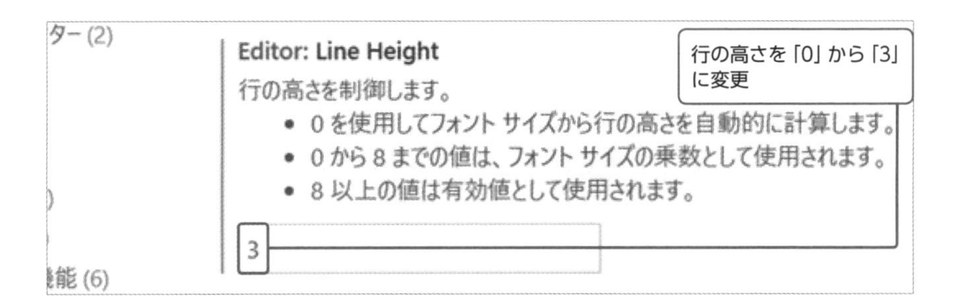

では、行の高さが変更されたことを確認してみましょう。フォントサイズはそのままに、行の高さだけが変更されていることを確認してください。

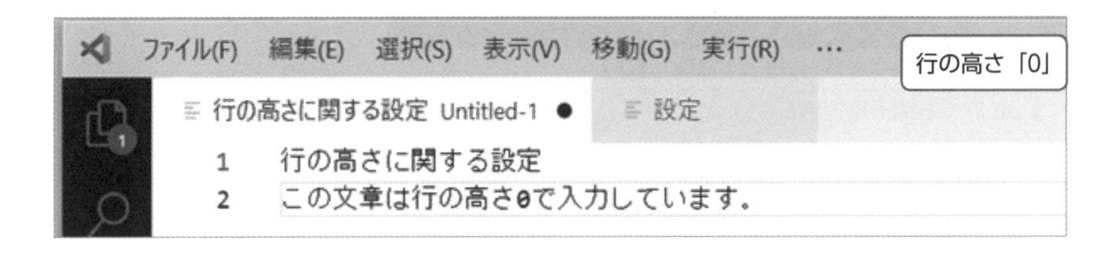

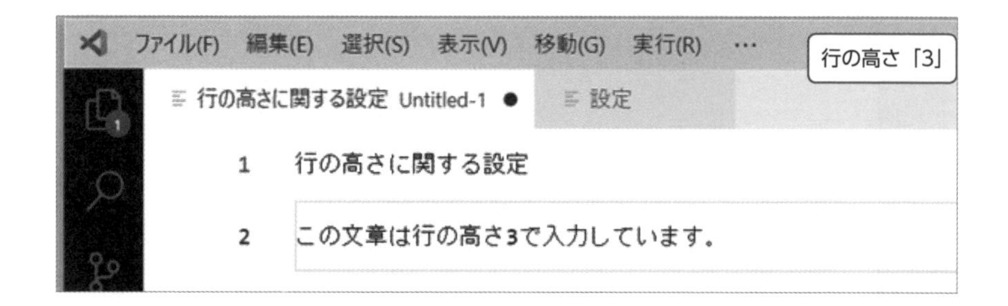

行番号の表示方法を変更する

行番号の表示・非表示も設定から変更できます。

行番号とはエディターの一番左に表示されている、行数を示すための番号のことです。行番号があることで行数の確認が簡単になりますが、不要な場合は「Editor: Line numbers」という設定項目から非表示にすることもできます。また、表示、非表示以外の設定もあります。

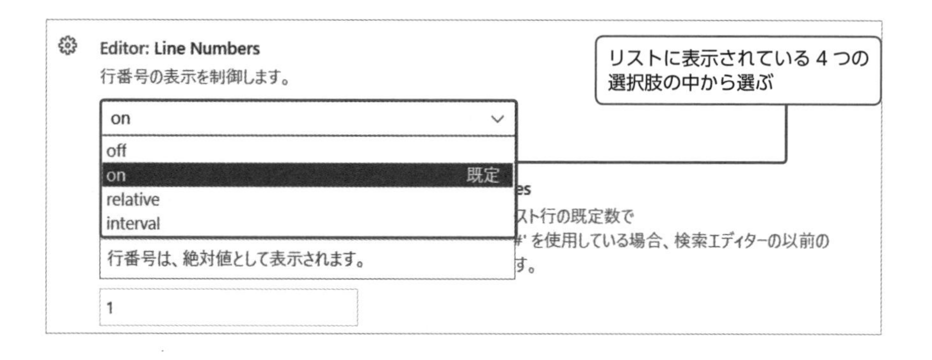

Editor: Line numbers の設定値

設定値	説明
on	行番号を表示する（デフォルト）
off	行番号を表示しない
relative	カーソルをおいた位置からの相対的な行数を表示する
interval	10行ごとに行番号を表示する

それぞれの設定値で行番号がどう表示されるか見てみましょう。

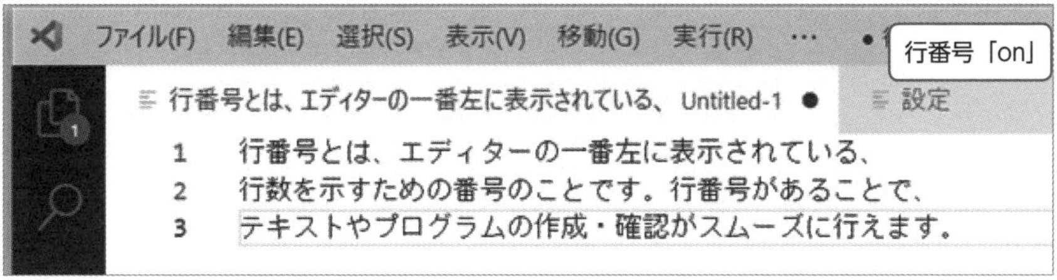

行番号「on」

「on」にすると行番号が表示される

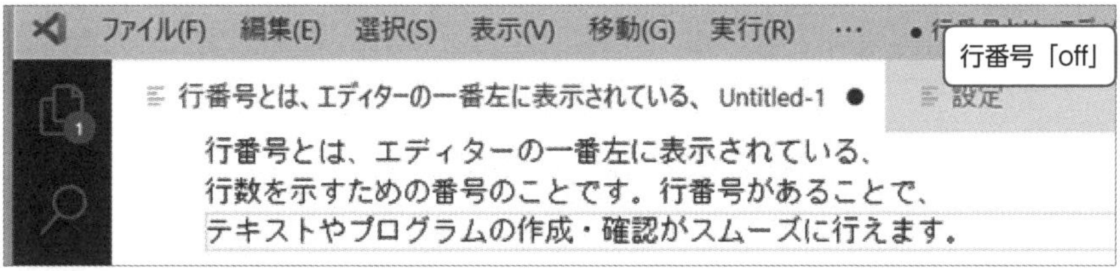

行番号「off」

「off」にすると行番号が非表示になる

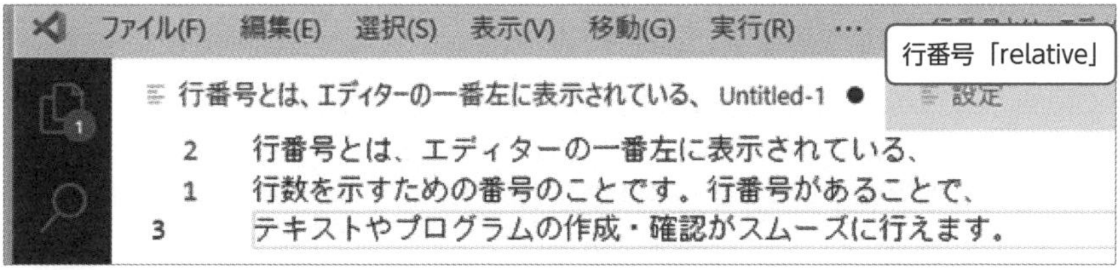

行番号「relative」

「relative」にすると現在選択している行からの相対的な行数（その行から何行離れているか）が表示される

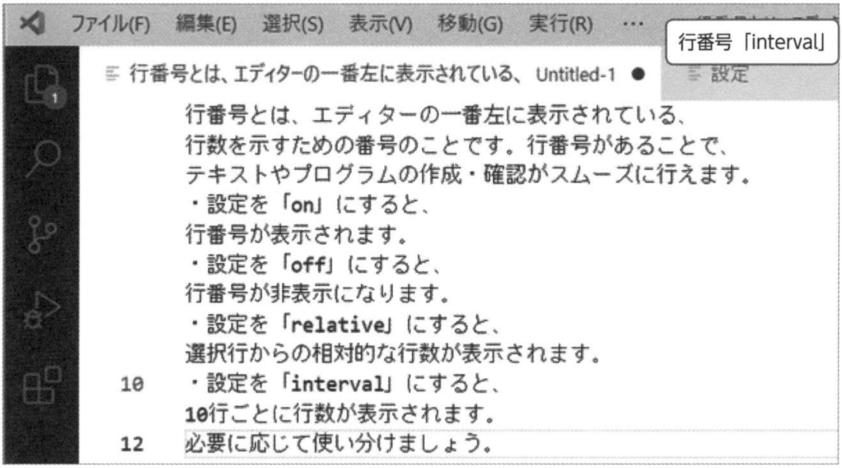

行番号「interval」

「interval」にすると 10 行ごとに行数が表示される

ファイルを自動保存する

「Files: Auto Save」という設定項目をデフォルトから変更すると、編集したファイルが自動的に保存されるため保存し忘れることがなくなります。

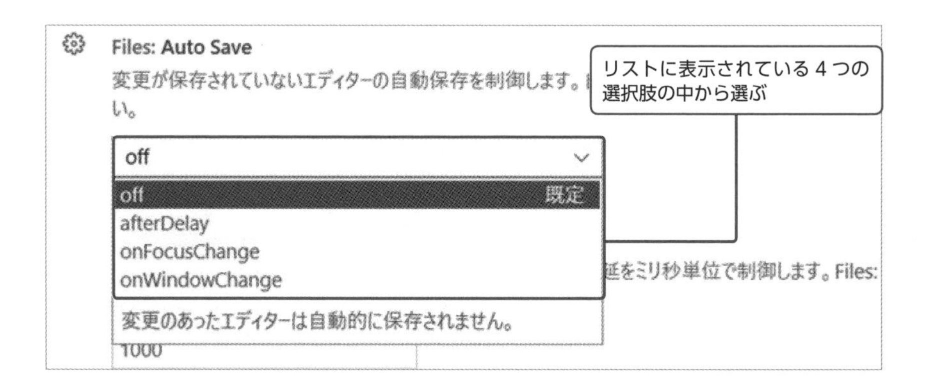

Files: Auto Save の設定値

設定値	説明
off	ファイルを自動保存しない（デフォルト）
afterDelay	「Files: Auto Save Delay」で指定した時間が経過してから自動保存する
onFocusChange	エディターで操作しているファイルを切り替えると、自動保存する（P.25参照）
onWindowChange	VSCodeからフォーカスが外れたとき（ほかのアプリを操作したときなど）に自動保存する

「Files: Auto Save」の設定値が「afterDelay」である場合、「Files: Auto Save Delay」で設定した時間が経過したあと保存します。単位はミリ秒であることに注意してください。デフォルトは1000になっていますが、自分の好きな時間に変更できます。

Files: Auto Save Delay
変更が保存されていないエディターが自動で保存されるまでの遅延をミリ秒単位で制御します。Files: Auto Save が afterDelay に設定されている場合のみ適用されます。
1000

カラーテーマを変更する

最後に、**カラーテーマ**を変更する方法を紹介します。

カラーテーマとはVSCode全体の配色設定のことを指します。文字の見え方やモチベーションなどにも関わってくるので、自分好みのものに変更してみましょう。ちなみに本書では今までたくさんのVSCodeのスクリーンショットを載せてきましたが、すべて「Light+」というカラーテーマを使っています。カラーテーマは、「Workbench: Color theme」という設定項目から設定できます。

設定はリストの中から選ぶことになります。たくさんの選択肢があり迷うかもしれませんが、いろいろなテーマを使ってみながら、自分に合った設定を探してみましょう。

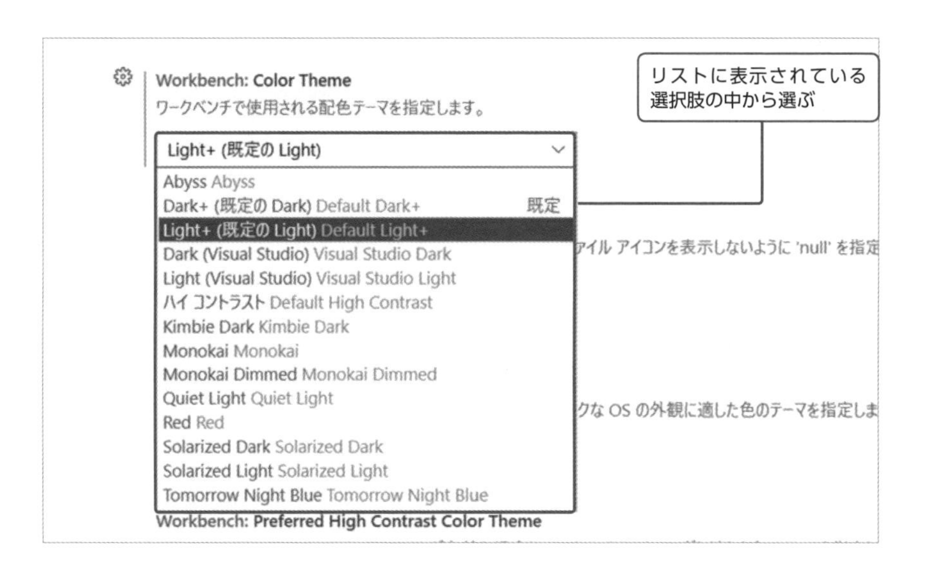

なお、カラーテーマに関わる拡張機能をインストールすると、このリストにない配色も追加できます。

標準機能 ／ # 設定

ワークスペースごとに設定を切り替える

VSCodeは優先度が異なる複数の「設定」を持っています。これを利用して柔軟な環境構築を行う方法を紹介します。

VSCodeにおける「設定」について

ここまで、VSCodeを操作してたくさんの設定を変更してきましたが、そのすべてが「ユーザー設定」の変更でした。ところがVSCodeには、以下の表のとおり**ユーザー設定以外の設定が存在します**。どう違うのか、詳しく紹介していきます。

VSCode における設定の種類

設定	説明	設定ファイル
ユーザー設定	ユーザーごとの設定	settings.json
ワークスペース設定	ワークスペースごとの設定	［ファイル名］.code-workspace内の「settings」の部分
フォルダー設定	ワークスペース内のフォルダーごとの設定	settings.json

ユーザー設定とは

ユーザー設定とはその名のとおりユーザーごとの設定で、VSCode全体に対する設定です。画面から設定を変更する場合はユーザー設定画面を操作します。また、画面で変更した内容はsettings.jsonというJSON形式の設定ファイルも連動して変更されるようになっていて、このsettings.jsonを編集することでも設定を変更できます(P.95参照)。

ユーザー設定のsettings.jsonは、端末や設定にもよりますがWindowsであれば「C:\Users\［ユーザー名］\AppData\Roaming\Code\User」、Macであれば「/Users/［ユーザー名］/Library/Application Support/Code/User」が既定の保存先です。

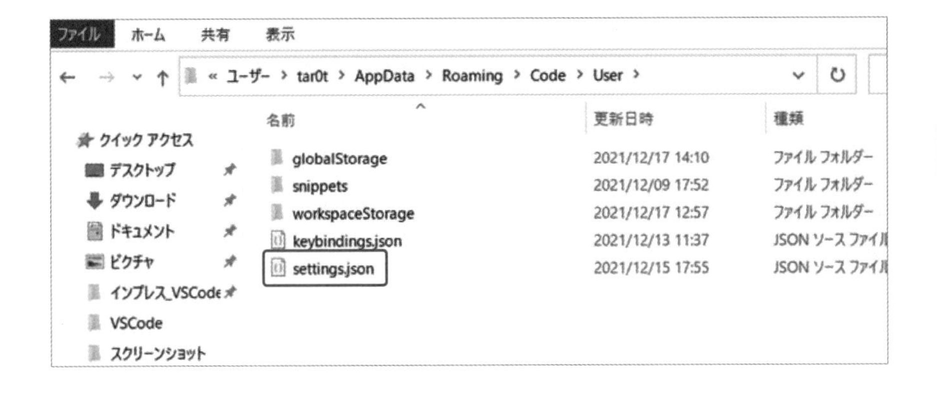

ワークスペース設定を開く方法

ワークスペース設定とはワークスペースごとに指定する設定のことです。ワークスペース設定ではユーザー設定と同じ項目を設定できます。ワークスペースの説明や作成方法についてはP.46を参照してください。

ワークスペース設定も、設定画面から設定変更する方法と、JSON形式の設定ファイルを編集する方法があります。ただし、ワークスペース設定の場合はsettings.jsonというファイルではなく、ワークスペースを保存したときに作成される、[ファイル名].code-workspace内の「settings」の部分を編集することになります（この部分をsettings.jsonと呼ぶこともあります）。

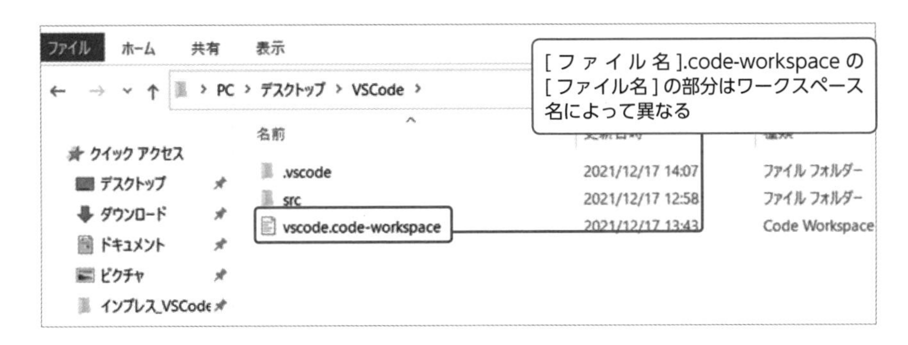

ワークスペース設定画面を開く手順

1. [管理] ボタン（ウィンドウ左下の歯車のマーク）をクリックし、[設定] を選択して設定画面を開く
2. 設定画面が開いたら、[ユーザー] タブの隣にある [ワークスペース] タブをクリックする

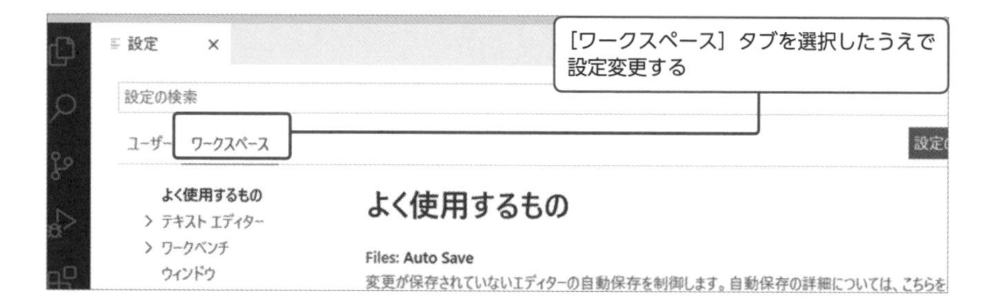

JSON形式の設定ファイルを開く手順

1. コマンドパレットで「workspace settings」「settings」などと検索し、コマンド「Preferences: Open Workspace Settings(JSON)」を実行
2. ワークスペース用の定義ファイル（[ファイル名] .code-workspace）が開くので、「settings」の部分を編集、保存する

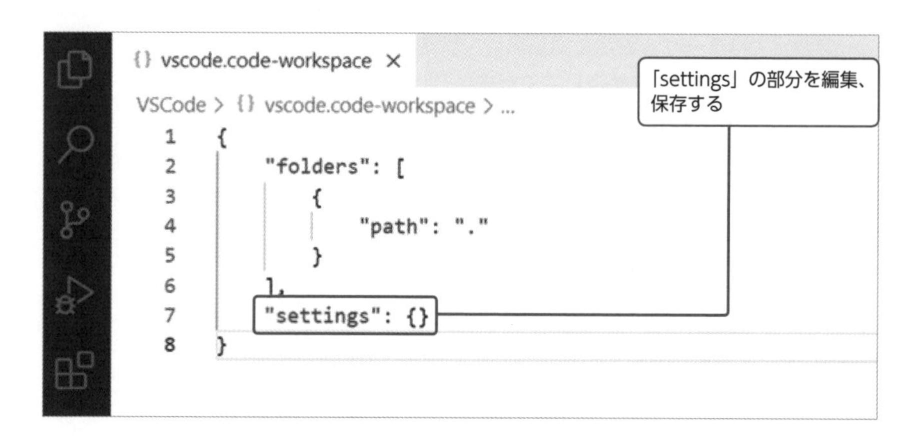

フォルダー設定を開く方法

1つのワークスペースには、別々の場所にある複数のフォルダーを含めることができますが、VSCodeではワークスペースだけでなくフォルダーごとに設定を変更できます。これが**フォルダー設定**です。ただし、設定できる項目は限定的です。

フォルダー設定もユーザー設定やワークスペース設定同様、設定画面から設定変更する方法と、JSON形式の設定ファイルを編集する方法があります。フォルダー設定の場合はsettings.jsonというファイルを編集します。**ユーザー設定の説明で登場したsettings.jsonと名前が同じですが、別のファイルなので注意してください**。

フォルダー設定のsettings.jsonは、ワークスペースに追加した各フォルダーの中にある「.vscode」フォルダー内に保存されます。ワークスペース内のフォルダーでないと保存されないので注意してください。

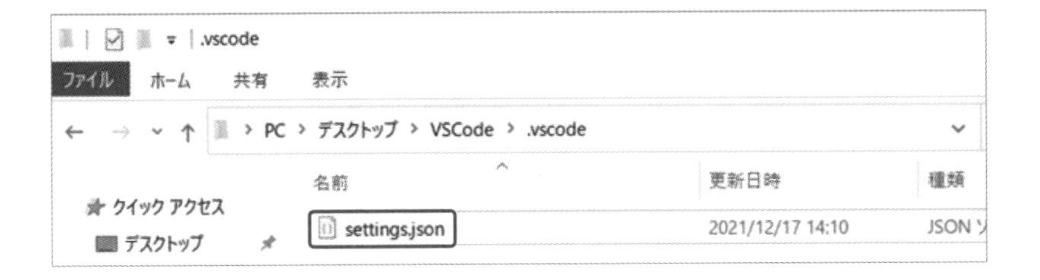

フォルダー設定画面を開く手順

1. コマンドパレットで「folder settings」「settings」などと検索し、コマンド「Preferences: Open Folder Settings」を実行
2. 目的のフォルダーを選択する
3. 設定画面が開いたら、[ユーザー] [ワークスペース] タブの隣にフォルダー名のタブが表示されていることを確認する

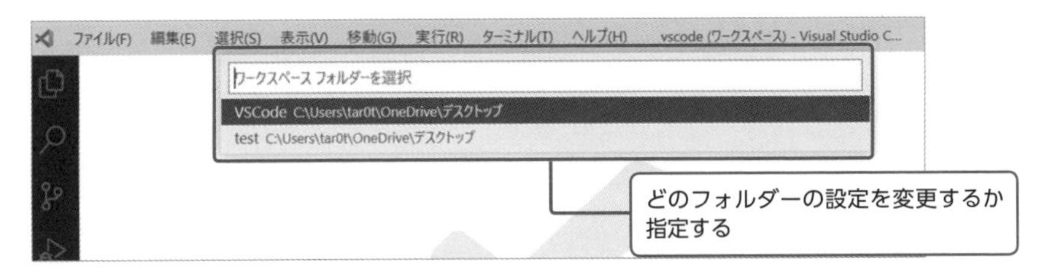

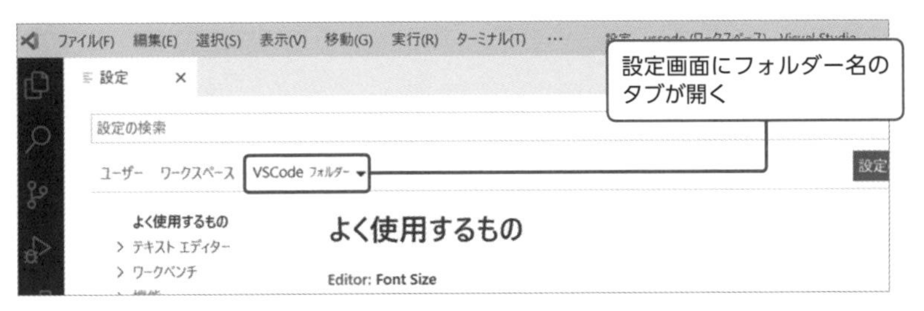

なお、フォルダー名のタブを選択すると表示される [▼] をクリックすることで、別のフォルダーを選択することもできます。

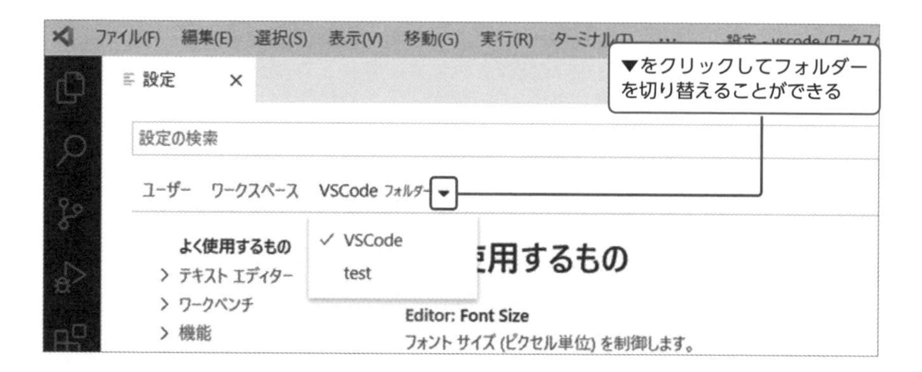
▼をクリックしてフォルダーを切り替えることができる

JSON形式の設定ファイルを開く方法

1. コマンドパレットで「folder settings」「settings」などと検索し、コマンド「Preferences: Open Folder Settings(JSON)」を実行
2. 目的のフォルダーを選択する
3. settings.jsonが開くので、編集、保存する

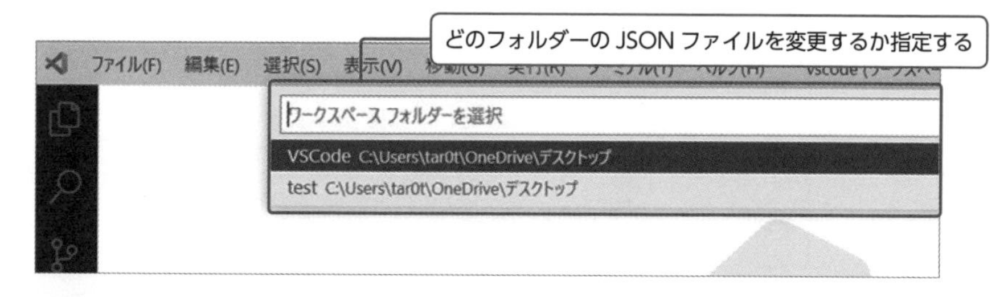
どのフォルダーの JSON ファイルを変更するか指定する

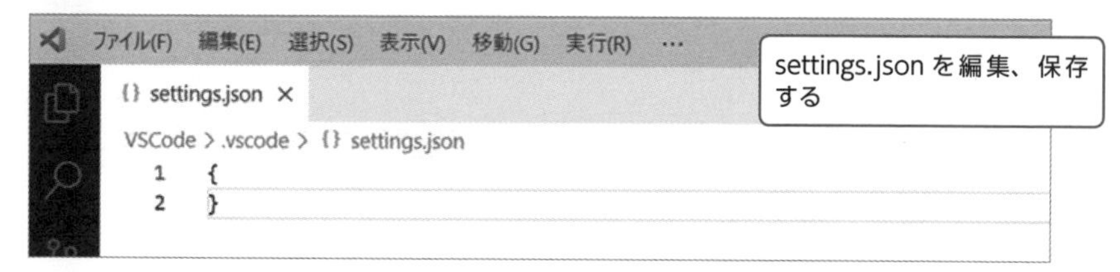
settings.json を編集、保存する

3つの設定の関係と優先度

ここまで、ユーザー設定・ワークスペース設定・フォルダー設定の3種類の設定について説明してきましたが、これらの設定の関係と優先度をまとめると次の図のようになります。

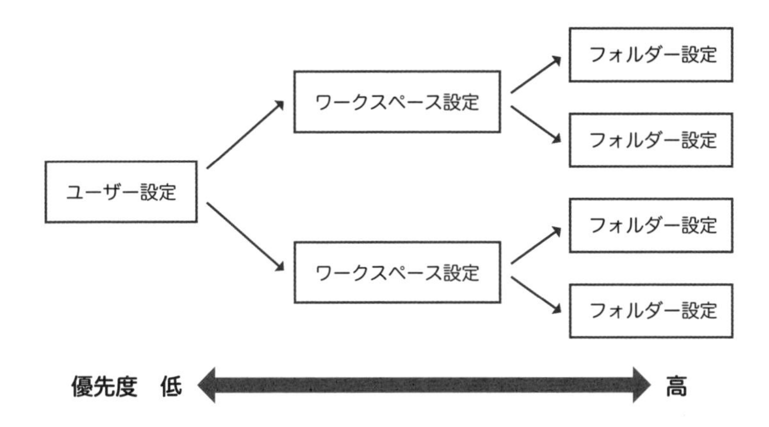

このように設定を階層に分けることで、次のようなメリットが得られます。

- 複数の開発プロジェクトに属する人が、ワークスペースごとに異なる設定を適用できる
- ワークスペースごとに（カラーテーマなどの）設定を変えることで、プロジェクトを混同しにくくなる
- ワークスペースやフォルダーなど、その階層で適用したい設定のみ変更すればよい

ワークスペースごとにカラーテーマを変えてみる

今まで、VSCodeにおける「設定」について説明してきました。ここからは実際にワークスペースを複数作成し、それぞれ異なるカラーテーマを設定してみましょう。

ワークスペースを作成する

事前準備としてワークスペースを複数作成します。ここでは「VSCode」「VSCode_2」という2つのワークスペースを用意しました。ワークスペースの作成方法はP.46を参照してください。

ワークスペース設定を行う

続いて、ワークスペース設定を変更して、ワークスペースごとにカラーテーマを設定していきます。復習になりますが、ワークスペース設定を変更するには設定画面から変更する方法と、JSON形式の設定ファイルを編集する方法がありました。今回は

設定画面からカラーテーマを設定します。

では、試しに「VSCode」というワークスペースには「Abyss」というカラーテーマを設定してみましょう。

まずはワークスペース「VSCode」を開きます。メニューバーの［ファイル］-［ファイルでワークスペースを開く］をクリックして、開きたい.code-workspaceファイル（今回はvscode.code-workspace）を選択します。

続いて先ほど紹介した手順のとおりにワークスペース設定画面を開き、「Workbench: Color Theme」の設定項目を表示させたら、リストの1番目に表示されている「Abyss」を選択します。するとそれまでユーザー設定の「Light+」が適用されており全体的に白い配色でしたが、黒っぽい配色に変更されました。

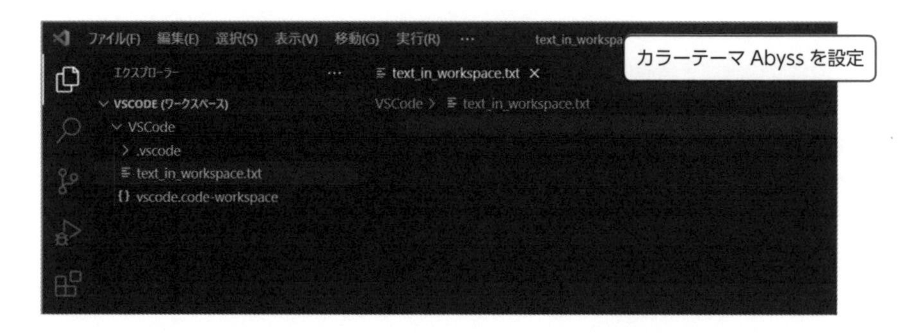

これでワークスペース「VSCode」に個別にカラーテーマを設定することができました。続いてワークスペース「VSCode_2」にもカラーテーマを設定してみます。

VSCodeでは1つのウィンドウで複数のワークスペースを同時に開いておくことはできないため、コマンド「Workspace: Close Workspace」を実行するか、Ctrl+Kを押してからFを押して、開いていたワークスペース「VSCode」を一度閉じます。

ワークスペースを閉じたとき、先ほど設定したカラーテーマ「Abyss」が解除され、ユーザー設定の「Light+」のカラーテーマに戻ったことを確認してください。ワークスペース設定はそのワークスペースを開いている間のみ有効であることがわかります。

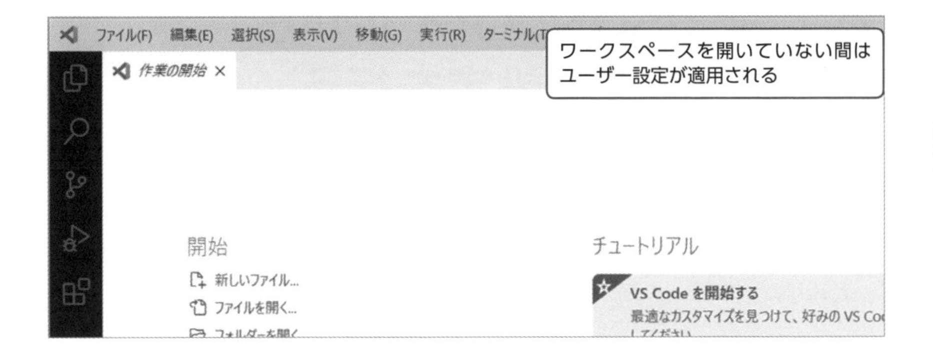

次に、先ほどと同じ手順でワークスペース「VSCode_2」と、ワークスペース設定画面を開き、「Workbench: Color Theme」の設定項目を表示させます。今度は「Solarized Light」を選択してみると、淡い黄色の配色に変更されました。

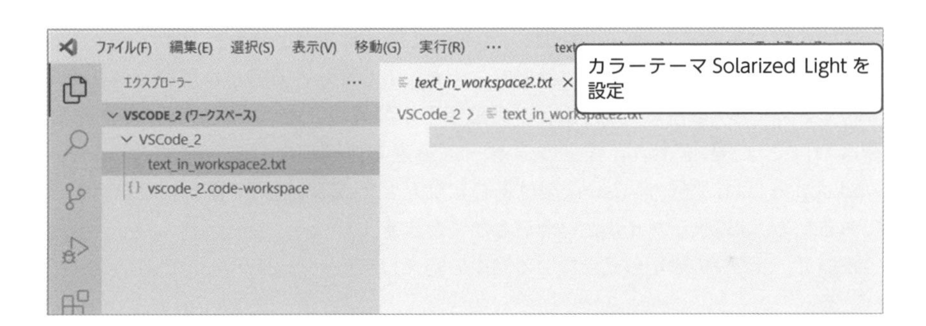

このように、ワークスペース設定を使うことでワークスペースごとに異なる設定をすることが可能です。今回はカラーテーマを変更しましたが、以前紹介したように、フォントやフォントサイズなどを変更してもよいでしょう。

また、これまで設定変更はすべて設定画面から行ってきました。その度にコマンドを実行して設定画面を開き、目的の設定項目を探すなどの手順を踏む必要があったため、「面倒だな」と思った方もいるのではないでしょうか。そんなときに有効なのが、settings.jsonを直接編集する方法です。この方法を使えば大幅に作業時間を削減できます。具体的な手順については、次のページから説明します。

＃標準機能 ／ ＃設定

JSONファイルから高度な設定を行う

JSONファイルを編集して設定を変更できるようになれば、VSCodeをより深く理解して、より便利に使いこなせます。

JSONとは

今まで「settings.json」や「JSON形式の設定ファイル」などJSONという単語を使った用語が度々登場してきましたが、ここであらためてJSONについて説明します。

JSONとは「JavaScript Object Notation」の略で、データのやり取りに適したファイル形式です。「ジェイソン」と読みます。

正式名称にもあるJavaScriptのルールをもとにしたファイル形式ですが、他言語とのデータのやり取りにも使われます。また、JSON形式で書かれたファイル（＝JSONファイル）は基本的に「.json」の拡張子がつくことが多いですが、絶対に必要なわけではありません。ワークスペース設定で登場した「[ファイル名].code-workspace」は拡張子が「.json」ではありませんが、JSON形式で書かれたファイルであるため、JSONファイルということができます。

続いて、JSONの表記形式について簡単に紹介します。

● JSON の表記形式

```
{
  "キー名": 数値,
  "キー名": ブール値,
  "キー名": "文字列"
}
```

JSONの基本の表記形式は、JavaScriptのオブジェクトリテラルのように{}の中に、ダブルクォート（"）で囲った**「キー名」**と対応する**「値」**をコロン（:）で区切って入力する、というものです。値については文字列、数値、ブール値（true/false）、配列などのデータ型をとることができます。これらの値は基本的にはダブルクォート（"）で囲って表記しますが、数値やブール値の場合は使いません。また、カンマ（,）を使えば1組の{}の中に複数のデータを入力できます。基本的な表記形式はこれだけです。

設定画面とsettings.jsonの関係

JSONについてわかったところで、**settings.json**について見ていきましょう。

settings.jsonとはユーザー設定用の設定ファイルで、「.json」の拡張子からわかるとおり、JSONファイルです。ユーザー設定画面と連動しており、ユーザー設定画面を変更すれば、対応する設定項目についての記述がsettings.json上で自動的に書き換えられます。そのため、settings.jsonを直接書き換えることでユーザー設定を変更することが可能です。また一部の項目について、設定画面からの設定変更ができずsettings.jsonからでしか設定できないものもあります。

では実際にユーザー設定画面とsettings.jsonを見てみます。例としてフォントサイズの設定を開くと、ユーザー設定画面とsettings.jsonの画面はそれぞれ次のようになっています。現時点のフォントサイズは15です。

```
1  {
2      "workbench.colorTheme": "Default Light+",
3      "editor.fontSize": 15
4  }
```

P.76で説明しましたが、ユーザー設定画面におけるフォントサイズの設定項目名は「Editor: Font Size」です。

いっぽうsettings.jsonでは「Editor: Font Size」ではなく「editor.fontSize」というキー名が使われています。settings.jsonでは、設定画面上で表示されている設定項目名ではなく、分類ごとにピリオド（.）で区切って表現する**設定ID**がそれぞれの項目に割り当てられています。

つまり、settings.json上では**「キー名」に設定IDが、「値」には設定値**が使われているということになります。

設定値が文字列であればダブルクォートで囲い、数値やブール値であればそのまま記述します。今回はフォントサイズが15という数値なので、そのまま記述しています。

また、つい忘れがちな点として、カンマの存在があります。settings.jsonでは1組の{}の中に設定を列挙していくため、**設定と設定はカンマで区切る必要があります**。なお、カンマさえあれば1行に続けて設定を書いていくことも可能ですが、改行してから次の設定を記述することをおすすめします。1行に1つの設定となっているほうが見やすく、文法的なミスをしてしまった場合にも原因を見つけやすいからです。

● settings.json の表記形式

```
{
  "設定ID": "設定値",
  "設定ID": 設定値,
  "設定ID": 設定値
}
```

次に、ユーザー設定画面とsettings.jsonが連動していることを見るために、ユーザー設定画面でフォントサイズを15から20に変更してみます。

再びsettings.jsonを開いてみます。settings.jsonを開いて編集していないにもかかわらず、editor.fontSizeが20に変更されました。

{} settings.json ×　設定

C: > Users > tar0t > AppData > Roaming > Code > User > {} settings

```
1  {
2      "workbench.colorTheme": "Default Light+",
3      "editor.fontSize": 20
4  }
```

ユーザー設定画面に連動して
settings.json の値も変わる

settings.jsonの編集方法

ここからは、settings.jsonを具体的にどう編集すればよいのかについて見ていきます。手順としては次のとおりです。

settings.jsonを編集する手順

1.コマンドパレットで「settings」と検索し、コマンド「Preferences: Open Settings(JSON)」を実行

似たコマンドに「Preferences: Open Default Settings(JSON)」もあるので注意してください。このコマンドを実行するとdefaultSettings.jsonが開きますが、これは既定（デフォルト）の設定を管理する設定ファイルなので、ユーザーは値を変更することができません。

2.settings.jsonが開くので、編集して保存する

settings.jsonを編集する方法を、すでにある設定を変更する場合と新規追加する場合に分けて紹介します。

すでにある設定を変更する場合

settings.jsonにすでにある設定を変更する場合の操作は簡単で、設定値を書き換えるだけです。

たとえば、先ほど変更したフォントサイズを20から15に戻してみます。「editor.fontSize」を見ると「20」という値がセットされているので、これを「15」に書き換えます。

```
{} settings.json ●   設定
C: > Users > tar0t > AppData > Roaming > Code > User > {} settings.json >
1  {
2      "workbench.colorTheme": "Default Light+",
3      "editor.fontSize": 15
4  }
```

「editor.fontSize」の設定値20を15に書き換える

編集したあとに上書き保存します。保存して設定が反映されれば、設定の変更は完了です。

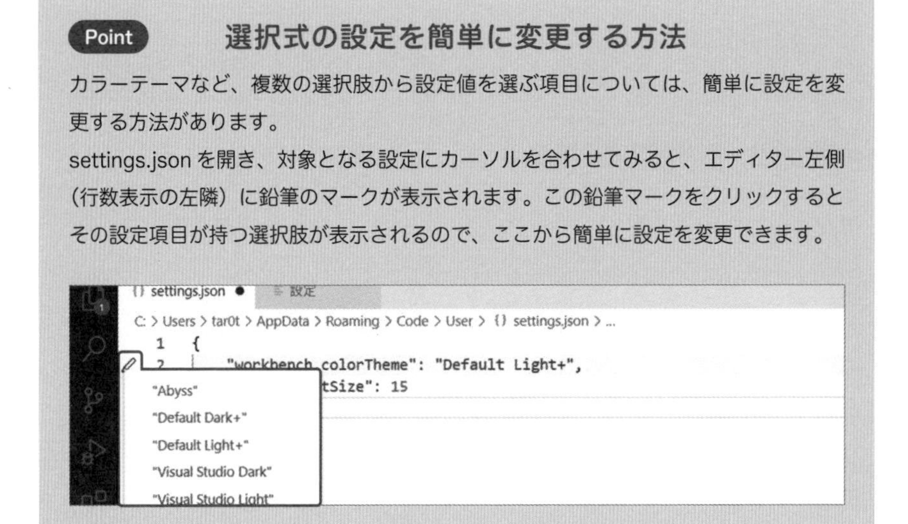

Point　**選択式の設定を簡単に変更する方法**

カラーテーマなど、複数の選択肢から設定値を選ぶ項目については、簡単に設定を変更する方法があります。
settings.jsonを開き、対象となる設定にカーソルを合わせてみると、エディター左側（行数表示の左隣）に鉛筆のマークが表示されます。この鉛筆マークをクリックするとその設定項目が持つ選択肢が表示されるので、ここから簡単に設定を変更できます。

新規追加する場合

新規追加、つまりsettings.jsonに新しい設定を追加する場合は、目的の設定項目に対応した設定IDを調べ、自分で入力する必要があります。

とはいっても、ブラウザでその都度調べてコピーアンドペーストする必要はありません。コード補完機能を使って文字を入力しながら調べる方法と、設定画面から設定IDをコピーするという便利な方法があるので、紹介します。

コード補完機能を使う方法

settings.jsonで何かしらの文字を入力したとき、その語句を含む設定IDの候補が自動で表示されます。これが**コード補完機能**です。

たとえば「"editor."」とだけ入力してみると、次のように「editor.」の語句を持つ設定IDの一覧が、その説明とともに表示されます。あとはここから目的の設定IDを探し、クリックするか、Enterキーで選択すればよいだけです。

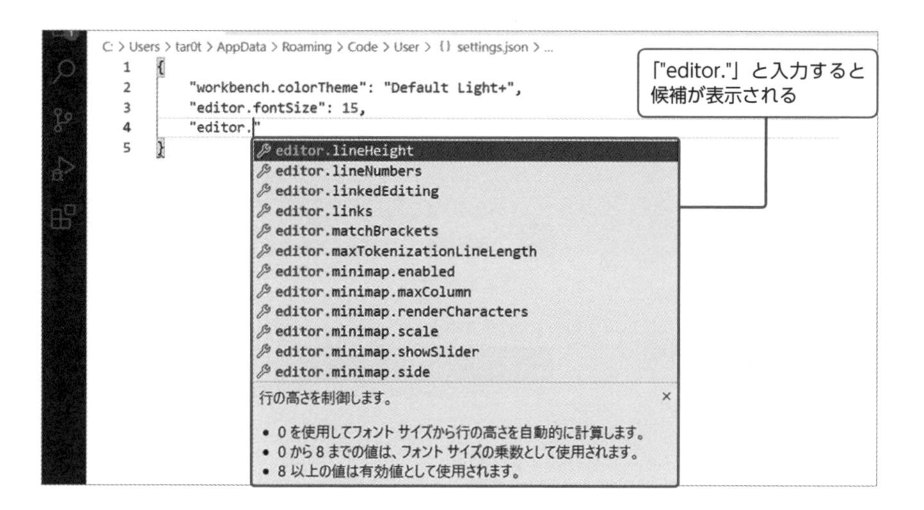

行の高さに関する設定「editor.lineHeight」を選択してみます。すると設定IDと設定値がJSON形式で一気に入力されます。この設定値は既定の値なので、好みの設定値に変更しましょう。

```
1  {
2      "workbench.colorTheme": "Default Light+",
3      "editor.fontSize": 15,
4      "editor.lineHeight": 0
5  }
```

なお、コード補完機能は文字入力中でなくても表示させることができます。その場合は入力済みの文字にカーソルを置いて、Ctrl+Spaceを押してください。

設定画面から設定IDをコピーする方法

設定IDを自分で調べる別の方法として、設定画面から設定IDをコピーする方法について紹介します。

まずはユーザー設定画面を開きます。

任意の設定項目名の付近をクリックすると、歯車のマークが表示されるので、クリックします。すると［JSONとして設定IDをコピー］という選択肢が表示されるので、これをクリックすることで設定IDをコピーできます。

設定IDをコピーしたらsettings.jsonに戻り、Ctrl+Vなどでペーストしましょう。先ほどコピーした設定IDと設定値がJSON形式で入力されます。この場合も設定値は既定の値が入力されているので、好みの値に変更しましょう。

ちなみに、［JSONとして設定IDをコピー］ではなく［設定IDをコピー］を選択すると設定IDだけをコピーすることもできます。

settings.json編集に関する便利な機能

ここまで、settings.jsonの編集方法について説明してきましたが、ほかにもsettings.jsonを編集する際に役立つ機能があります。

ポップアップで説明を表示させる

settings.jsonの記述が長くなってくると、設定IDだけを見てそれが何の設定か把握するのが大変です。そんなとき、設定IDや設定値にマウスポインターを合わせると、次のように説明がポップアップで表示されます。この機能を使えば、設定IDを検索して調べる必要はありません。

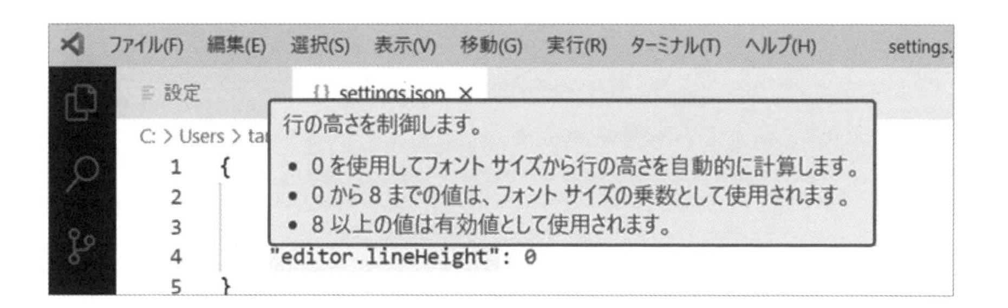

コメントを記載できる

ポップアップで説明が表示されるとしても、「ひと目でその設定の説明を見たい」「その設定についてメモを残しておきたい」という場合はsettings.jsonにコメントを記載しましょう。

settings.jsonでは**半角スラッシュを2つ（//）入れることで、その行に入力される文字をコメントとして認識させることができます**。コメントなのでJSONの表記形式に従う必要はありません。設定の説明を自由に書いてもよいですし、備考やその設定を行った理由を書いても構いません。

また、コメントを入力するときは、VSCodeのコメントアウトのショートカットキーを使うと便利です。Ctrl+/を押すと、その行を編集中の言語（この場合はJSON）のルールに従ってコメントにしてくれます（P.160参照）。

```
{
    "workbench.colorTheme": "Default Light+",
    "editor.fontSize": 15,
    // 行の高さに関する設定
    "editor.lineHeight": 0
}
```

行のはじめに「//」を入力することで、その行はコメント行として認識される

「//」は**その行がコメントであることを宣言している**ことに注意してください。コメント行が2行になってしまった場合、次のように2行目にも「//」がないとエラーになります。

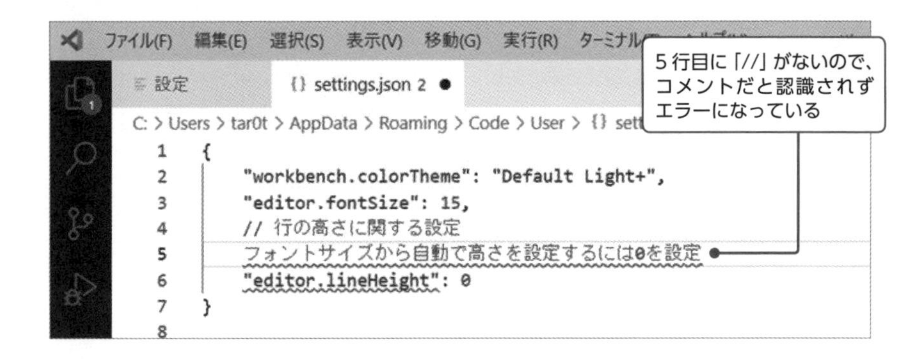

エラーの場合は赤字に変わる

先ほどのコメントの例でも表示されていましたが、settings.jsonでは文法的なエラーが発生している場合その箇所が赤字となります。入力した文字が赤字になった場合は、どこかでミスしているはずなので再度確認するようにしましょう。

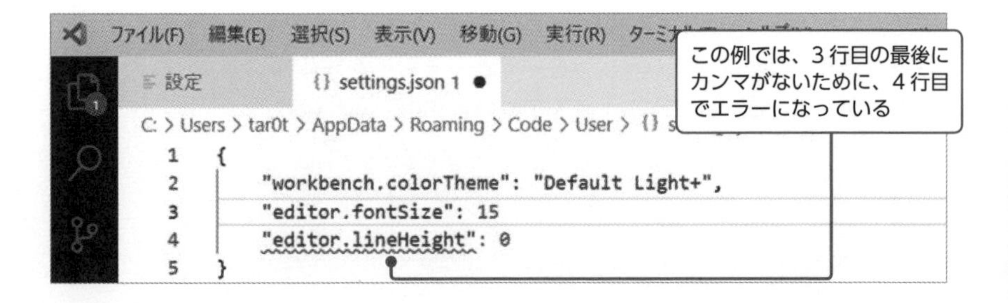

ここまで、settings.json編集に関する便利な機能を、一部ではありますが紹介してきました。これらの機能をうまく活用することで、短時間でsettings.jsonから設定を変更することが可能となります。はじめのうちは慣れないかもしれませんが、使っていくうちにsettings.jsonのほうが楽だと感じるようになる人もいるはずです。

なお、ワークスペース設定やフォルダー設定でも考え方は同じです。ワークスペース設定の場合はsettings.jsonというファイルではなく、ユーザーがワークスペースを保存したときに作成する［ファイル名］.code-workspaceの「settings」の部分を編集することになるので注意しましょう。記述する箇所がやや異なるだけで、記述方法はユーザー設定のsettings.jsonと同じです。フォルダー設定の場合はフォルダー設定用のsettings.jsonファイルを編集しましょう。

Point ユーザー設定画面と settings.json を簡単に切り替える

今まで、ユーザー設定画面も settings.json も開く場合はコマンドパレットからコマンドを実行するように紹介してきました。しかし実はどちらかを開いていれば簡単にもう一方の画面を開けます。

ユーザー設定画面を開いている場合、エディターの右上に表示されている［設定（JSON）を開く］アイコンをクリックして settings.json を開くことができます。同じボタンは settings.json を開いたときにも表示されているので、settings.json からユーザー設定画面に切り替えることも可能です。

自分オリジナルの設定をどのパソコンでも

#標準機能 ／ #設定

設定をほかのパソコンと同期する

Settings Syncを使えば、自分専用の設定のVSCodeを複数の端末から使用できます。

Settings Syncとは

Settings Syncとは複数の端末でVSCodeの設定を同期するための標準機能です。以下の5つの設定を共有できます。

・設定
・キーボードショートカット
・ユーザースニペット
・拡張機能
・UI（見た目）の状態

この機能を使って、たとえば職場のパソコンで作り込んだVSCodeの設定を自宅のパソコンに入っているVSCodeと共有したり、今使っているパソコンが壊れてしまったりした場合に新しいパソコンでVSCodeの設定を復元したりすることができます。

なお、本機能がリリースされる前まではSettings Syncというサードパーティ製の拡張機能を使って設定を同期できましたが、今回説明する標準機能のSettings Syncとは別のものなので混同しないように注意してください。

また、Settings Syncを使うには**MicrosoftアカウントかGitHubアカウントが必要**なので、どちらかを用意しておきましょう。今回はGitHubアカウントを使って説明を行います。GitHubアカウントについてはP. 204で説明しています。

同期元のパソコンでの操作

Settings Syncの使い方を同期元と同期先に分けて見ていきましょう。まずは同期元のパソコンで、GitHubアカウントとの連携設定を行います。

[管理] ボタン（ウィンドウ左下の歯車のマーク）- [設定の同期をオンにする] をクリックします。

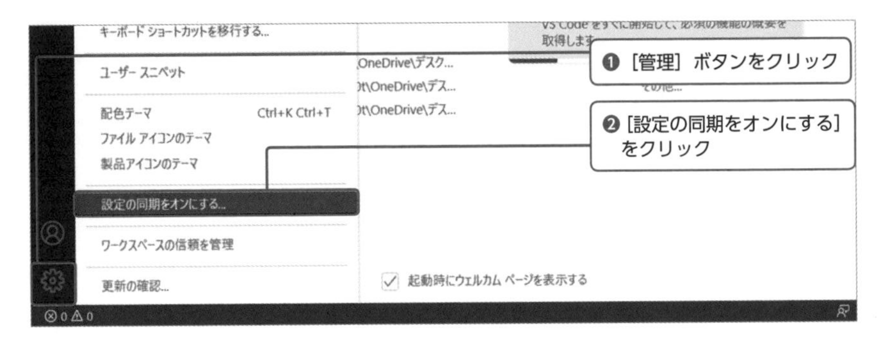

画面上部に［設定の同期］ウィンドウが表示されるので、［サインインしてオンにする］をクリックします。

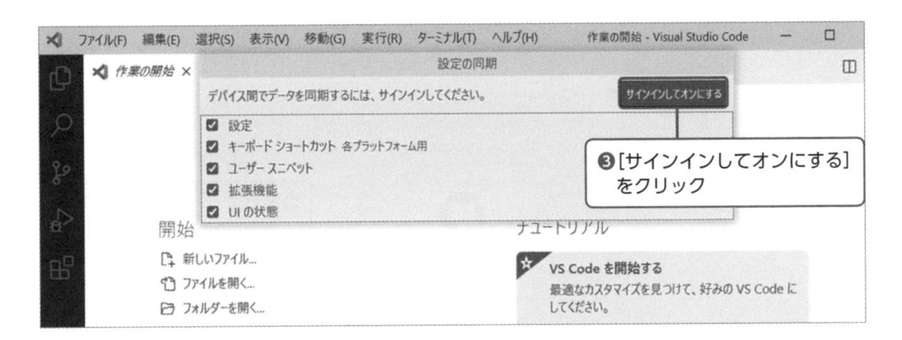

Microsoftでサインインするか、GitHubでサインインするか聞かれるので、［GitHubでサインイン］を選択します。

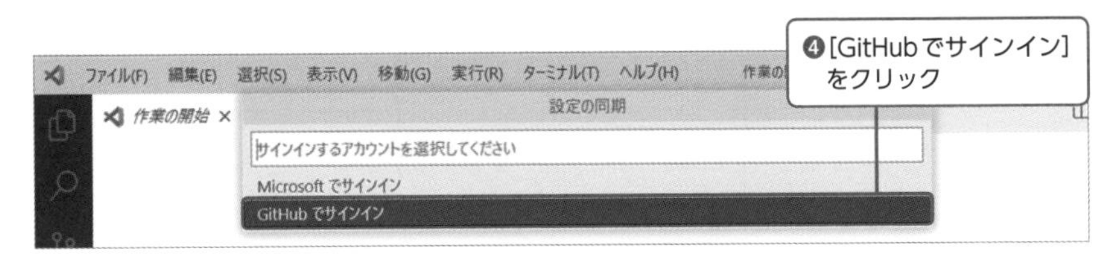

するとブラウザが立ち上がり、次のような画面が表示されます。［Continue］をクリックするとGitHubへのサインイン画面に切り替わるので、アカウント情報を入力して［Sign in］ボタンをクリックしましょう。

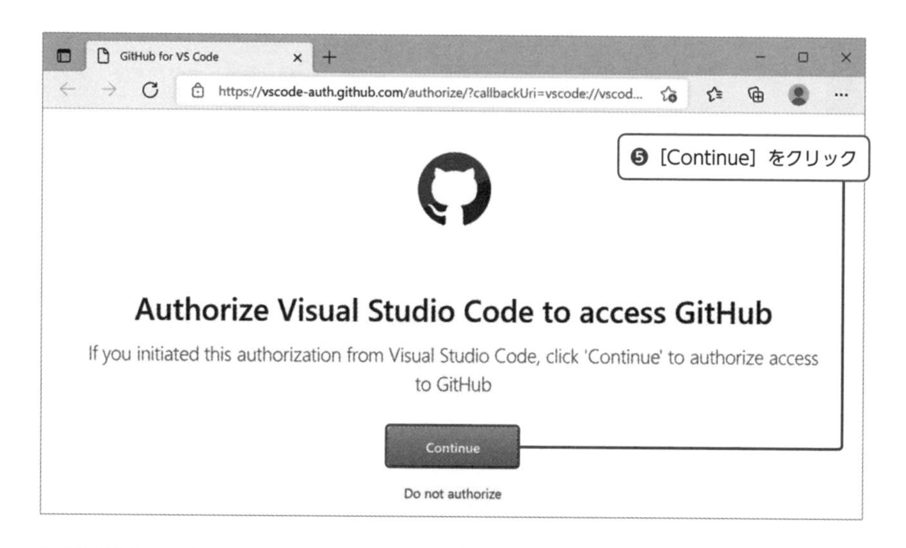

サインインに成功すると、次のような画面が表示されます。［Authorize github］をクリックして認証します。

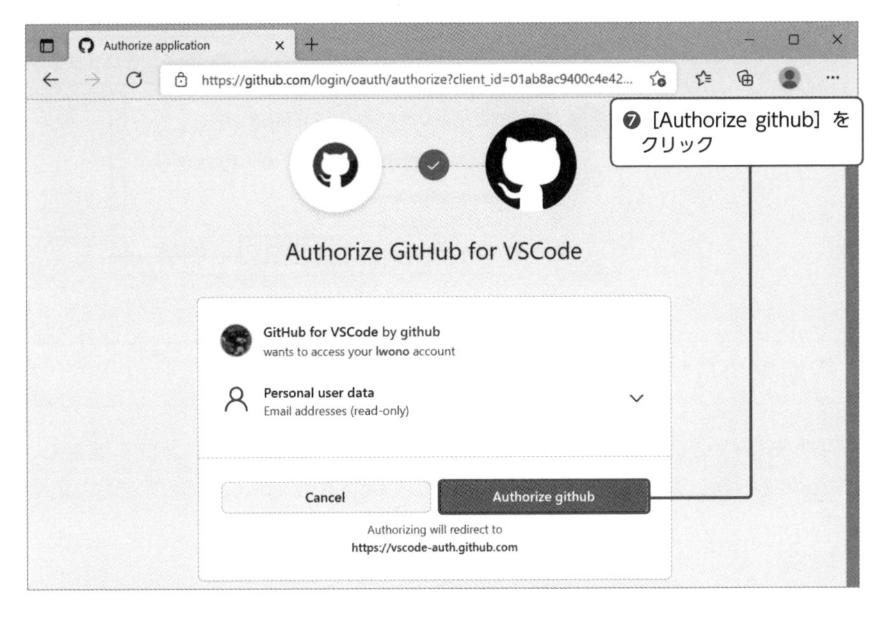

次の画面で表示されるポップアップの［開く］をクリックします。

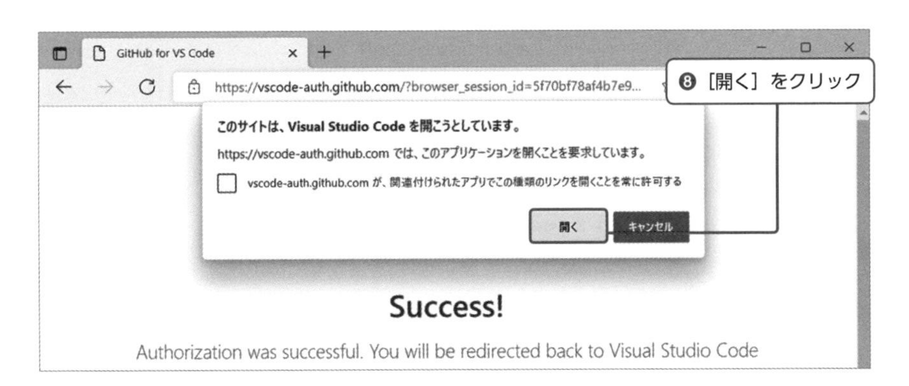

自動的にブラウザからVSCodeに移動します。最後に、「拡張機能がこのURIを開くことを許可しますか？」と聞かれるので、［開く］をクリックすればGitHubアカウントとの連携は完了です。その後、VSCodeを再起動しましょう。これで設定内容が自動的にクラウド上にアップロードされます。

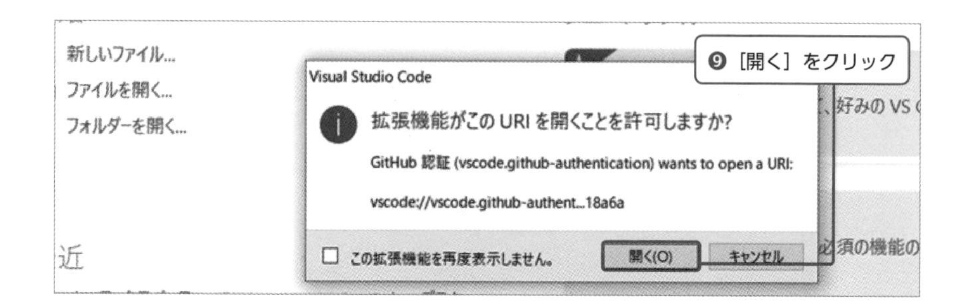

同期先のパソコンでの操作

同期先のパソコンでも同様にGitHubアカウントにサインインして連携し、VSCodeを再起動すると、クラウド上に保存された同期元VSCodeの設定を取り込めます。

その際、次のようなダイアログが表示されることがあります。

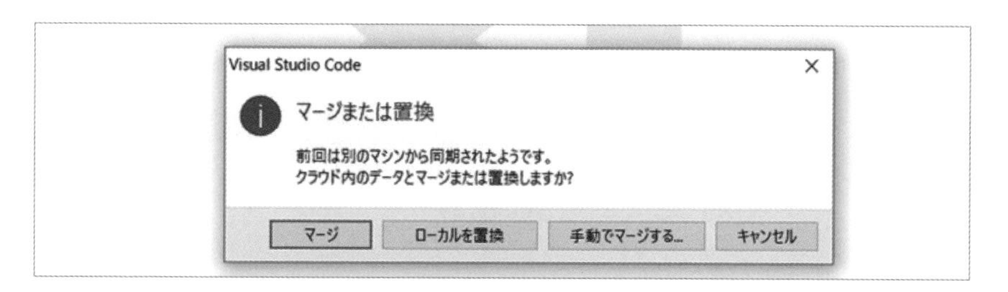

このダイアログは、同期元と同期先で設定値が異なっている（コンフリクトしている）場合に表示されます。同期元の設定をすべて反映させたいのか、一部だけ反映させたいのかによって選ぶべきボタンが変わります。下表を参考に選択してください。

ダイアログの選択肢

選択肢	説明
マージ	クラウド上の設定とローカルの設定をマージ（統合）する
ローカルを置換	クラウド上の設定でローカルの設定を書き換える
手動でマージする	クラウド上の設定とローカルの設定を手動でマージする

なお、［手動でマージする］を選択すると次のような画面が表示され、クラウドの設定とローカルの設定どちらを受け入れるか1つ1つ設定することができます。

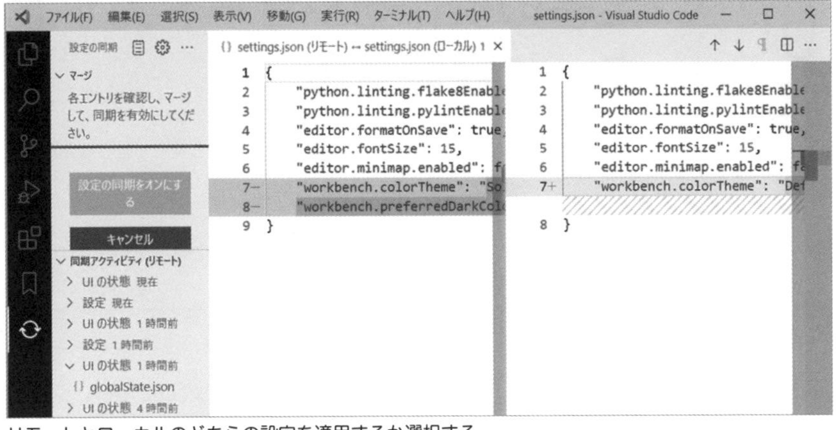
リモートとローカルのどちらの設定を適用するか選択する

同期設定を管理する

［アカウント］-［設定の同期がオン］をクリックすると下のようなメニューが表示され、同期設定の管理ができます。同期する設定を減らしたり、同期された設定を元に戻したりすることも可能です。

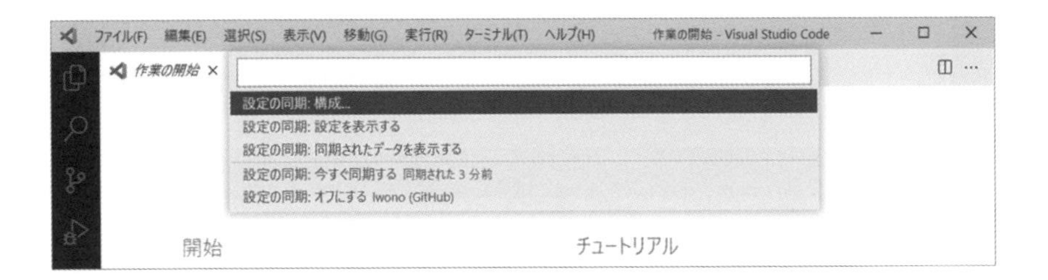

各メニューの説明

メニュー	説明
設定の同期：構成	同期する設定を変更できる
設定の同期：設定を表示する	同期に関するユーザー設定画面が表示される
設定の同期：同期されたデータを表示する	同期の履歴や同期している端末の確認、設定の復元などが行える
設定の同期：今すぐ同期する	クラウド上の設定データを取り込む
設定の同期：オフにする	同期の設定をオフにする

標準機能 ／ # 設定

定番の操作をショートカットキーに登録する

自分だけのショートカットで効率性アップ

VSCodeではさまざまなコマンドをショートカットから実行できるほか、自分オリジナルのショートカットも登録できます。

ショートカット一覧を調べる

VSCodeではさまざまなショートカットが登録されていますが、そのすべてを覚えておくのは困難です。どのようなショートカットがあるのか確かめるために、ショートカットの一覧が用意されています。

まずはコマンドパレットを開いて、「keyboard shortcuts」と検索してください。候補がいくつか表示されると思いますが、「Preferences: Open Keyboard Shortcuts」のコマンドを実行しましょう。**キーボードショートカット画面**が表示され、ショートカットの一覧を確認できます。

また、別の方法として［管理］ボタン（ウィンドウ左下の歯車のマーク）をクリックし、［キーボードショートカット］を選択しても開けます。

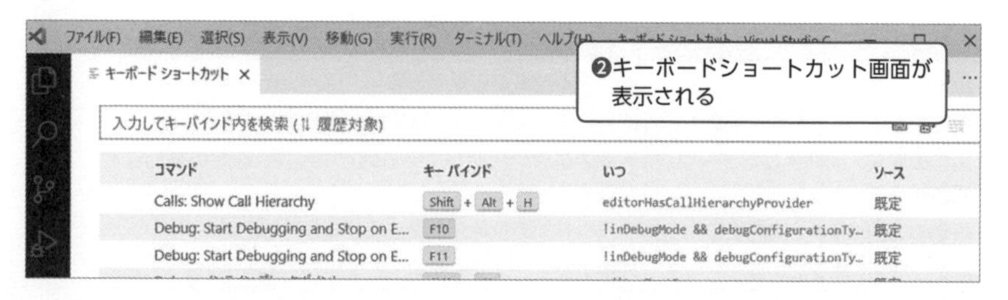

VSCodeに日本語化パックをインストールしている場合は、「コマンド」「キーバインド」「いつ」「ソース」という4つの列が表示されています。

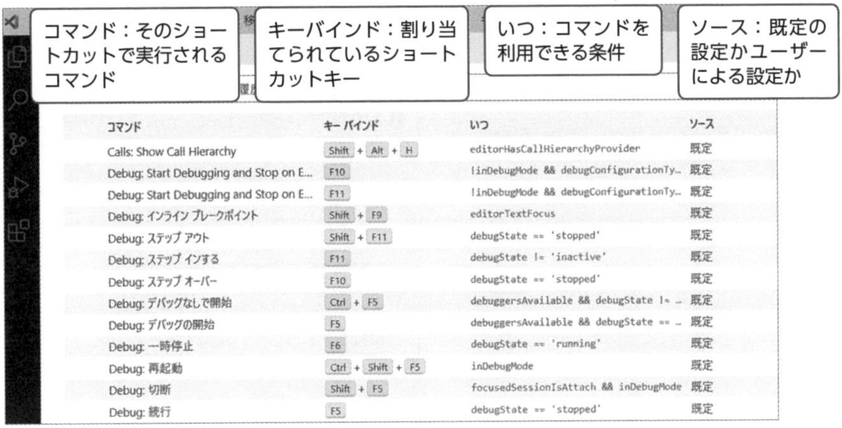

コマンド：そのショートカットで実行されるコマンド
キーバインド：割り当てられているショートカットキー
いつ：コマンドを利用できる条件
ソース：既定の設定かユーザーによる設定か

コマンド	キー バインド	いつ	ソース
Calls: Show Call Hierarchy	Shift + Alt + H	editorHasCallHierarchyProvider	既定
Debug: Start Debugging and Stop on E...	F10	!inDebugMode && debugConfigurationTy...	既定
Debug: Start Debugging and Stop on E...	F11	!inDebugMode && debugConfigurationTy...	既定
Debug: インライン ブレークポイント	Shift + F9	editorTextFocus	既定
Debug: ステップ アウト	Shift + F11	debugState == 'stopped'	既定
Debug: ステップ インする	F11	debugState != 'inactive'	既定
Debug: ステップ オーバー	F10	debugState == 'stopped'	既定
Debug: デバッグなしで開始	Ctrl + F5	debuggersAvailable && debugState != ...	既定
Debug: デバッグの開始	F5	debuggersAvailable && debugState == ...	既定
Debug: 一時停止	F6	debugState == 'running'	既定
Debug: 再起動	Ctrl + Shift + F5	inDebugMode	既定
Debug: 切断	Shift + F5	focusedSessionIsAttach && inDebugMode	既定
Debug: 続行	F5	debugState == 'stopped'	既定

この画面では、単にショートカットの一覧を確認するだけでなく、**すでに設定されているショートカットキーを変更できます**。なお、画面をスクロールしていくとショートカットの一覧だけでなく、ショートカットが割り当てられていないコマンドも表示されていることがわかります。そういったコマンドに**新しくショートカットを設定する**ことも可能です。

オリジナルのショートカットを設定する

では、現在ショートカットが割り当てられていないコマンドに対して、ショートカットの設定をしてみましょう。今回はエディターのフォントを拡大・縮小するコマンドにショートカットを割り当てます。

ショートカットを登録するコマンド

コマンド	説明	ショートカットキー
editor.action.fontZoomIn	エディターのフォントを拡大	Alt+I
editor.action.fontZoomOut	エディターのフォントを縮小	Alt+O

キーボードショートカット画面の上部には入力欄があり、目的のコマンドを絞り込

むことができます。ここでは「editor font」と入力してみます。コマンドの候補として「editor.action.fontZoomIn」と「editor.action.fontZoomOut」が表示されます。どちらも「キーバインド」列が空欄になっています。

まずは「editor.action.fontZoomIn」からショートカットを設定します。コマンド名をダブルクリックして、入力欄を開いてください。

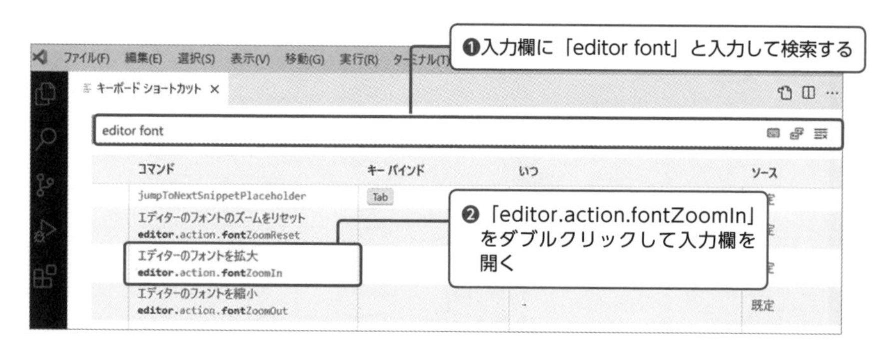

入力欄が開いたら、設定したいショートカットキーを入力して登録します。ここでは、Altを押しながらIを押して、Alt+Iのショートカットを登録します。

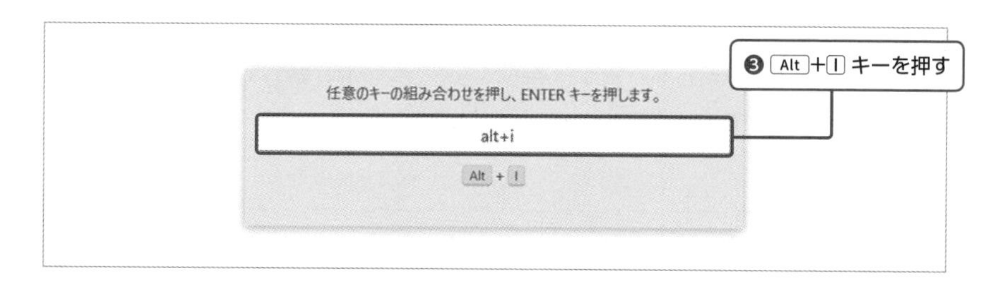

Enterを押すと入力したショートカットキーが登録されます。入力欄が閉じたら、「editor.action.fontZoomIn」の「キーバインド」列を確認してください。Alt+Iと表示されていれば、ショートカットキーの登録成功です。

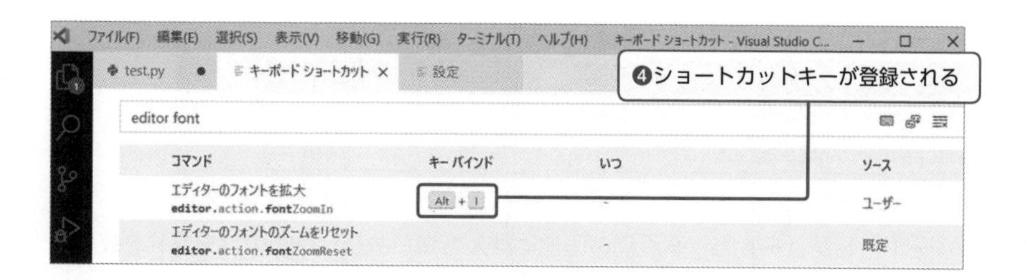

これで、「editor.action.fontZoomIn」にショートカットを割り当てることができました。続いて同じ要領で、「editor.action.fontZoomOut」にAlt+Oのショートカットを割り当てます。

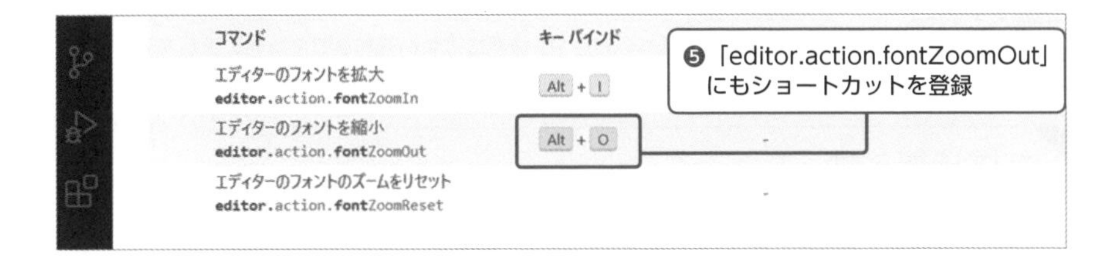

このように、キーボードショートカット画面から簡単にショートカットを登録できます。

今回設定したエディターのフォントの拡大・縮小は定番の操作ですが、デフォルトではショートカットが登録されていませんでした。このように**「自分としては頻繁に使うのにショートカットがない」コマンドに対してショートカットを登録する**ことで、より効率的に作業できるようになります。

なお、同じ手順ですでに設定されているショートカットキーを変更することもできます。また、コマンド名の上で右クリックして［キーバインドのリセット］をクリックすれば、ユーザーが変更したショートカットキーが既定のものに戻るので、間違えてキーバインドを変更してしまった場合は活用してください。

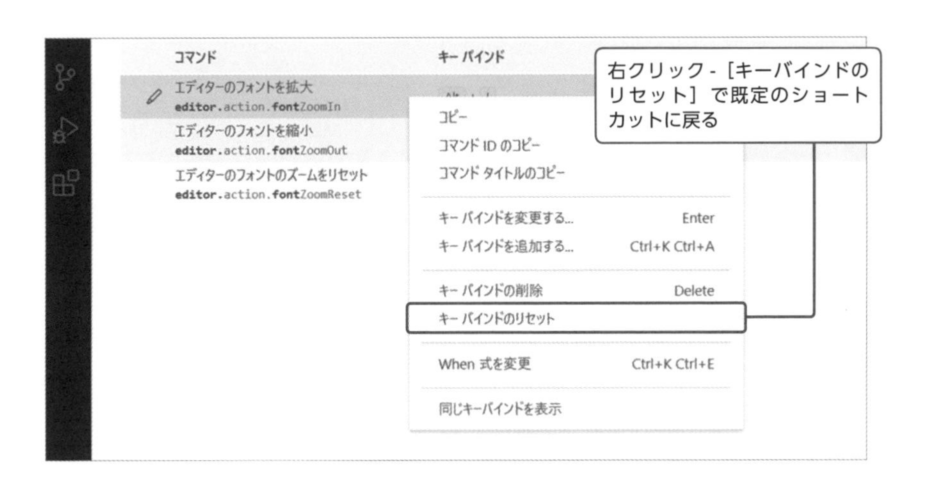

拡張機能／# 設定

拡張機能を導入する

拡張機能をインストールしてより便利に

VSCodeの大きな特徴の1つが優れた拡張性です。拡張機能によって新しいプログラミング言語への対応や、標準にはない便利なコマンドの追加も可能です。

拡張機能とは

VSCodeは標準でも十分に強力なエディターですが、さまざまな拡張機能をインストールすることでさらに機能を強化できる拡張性が大きな魅力です。

たとえばプログラミングを行う場合、言語ごとに必要な機能をまとめた拡張機能や、入力したコードを自動で整形する拡張機能などをインストールすることで、より効率的な開発が可能になります。また、拡張機能は誰でも開発して無料で公開することができるので、膨大な数の拡張機能から自分の用途に合ったものを利用できます。

拡張機能のインストール方法

拡張機能は、Microsoftが運営するMarketplaceからインストールします。まずはアクティビティバーから［拡張機能］アイコンをクリックしてMarketplaceを開いてください。

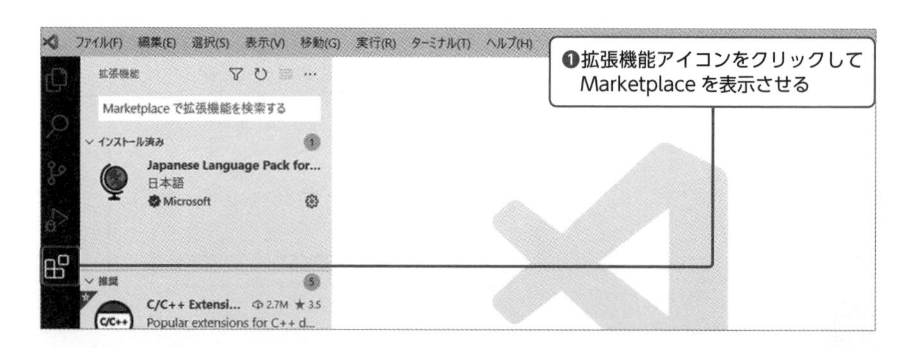

一番上に検索欄、その下に［インストール済み］欄、［推奨］欄が表示されています。［インストール済み］欄にはユーザーがすでにインストールした拡張機能が表示され、［推奨］欄にはVSCodeが推奨する拡張機能が表示されます。

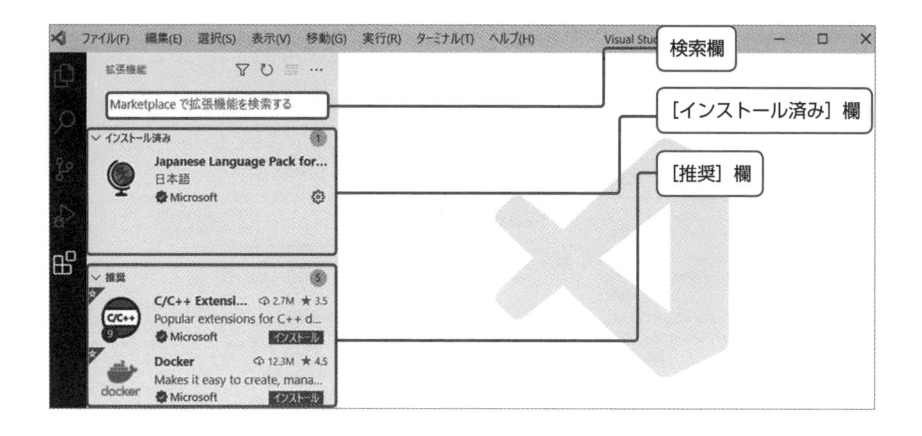

では、例としてC#を開発するための拡張機能をインストールしてみます。C#はMicrosoft製のプログラミング言語で、通常はIDEのVisual Studioを使って開発しますが拡張機能をインストールすることでVSCodeでも開発が可能になります。

まずは検索欄に「C#」と入力します。入力するとすぐに検索結果が表示されます。

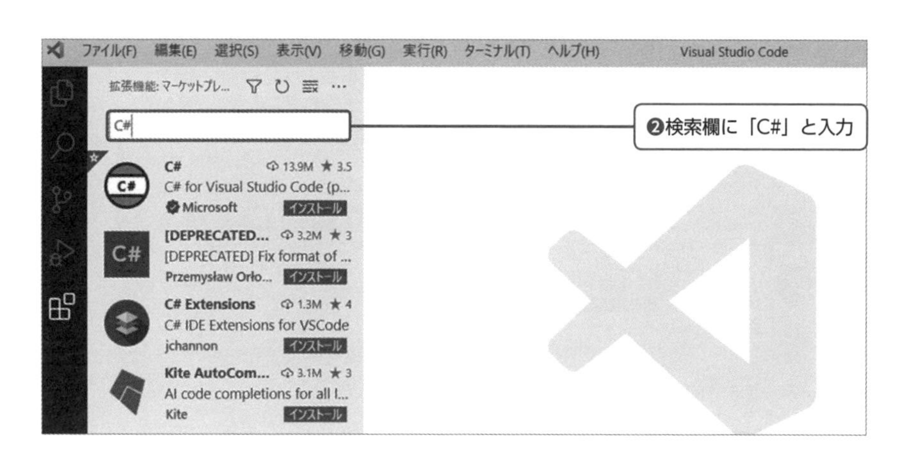

今回は、検索結果の一番上に表示されているMicrosoftが提供するC#用の拡張機能をインストールします。

検索結果をクリックすると、エディター部分にその拡張機能の提供元、機能詳細、インストール数、評価などが表示されます。[インストール] ボタンをクリックするとインストールがはじまります。

インストール開始後、ボタンの表示名が[インストールしています]に変わります。インストールが終わると今度は[無効にする]や[アンインストール]などのボタンが表示されます。

では本当にインストールできたのか確かめてみます。検索欄上部にある[拡張機能の検索結果のクリア]ボタンを押して検索欄をクリアすると、[インストール済み]欄が表示されます。そこに先ほどインストールしたC#の拡張機能が表示されていれば、正常にインストールできています。

拡張機能のレコメンド

先ほどは自分で必要な拡張機能を検索しましたが、VSCodeがそのとき開いているファイルの拡張子などから判断しておすすめの拡張機能を推奨（レコメンド）することがあります。

たとえばPythonの拡張機能をインストールしていない状態で拡張子が「.py」のファイルを開くと、拡張機能をインストールするか確認するダイアログがエディター下部に表示されることがあります。

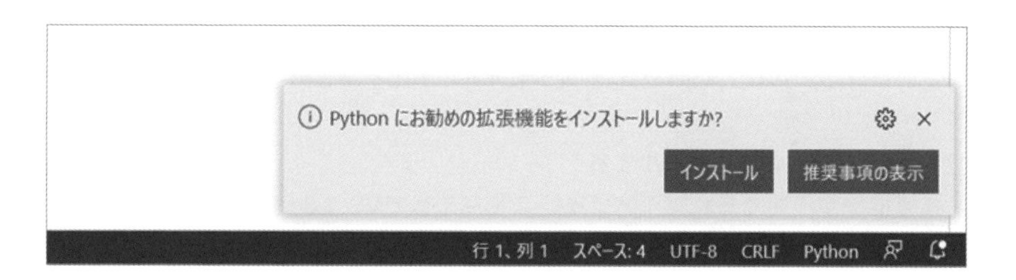

［インストール］ボタンをクリックすればすぐにインストールできるほか、［推奨事項の表示］ボタンをクリックして拡張機能の詳細を確認してからインストールすることもできます。「.py」ファイルだけでなく、「.cs」ファイルや「.java」ファイルなどその他の言語でも同様です。

また、Marketplaceの［推奨］欄にVSCodeが推奨する拡張機能が表示されていることもあります。自分の用途に適したものがあれば、インストールしてみましょう。

拡張機能 ／ # 設定

拡張機能を管理する

増えた拡張機能を整理してスッキリ

インストールした拡張機能が不要になった場合は無効化・アンインストールして整理しましょう。

拡張機能を無効化・アンインストールする

拡張機能を使っていると、「もう使っていないのにインストールしたままの拡張機能がある」、「役割が似ている拡張機能を複数インストールしている」などということがあります。拡張機能を大量にインストールしているとVSCodeの動作が重くなることもあるため、不要な拡張機能は無効化やアンインストールして整理しましょう。

拡張機能を無効にする

無効化とは、拡張機能をインストールしたままで動作しないようにすることです。一時的に拡張機能の使用を停止したい場合に利用します。拡張機能を無効化したい場合は、アクティビティバーから拡張機能ビューを開いて［インストール済み］欄から拡張機能を選択し、［無効にする］ボタンをクリックします。

注意点としてはすべての拡張機能が無効化できるわけではない点です。使用を停止したい場合にアンインストールしか選択肢がないものもあるので注意しましょう。

拡張機能をアンインストールする

拡張機能が不要であれば、アンインストールしてVSCodeから削除しましょう。拡張機能のアンインストール方法は先ほどの無効化と同じように拡張機能を選択して［アンインストール］ボタンをクリックします。

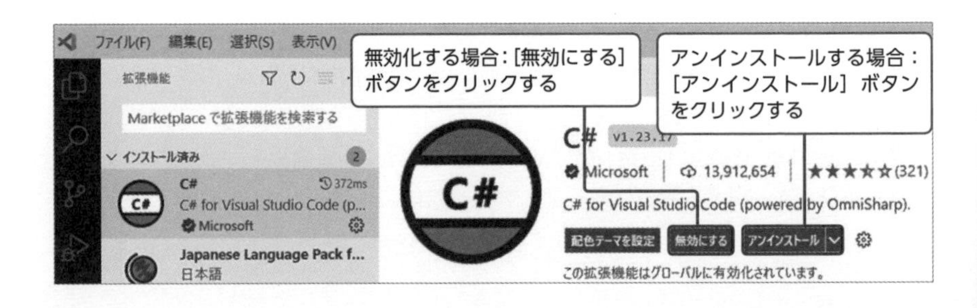

再読み込みが必要になる場合

VSCodeでは拡張機能をインストールした際の再読み込み（再起動）は基本的に不要ですが、無効化やアンインストールした際に必要になることがあるので注意しましょう。その場合は、［再読み込みが必要です］ボタンが表示されます。

なお、［再読み込みが必要です］ボタンをクリックするか、コマンドパレットから「Developer: Reload Window」コマンドを実行すれば簡単に再読み込みができます。

拡張機能を更新する

インストールした拡張機能はデフォルトで自動更新されるようになっているため、ユーザーが個別に更新作業を行う必要はありません。ちなみに以下の設定から更新データの自動確認や自動更新を制御することもできますが、特別な事情がない限りは変更しなくてよいでしょう。

拡張機能の自動更新に関わる設定項目

設定項目名	設定ID	説明
Extensions: Auto Check Updates	extensions.autoCheckUpdates	拡張機能の更新を自動的に確認する
Extensions: Auto Update	extentions.autoUpdate	拡張機能を自動で更新する

また、拡張機能ビューの上部に表示されているフィルターのマークから［期限切れ］を選択（または「@outdated」と入力欄に入力）することで更新可能な拡張機能を表示させることができます。自動更新機能をオフにした場合はこちらから更新しましょう。

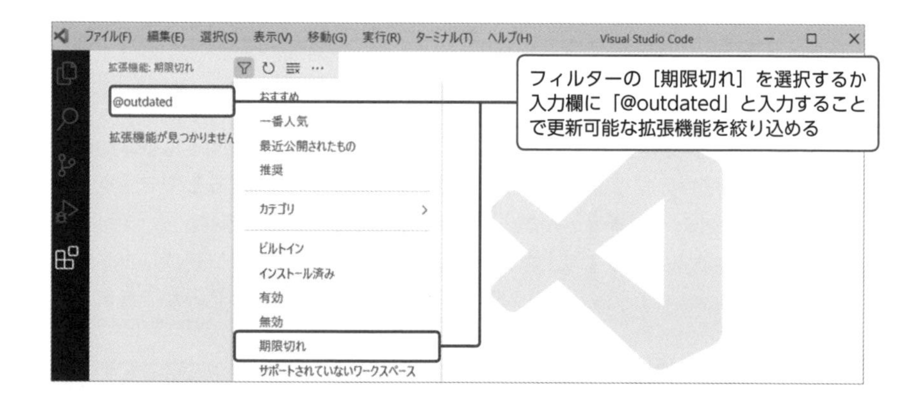

拡張機能についての注意事項

最後に拡張機能の注意事項を1つ紹介します。それは起動に時間がかかる拡張機能もあるという点です。VSCodeを起動して間もなく、アクティビティバーの拡張機能アイコンに時計のマークが表示されていることがありますが、これは拡張機能をアクティブ化している最中であることを示しています。拡張機能はVSCodeが立ち上がってから読み込みがはじまるため、時計マークが表示されている場合は消えるまで待ちましょう。

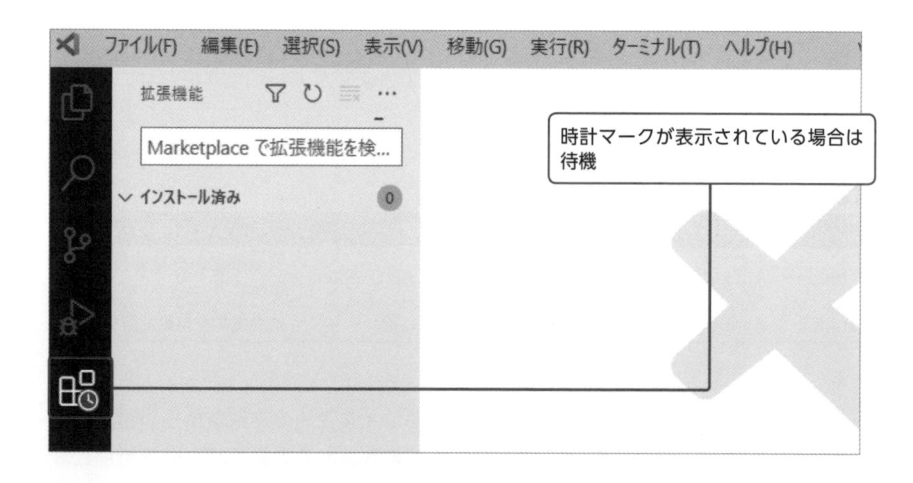

CHAPTER 4

Web制作に最適化しよう

section
01
省略記法で
楽にコーディング

標準機能 ／ #Web 制作

HTML、CSS編集に役立つ標準機能

VSCodeにはHTMLやCSSを素早く入力したり、編集をVSCodeの画面上だけで完結させたりするための機能が標準で搭載されています。

EmmetでWebページの雛形を一瞬で作成

Emmet（エメット）とは、HTMLやCSSを日常的に編集するWeb製作者向けに開発された入力支援ツールです。省略記法とよばれる簡単なキーの組み合わせのあとにTabキーを押すことで、Webページの雛形を作成したり、いくつものHTML要素を一度に生成したりできるので、これを使いこなせば入力の手間を大きく削減できます。

VSCodeにはEmmetが標準で搭載されているため、拡張機能をインストールしなくても最初からEmmetを使用できます。まずは、HTMLファイルを新しく作成して、Emmetの省略記法で**Webページの雛形を作る**方法を紹介します。

拡張子.htmlを付けて新しいファイルを作成（P.42参照）したあと、半角の「!」を入力してTabキーを押してみましょう。

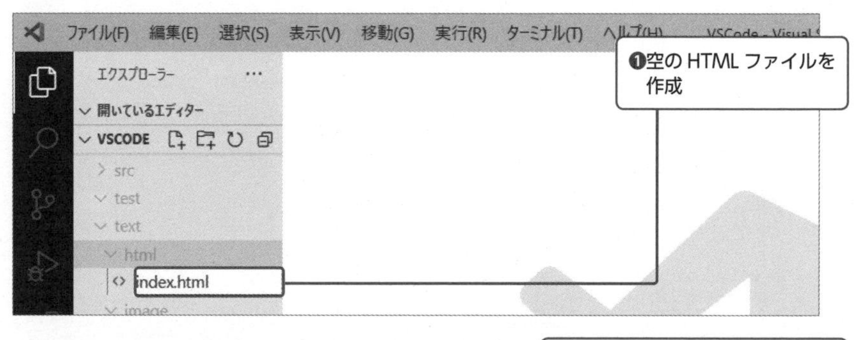

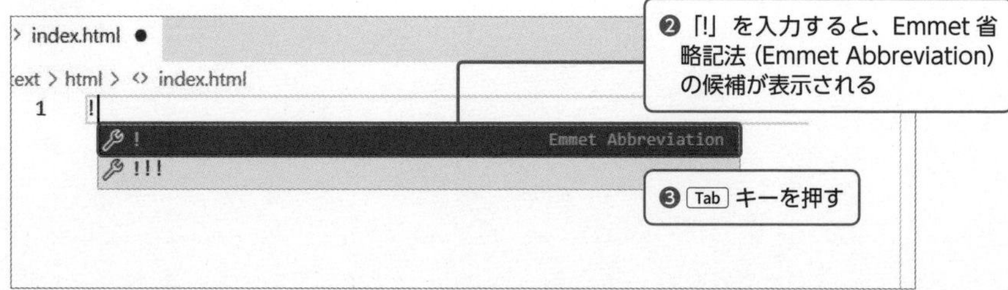

```
<> index.html ●
text > html > <> index.html > html > head > meta
1   <!DOCTYPE html>
2   <html lang="en">
3   <head>
4       <meta charset="UTF-8">
5       <meta http-equiv="X-UA-Compatible" content="IE=edge">
6       <meta name="viewport" content="width=device-width, initial-
7       <title>Document</title>
8   </head>
9   <body>
10      |
11  </body>
12  </html>
```

❹ Webページの雛形が作成される

たったこれだけの入力で、headタグ、bodyタグなど基本的な要素を持つ12行のWebページの雛形を作成できました。

Emmet：HTMLタグを追加

EmmetにはWebページの雛形だけでなくさまざまな省略記法が用意されています。

タグ名を入力して Tab キーを押すと、開始タグと終了タグが自動で入力されます。この省略記法でbody内にtableタグを追加してみましょう。

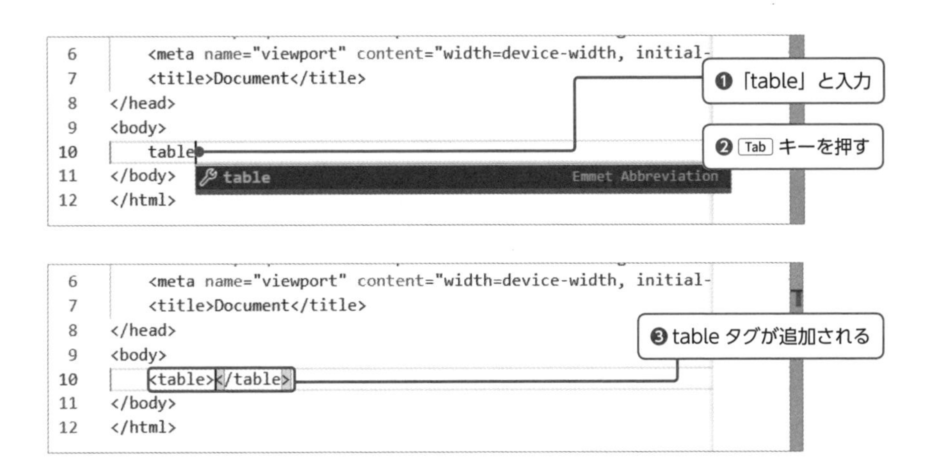
❶「table」と入力
❷ Tab キーを押す
table
Emmet Abbreviation
❸ tableタグが追加される

タグが追加されるだけでなく、カーソルが開始タグと終了タグのあいだに配置されるのも些細ですが便利なポイントです。

単純にタグを追加するだけでは省略記法のありがたさをあまり感じられないかもしれませんが、**タグ名のあとにCSSセレクターを入力することで、class属性やid属性を設定できます**。CSSセレクターと同じように、class属性は「.」、id属性は「#」のあとに入力します。

class属性を持つpタグと、id属性を持つpタグを追加してみましょう。

● 入力例

```
p.attention
```

● 結果

```
<p class="attention"></p>
```

● 入力例

```
p#introduction
```

● 結果

```
<p id="introduction"></p>
```

また、**CSSセレクターのみを入力すると自動的にdivタグが追加されます**。これを覚えておくとさらに入力の手間を減らせます。

● 入力例

```
.quote
```

● 結果

```
<div class="quote"><div>
```

Emmet：複数の要素を一度に追加

Emmetで複数の要素を一度に追加する方法を紹介します。これをマスターするとたった1行の省略記法で何行ものHTMLコードを入力できるので、同じような入力を繰り返す必要がなくなります。

「タグ名>タグ名」と入力すると、親要素・子要素を同時に追加できます。入れ子構造を持つ要素を作るのに役立ちます。

● 入力例

```
section>.text>p
```

● 結果

```
<section>
    <div class="text">
        <p></p>
    </div>
</section>
```

+でタグ名をつなぐと、つないだ要素同士が**兄弟要素（共通の親要素に属する要素）**になります。

● 入力例

```
section>image+p
```

● 結果

```
<section>
    <image></image>
    <p></p>
</section>
```

同じ要素を繰り返したい場合は、**「タグ名*数字」**と入力します。数字の部分には繰り返したい回数を指定します。olタグやulタグなど複数の項目を持つ要素を作るときに効果を発揮します。

● **入力例**

```
ol>li*3
```

● **結果**

```
<ol>
    <li></li>
    <li></li>
    <li></li>
</ol>
```

省略記法の一部を()で囲むと、その部分を**グループ化**できます。たとえば、imageタグとtagタグの組み合わせを繰り返したいときはimage+pをグループ化してから繰り返します。

● **入力例**

```
(image+p)*2
```

● **結果**

```
<image></image>
<p></p>
<image></image>
<p></p>
```

Point **Emmet：チートシート**

Emmetには、ここで紹介した以外にも便利な省略記法が実装されています。以下のURLからEmmetの省略記法を一覧で確認できるので、さらに学びたい方は参照してください。

Emmet Cheat Sheet

https://docs.emmet.io/cheat-sheet/

カラーピッカーで色を選択する

Webページ開発をはじめとするフロントエンド開発では、色を確認するための機能が欠かせません。VSCodeでは、エディター内だけで色を確認できる機能が標準で備わっています。

たとえば、CSSで色を指定するプロパティを入力する際に色の名前から候補を選択できます。

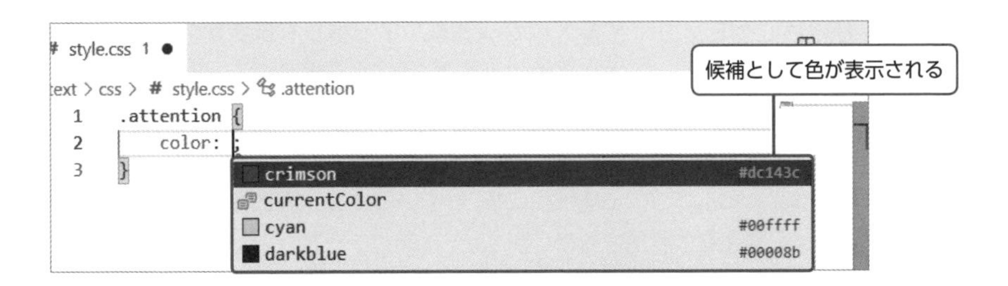

色を表す値を入力すると、左側にその色が表示された状態になります。さらに、この正方形にマウスポインターを合わせると**カラーピッカー**が表示され、彩度・不透明度・色相をマウス操作で調整できます。

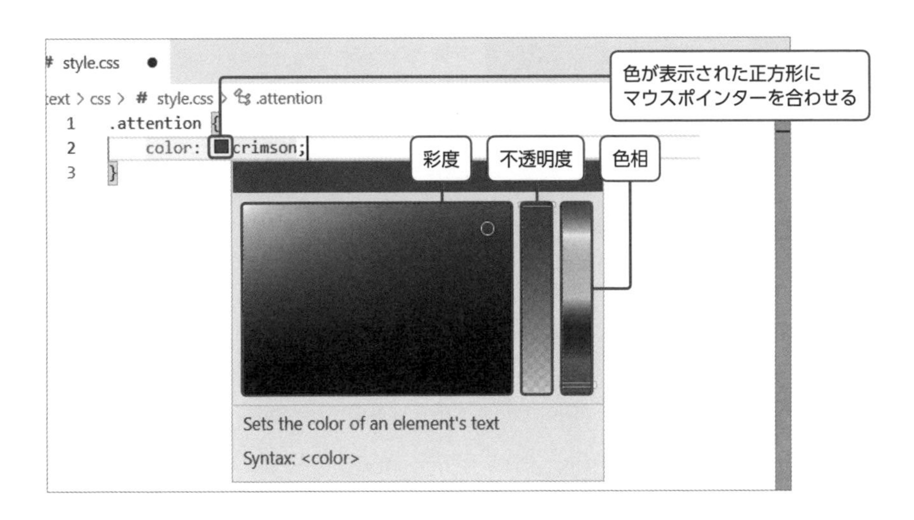

拡張機能 ／ # コーディング全般

Prettierでコードを整える

自動フォーマットでより美しいコードに

ここからはWeb制作向けの拡張機能を紹介していきます。最初に紹介するのはコード整形ツール、Prettierです。

Prettierを使ってコードをフォーマット

各行の終わりにセミコロンを入力しているか、インデントは適切に行われているかなどの観点から、ソースコードを自動で整形してくれるツールを**フォーマッタ**といいます。VSCodeの拡張機能にはさまざまな種類のフォーマッタがありますが、**Prettier（プリティア）**はJavaScript、TypeScript、JSON、CSS、HTML、Markdownをはじめとして多くの言語に対応しているため、Web制作者に限らず多くのソフトウェア開発者に愛用されています。

Prettierを使ってコードをフォーマットするには、まず拡張機能「Prettier - Code formatter」をMarketplaceからインストールします（P.112参照）。

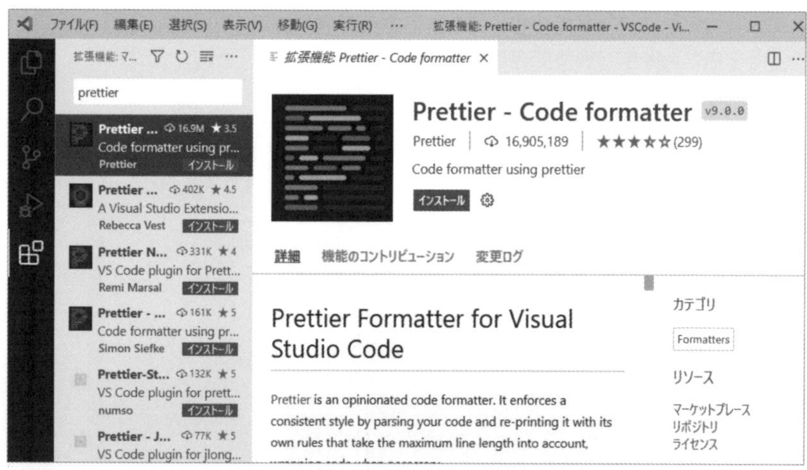

Marketplace で Prettier を検索

続いて、設定画面から「Editor: Default Formatter」（デフォルトのフォーマッタ）を「Prettier - Code formatter」に変更します。

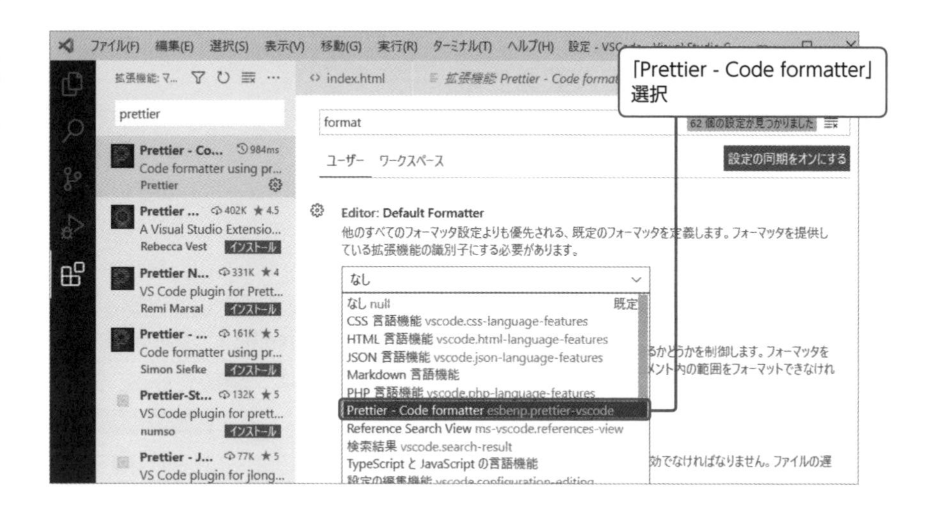

これで、Prettierでコードをフォーマットする準備ができました。フォーマットしたいファイルを開いた状態でショートカットを押すか、右クリック - [ドキュメントをフォーマット] でコードを整えます。

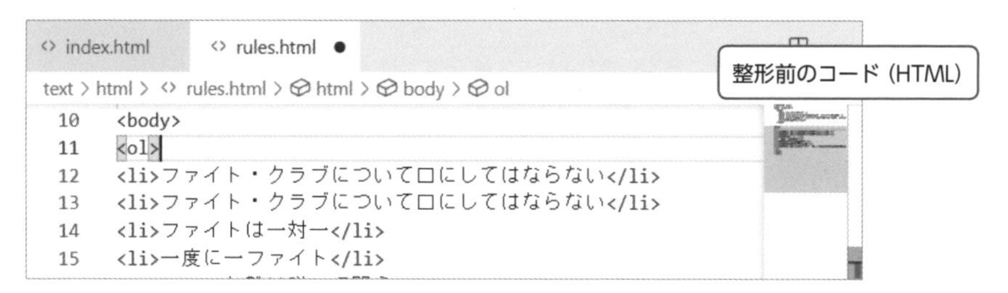

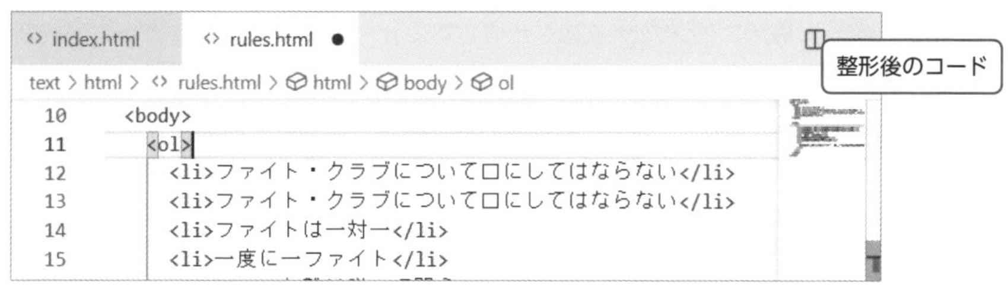

HTMLが正しくインデントされた

フォーマットの設定を変更する

Prettierでのフォーマットに関する設定は、設定画面から変更できます。**これらの設定を開発プロジェクトのメンバーで合わせておくと、ソースコードの体裁を簡単に統一できます**。

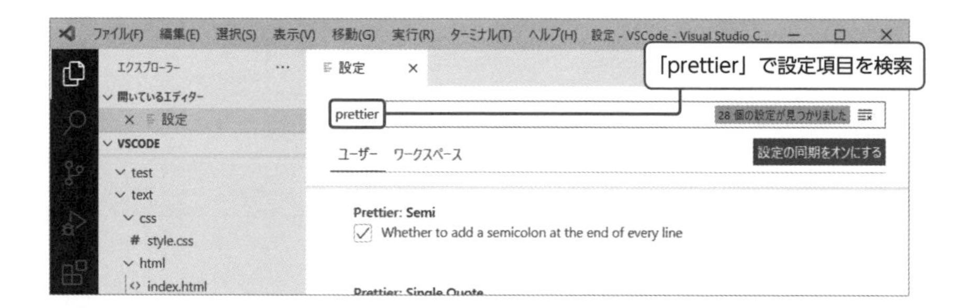

Prettierに関する主な設定項目

名前	説明
printWidth	自動折り返し文字数
tabWidth	タブのサイズ
semi	文の末尾にセミコロンを付けるか
singleQuote	二重引用符のかわりに単一引用符を使用するか
endOfLine	改行文字のコード

設定ファイルを作成する

次に、**Prettier専用の設定ファイル**を作成してフォーマットの設定を行う方法を紹介します。**この設定ファイルの内容はVSCodeの設定画面の内容より優先されます**。

Prettierの設定ファイルは、**開いているワークスペースやフォルダーの直下に作成します**。ファイル名や形式にはいくつか種類がありますが、ここでは**「.prettierrc」**という名前でJSON（JavaScript Object Notation）形式のファイルを作成します。

作成した「.prettierrc」ファイルに、Prettierの設定を書き込みます。ここではJSON形式の詳しい書き方を説明しませんが、以下のようにキーと値のペアを波かっこ（{}）で囲むオブジェクトというデータ型で設定を行います。

● .prettierrc

```
{
    "printWidth": 80,
    "tabWidth": 4
}
```

言語ごとにフォーマットの設定を変える

Prettierの設定ファイルに言語ごとの設定を記述することで、「JavaScript形式のファイルではtabWidthは2だが、ほかの形式では4にしたい」など**言語によって異なる設定でフォーマットができます**。

JSONのオブジェクトに**"override"**というキーを追加すると、それより上に書いてある設定内容を上書きします。先ほどの.prettierrcに"override"を追加して「JavaScript形式のファイルではtabWidthは2」という設定を記述すると次のようになります。

● .prettierrc

```
{
    "printWidth": 80,
    "tabWidth": 4,
    "overrides": [
        {
            "files": "*.js",
            "options": {
                "tabWidth": 2
            }
```

```
        }
    ]
}
```

「"files": "*.js",」の行でファイル形式を指定しているので、この部分を書き換えるとほかの形式でも設定を行えます。

フォーマットを行わないファイルを指定する

特定のファイルやファイル形式でフォーマットを行いたくない場合は、ワークスペースまたはフォルダーの直下に **「.prettierignore」** という名前のファイルを作成し、ファイル名や形式を指定します。

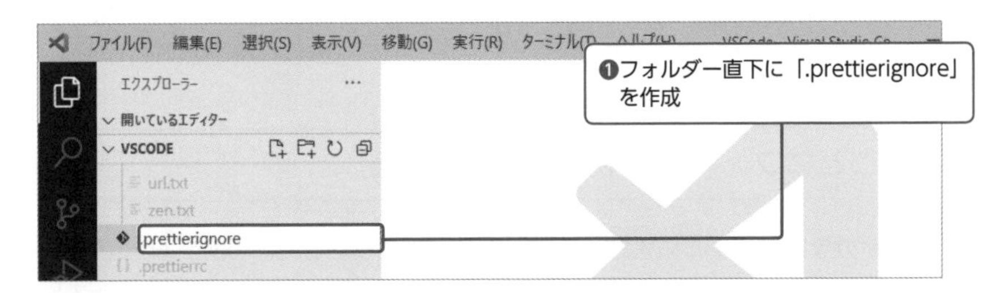

Point　Prettierの設定ファイルをGitで共有

前述のように設定ファイルの内容はVSCodeの設定画面の内容より優先されるため、CHAPTER6で解説するGitでPrettierの設定ファイルを共有すると、メンバーそれぞれが設定を行わなくてもコーディングの規約を統一できます。

ファイル保存時に自動でフォーマットを行う

設定画面で「Editor: Format On Save」にチェックを入れると、**ファイル保存時に自動でフォーマットを実行します**。フォーマットをし忘れることがなくなるので、常にコードが整った状態を維持できます。

自動フォーマットに関するその他の設定項目

名前	説明
Editor: Format On Save Mode	保存時に自動でフォーマットする範囲を設定する。「file」ならファイル全体、「modification」ならソース管理ツール（P.196参照）で検出された変更箇所のみ。
Editor: Format On Paste	ファイルにソースを貼り付けたときに自動でフォーマット。既存のコードを利用する際などに役立つ。
Editor: Format On Type	行の終端文字（セミコロンなど）を入力したときに自動でフォーマット。

\# 拡張機能 ／ #Web開発

HTMLファイルをリアルタイムでプレビューする

プレビューを確認しながらコーディング

拡張機能Live Serverを使うと、サーバー構築などの知識がなくても開発中のWebページをクリック1つで開くことができます。

Live Serverで簡易ローカルサーバーを構築

HTML/CSSやJavaScriptでWebページを開発する際、ファイルを修正するたびWebブラウザをリロードして確認……という作業を繰り返していると膨大な時間がかかってしまいます。

拡張機能**Live Server**は、ローカル端末に簡易的なサーバーを立ち上げて、HTML/CSSファイルの内容が反映されたプレビューを即座に開いてくれる機能です。プレビューを見ながらコード編集を行えるので、コーディング→確認を繰り返すフロントエンド開発には欠かせません。

Marketplace で Live Server を検索

Live Serverをインストール後、VSCodeにフォルダーを開くとステータスバーに［Go Live］という表記が出現します。**HTMLファイルをエディターで開いた状態で［Go Live］をクリック**すると、ローカルサーバーが起動してHTMLとCSSの内容が反映されたWebページがブラウザで表示されます。

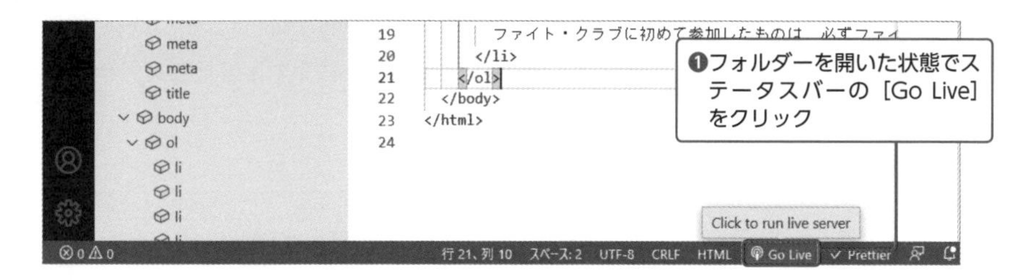
❶フォルダーを開いた状態でステータスバーの［Go Live］をクリック
Click to run live server
Go Live

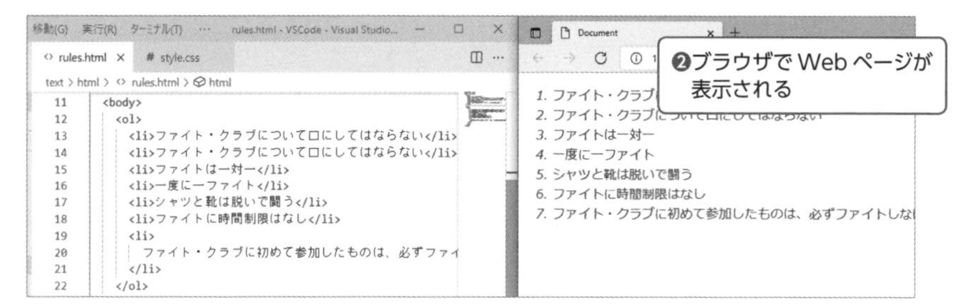
❷ブラウザでWebページが表示される

ライブリロードでブラウザを自動再読み込み

Live Serverを使わずにWebページを開発する場合、HTMLファイルをWebブラウザで開いて確認するという方法もありますが、この方法ではファイルを修正するたびにWebブラウザで開きなおす必要があります。

Live Serverには、ブラウザでプレビューを表示するだけでなく、ファイルを修正して保存したときに自動でブラウザを再読み込み（リロード）する**ライブリロード**という機能があります。

プレビューを表示したままHTMLファイル、またはCSSファイルを更新すると、**Live Serverがファイルの保存を検知してブラウザを自動でリロード**してくれます。

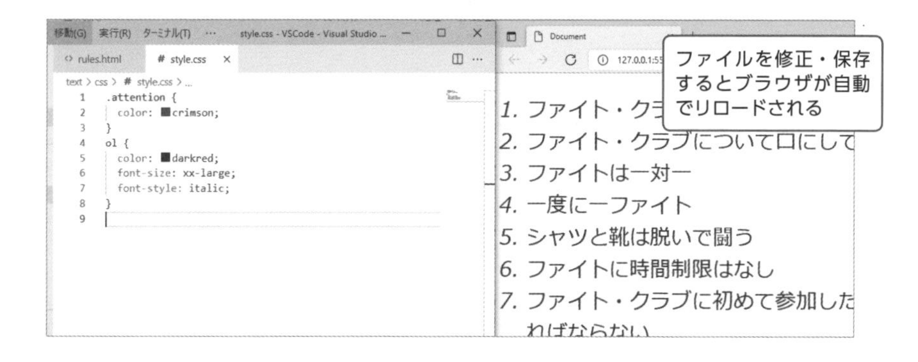
ファイルを修正・保存するとブラウザが自動でリロードされる

プレビュー機能とライブリロードによって、ファイルの修正→プレビューの確認→ファイルの修正……の繰り返しをアプリの切り替えなしで行えるようになり、フロントエンド開発が大幅にスピードアップします。

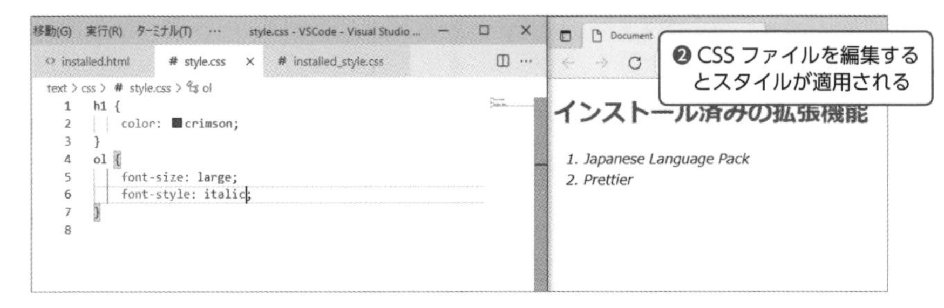

また、settings.json（P.92参照）に以下の記述を追加することで、**プレビューを表示するブラウザを指定できます**。

● settings.json

```
{
    "liveServer.settings.CustomBrowser": "chrome"
}
```

liveServer.settings.CustomBrowser の設定値にはほかにも以下のものがあります。

- chrome:PrivateMode
- firefox
- firefox:PrivateMode
- microsoft-edge
- blisk

Point

単体のファイルを開いた状態では［Go Live］が表示されない

Live Serverをインストールしていても、フォルダーではなくHTMLファイルを単体で開いている状態ではステータスバーに［Go Live］が表示されません。プレビューを表示するときは、対象のHTMLファイルが含まれているフォルダーまたはワークスペースを開いてください。

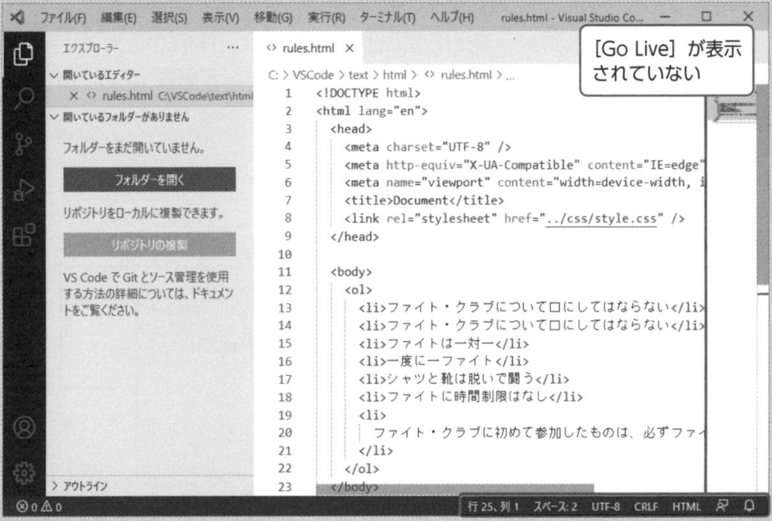

ローカルサーバーを停止する

Live Serverによるプレビューを終了するには、ステータスバーに表示されている［Port : 5500］をクリックします。ローカルサーバーが停止して、ライブリロードが行われなくなります。

CSS の定義をチラ見

拡張機能 / #Web 開発

CSSとHTMLを自在に行き来する

拡張機能CSS Peekを使えば、HTMLファイルで使われているクラス名やid名がCSSファイルでどう定義されているか簡単に確認できます。

CSS PeekでCSSファイルでの定義をピーク表示

VSCodeを含め、多くの統合開発環境には、プログラムの開発中に別ファイルで定義されている関数の定義をミニウィンドウで表示する**ピーク表示**（P.172参照）という機能があります。

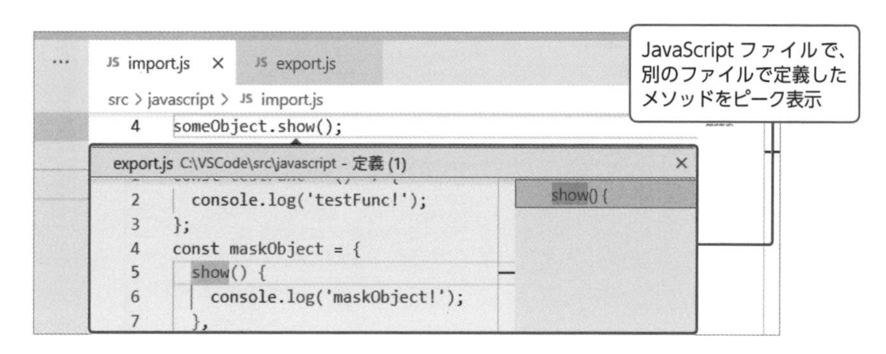

CSS Peekは、CSSファイルで定義した内容をピーク表示できる拡張機能です。これをインストールすることで、**HTMLファイルとCSSファイルをエディター上でスムーズに行き来しながらフロントエンド開発が行えます**。

Marketplace で CSS Peek を検索

CSS Peekをインストール後、HTMLファイルで要素に設定されているクラス名やid名を右クリック-[ピーク]-[定義をここに表示]をクリックすると、CSSファイルをピーク表示してエディターを切り替えずに定義を確認できます。

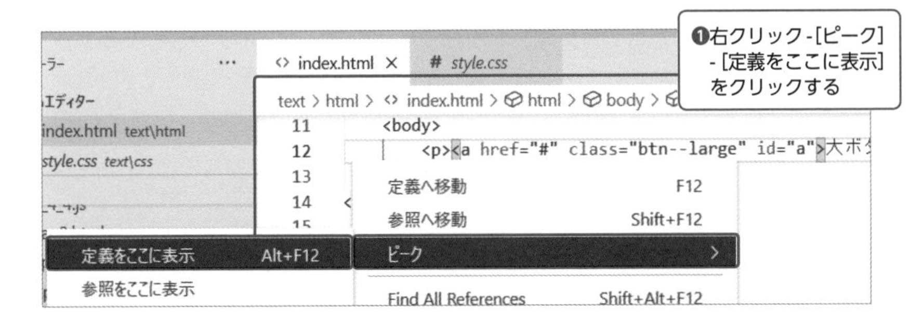

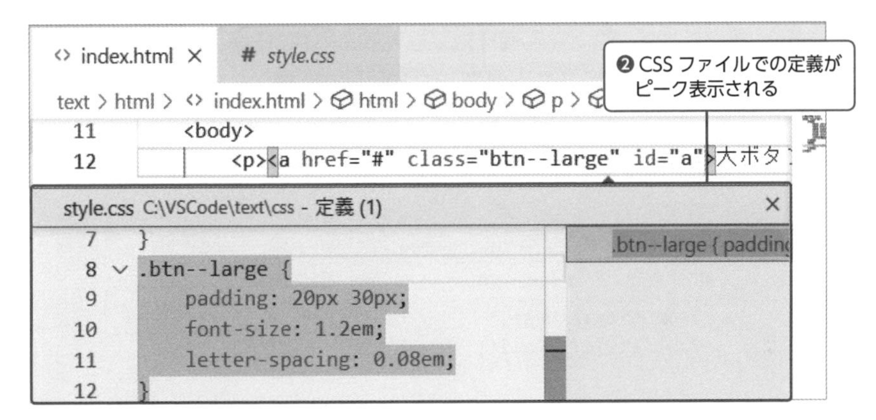

ほかの言語と同じように、**ピーク表示された定義部分を書き換えてCSSファイルを編集することもできます**。

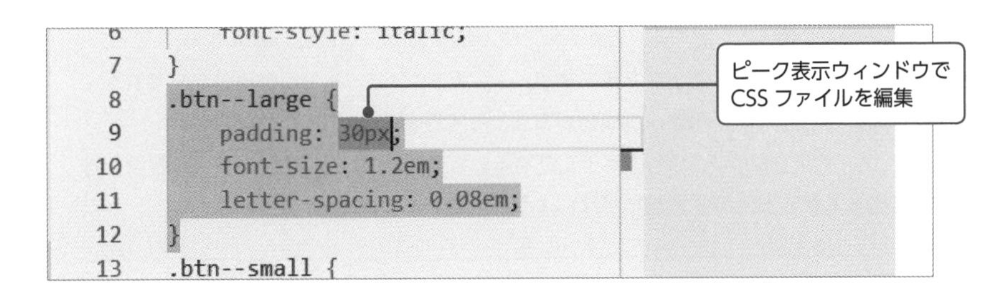

CSSファイルの定義部分に素早く移動

CSSファイルを本格的に編集したい場合は、HTMLファイルから**CSSファイルの定義部分に移動することもできます**。右クリック - [定義へ移動] をクリックするか、多くの統合開発環境と同じくF12キーを押して定義へ移動します。

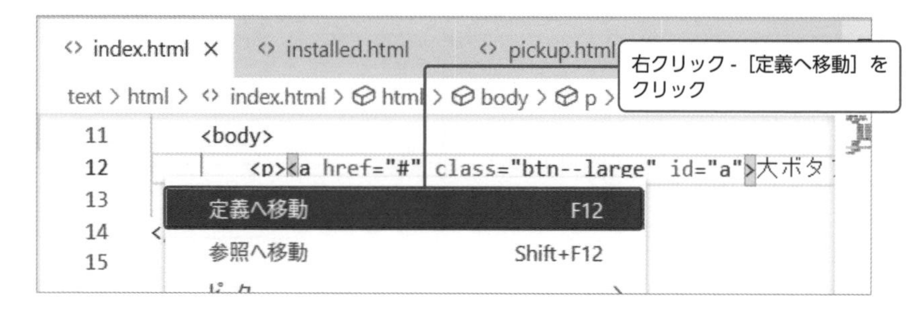

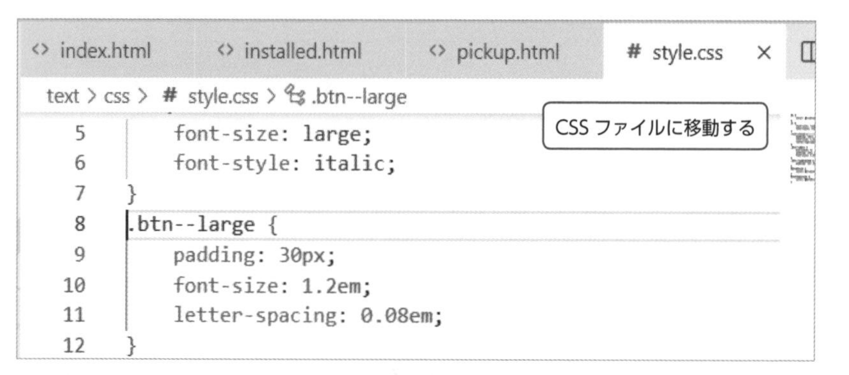

Point

「参照へ移動」機能はない

CSS Peekを使うと、HTMLファイルで使われているクラス名、id名からCSSファイルの定義へ移動することはできますが、逆にCSSファイルの定義部分からそれが使われている部分（参照部分）へ移動することはできません。

CSSファイルでクラス名やid名を変更するときは、検索・置換機能（P.64参照）などを使って参照部分の修正漏れがないように注意してください。

CSSの定義内容をホバー表示

HTMLファイルを編集中にCtrlキーを押しながらCSSクラスの部分にマウスポインターを合わせると、マウスポインターの形が変わって小さなウィンドウで定義内容が表示（**ホバー表示**）されます。ピーク表示や定義に移動する方法より、手軽にCSSファイルの内容を確認できます。

ホバー表示された状態でCSSクラスをクリックすると、定義部分へ移動することもできます。

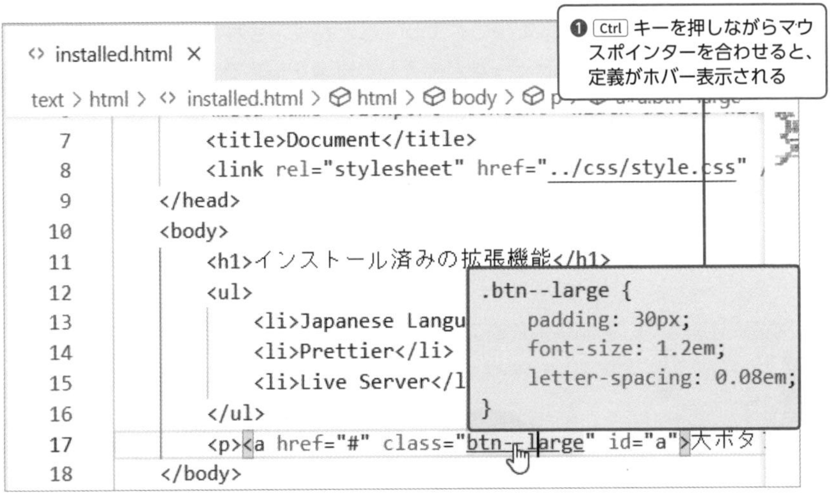

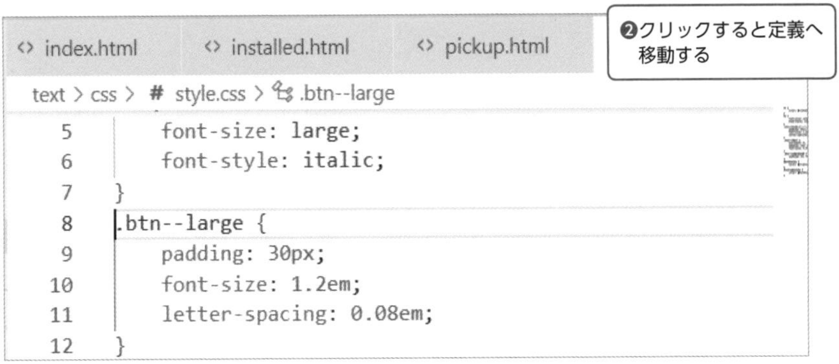

❶ Ctrlキーを押しながらマウスポインターを合わせると、定義がホバー表示される

```
<> installed.html ×
text > html > <> installed.html > html > body > p
 7        <title>Document</title>
 8        <link rel="stylesheet" href="../css/style.css"
 9    </head>
10    <body>
11        <h1>インストール済みの拡張機能</h1>
12        <ul>
13            <li>Japanese Langu
14            <li>Prettier</li>
15            <li>Live Server</l
16        </ul>
17        <p><a href="#" class="btn--large" id="a">大ボタ
18    </body>
```

```
.btn--large {
    padding: 30px;
    font-size: 1.2em;
    letter-spacing: 0.08em;
}
```

❷クリックすると定義へ移動する

```
<> index.html   <> installed.html   <> pickup.html
text > css > # style.css > .btn--large
 5        font-size: large;
 6        font-style: italic;
 7    }
 8    .btn--large {
 9        padding: 30px;
10        font-size: 1.2em;
11        letter-spacing: 0.08em;
12    }
```

画像の指定ミスをゼロに

拡張機能 ／ #Web 開発

エディター上で画像をプレビューする

Web開発ではソースコード上に画像ファイルのパスを指定することが多くあります。Image previewは画像ファイルの確認を簡単に行うための拡張機能です。

Image previewで画像をサムネイル表示

HTMLファイルで画像ファイルのパスを指定するとき、同じフォルダーにある別の画像ファイルを指定してしまってもエラーなどが表示されないため、通常はLive Server（P.132参照）のプレビューなどで正しい画像を指定できているか目視で確認する必要があります。

そんな画像の確認を、エディター上だけで行えるようにしてくれるのが、拡張機能**Image preview**です。画像のパス部分にマウスポインターを合わせることでプレビューを表示したり、エディターの行番号の横に画像のサムネイルを表示したりすることで、画像の指定ミスを防ぎます。

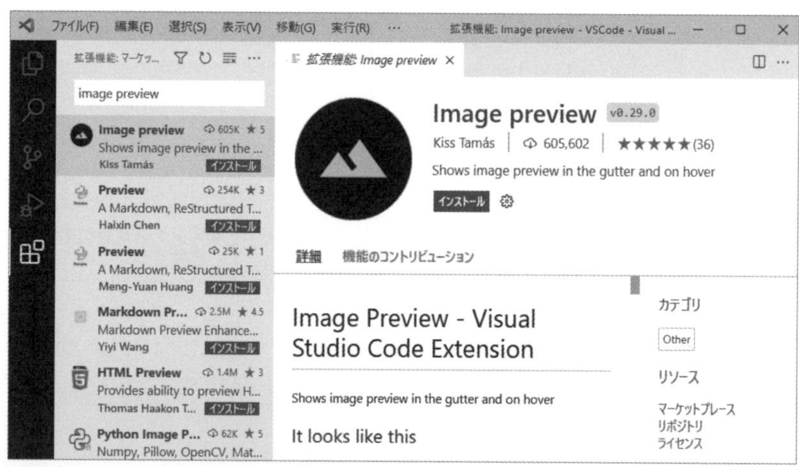

Marketplace で Image preview を検索

Image previewが有効になっていると、HTMLファイルやMarkdownファイルなどで画像ファイルのパスを書いた**行の左側に、画像のサムネイルが小さく表示されます**。サムネイルは常に表示されているので、アイコンなどの確認であればこれだけで済ませられます。

```
<> months.html ×
text > html > <> months.html > html > body >
6   <meta name="viewport" content="width=device-width, initial-
7   <title>Document</title>
8   ad>
9   />
10  <img src="../image/01_January.png" alt="1月" />
11  <img src="../image/02_February.png" alt="2月" />
12  <img src="../image/03_March.png" alt="3月" />
13  <img src="../image/04_April.png" alt="4月" />
14  <img src="../image/05_May.png" alt="5月" />
15  <img src="../image/06_June.png" alt="6月" />
16  <img src="../image/07_July.png" alt="7月" />
17  dy>
```

行番号の左側に、画像ファイルがサムネイル表示される

画像ファイルのパスからプレビュー表示

サムネイルよりも大きなサイズで確認したい場合は、**画像ファイルのパス部分にマウスポインターを合わせてプレビュー表示します**。画像ファイルの大きさとサイズも合わせて表示されます。

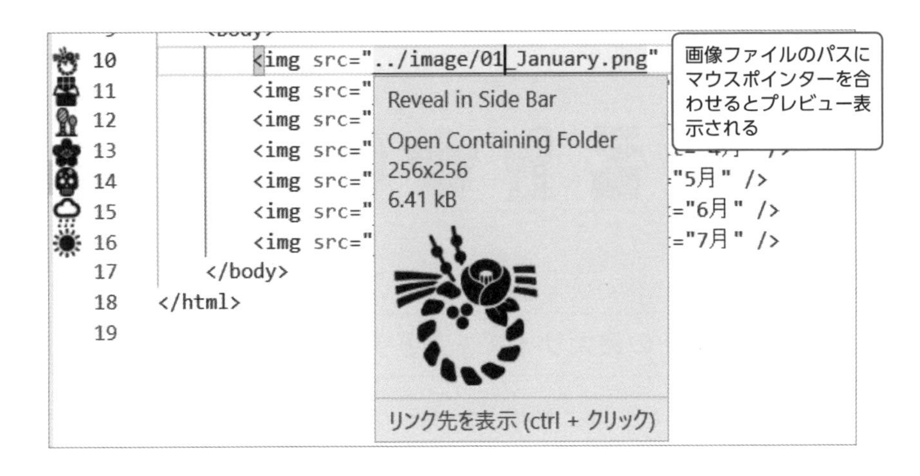

また、プレビューの上にある [Reveal in Side Bar] をクリックするとエクスプローラービューで該当する画像ファイルのパスが開きます。[Open Containing Folder] をクリックするとWindowsのエクスプローラー（MacではFider）で画像ファイルが格納されたフォルダーを開くことができます。

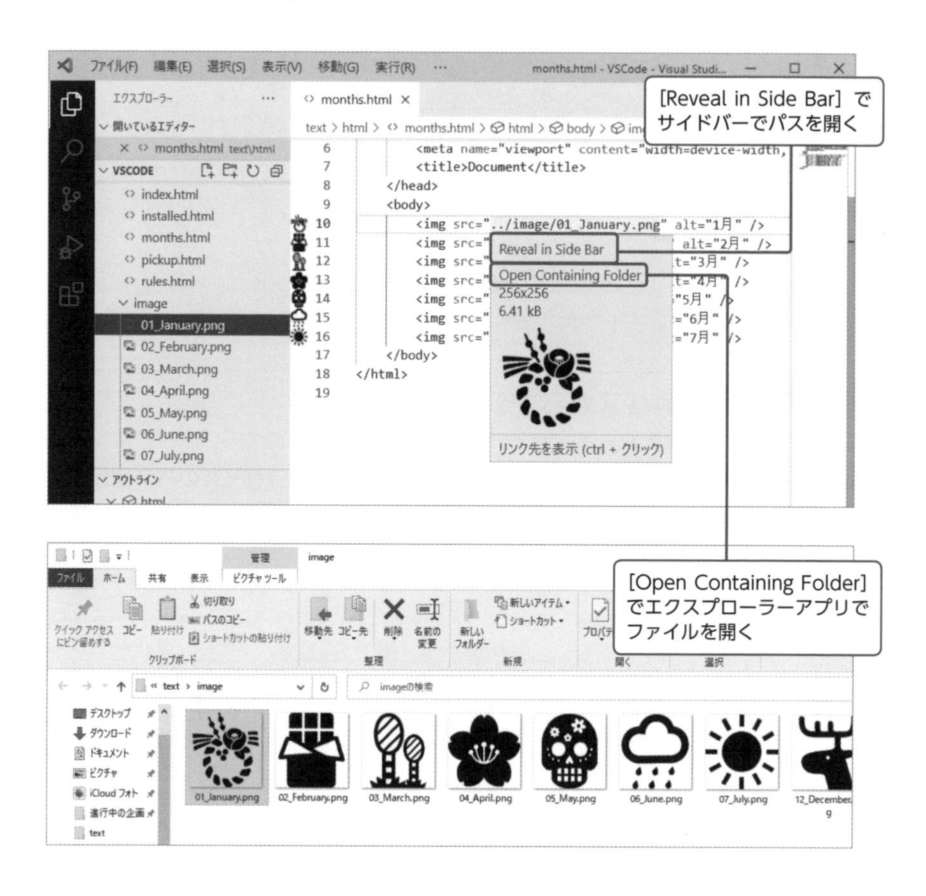

画像プレビューの最大サイズを変更する

ひと目では違いがわかりづらい複数の画像ファイルがある場合など、より大きなプレビュー表示で画像を確認したいときは、設定からプレビューの最大サイズを変えるとよいでしょう。これらの設定項目は設定画面から編集できます。

Image preview のプレビュー表示に関する設定項目

名前	説明
gutterpreview.imagePreviewMaxHeight	画像のプレビュー表示の高さ。デフォルトでは100
gutterpreview.imagePreviewMaxWidth	画像のプレビュー表示の幅。0より小さい場合は、高さと同じ値が設定される。デフォルトでは-1

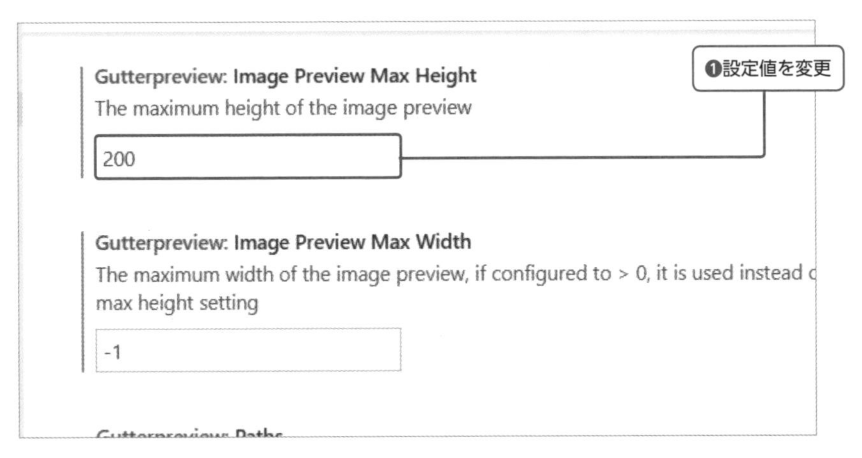
Gutterpreview: Image Preview Max Height
The maximum height of the image preview
200
❶設定値を変更
Gutterpreview: Image Preview Max Width
The maximum width of the image preview, if configured to > 0, it is used instead of max height setting
-1

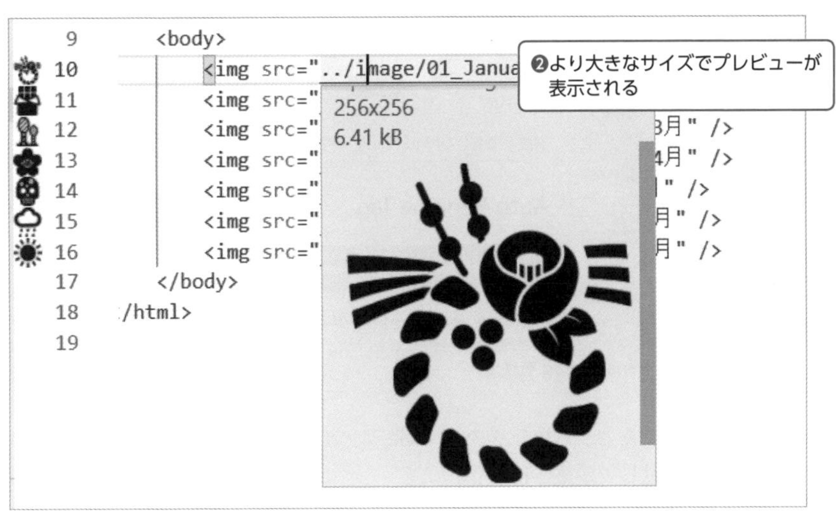
❷より大きなサイズでプレビューが表示される
256x256
6.41 kB

#拡張機能 ／ #Web 開発

コード入力に役立つ機能

HTML コーディングをサポート

Marketplaceにはほかにも Web開発のコード編集に役立つ拡張機能がたくさんあります。ここでは主にHTML編集を楽にする機能を取り上げます。

Auto Rename Tagで終了タグも自動で修正

HTMLやXML形式のファイルを編集しているとき、見出しを本文に変えるなどの目的でタグ名を変更する場面がよくあります。その場合、対応する開始タグと終了タグをコードの中から探し出し、両方を編集しなければならないため、これを忘れてエラーが発生することが少なくありません。

拡張機能**Auto Rename Tag**は、名前のとおり**タグ名の変更を自動化します**。

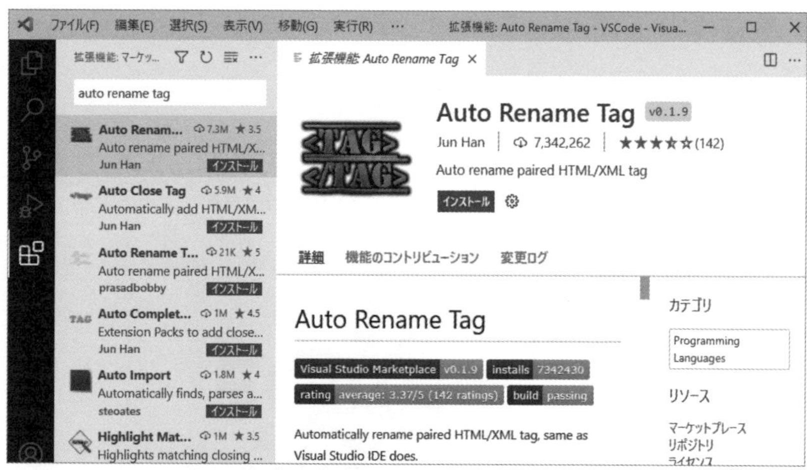

Marketplace で Auto Rename Tag を検索

インストールしたあと、HTMLまたはXMLファイルで開始タグを修正すると、終了タグもそれに連動して編集されます。

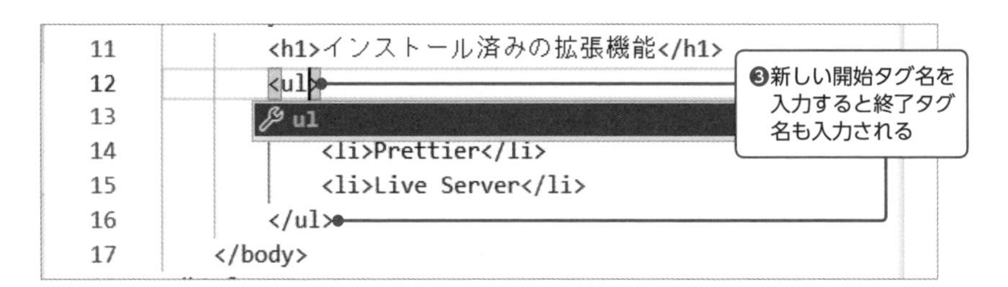

Point

拡張機能 Auto Close Tag は不要

Auto Rename Tag に似ていて開発者も同じ拡張機能に、開始タグを入力すると終了タグも合わせて入力してくれる Auto Close Tag がありますが、VSCode には終了タグを自動で入力する機能が標準で搭載されているので、こちらはインストールしなくてもかまいません。

HTML CSS SupportでCSSクラスを入力補完

HTMLを編集する際、要素のid属性、class属性の値を打ち間違えてしまうと、思ったようにスタイルが適用されません。

拡張機能**HTML CSS Support**は、HTMLファイルが読み込んでいるCSSファイルの内容から、**HTMLファイル上でclass属性、id属性の値を入力補完してくれる機能です**。

Marketplace で HTML CSS Support を検索

MarketplaceからインストールするとHTMLファイルを編集中にCSSに定義されたクラスやIDが入力候補として表示されます。

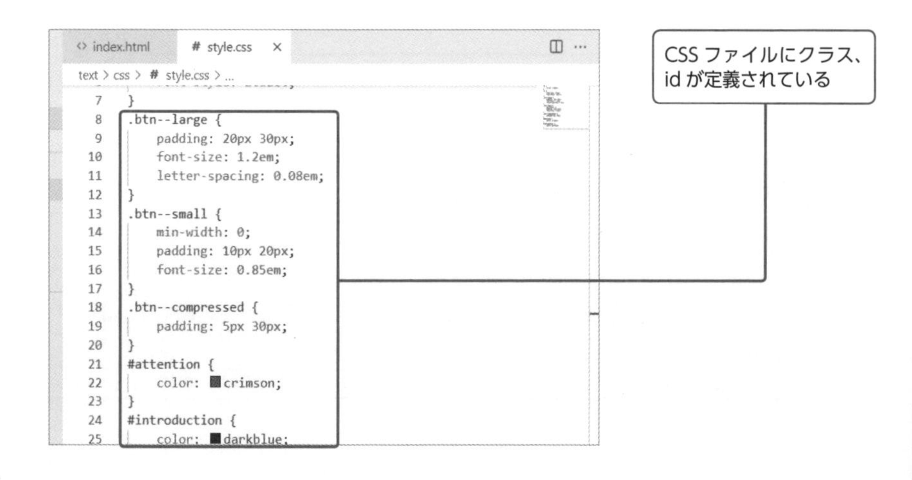


```
 7  }
 8  .btn--large {
 9      padding: 20px 30px;
10      font-size: 1.2em;
11      letter-spacing: 0.08em;
12  }
13  .btn--small {
14      min-width: 0;
15      padding: 10px 20px;
16      font-size: 0.85em;
17  }
18  .btn--compressed {
19      padding: 5px 30px;
20  }
21  #attention {
22      color: crimson;
23  }
24  #introduction {
25      color: darkblue;
```

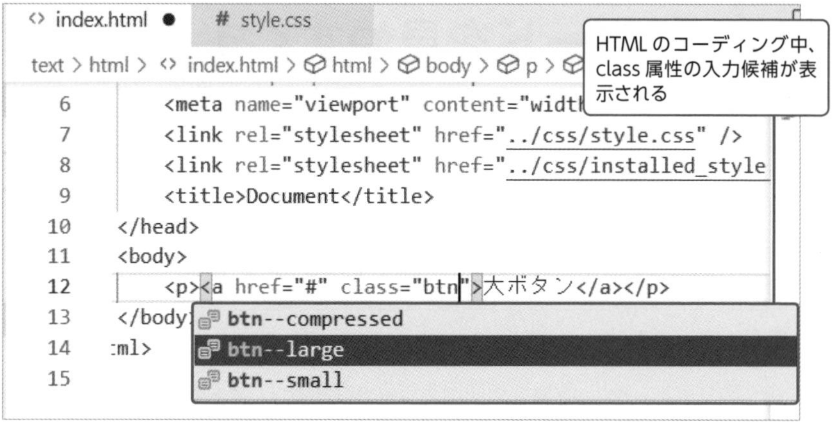

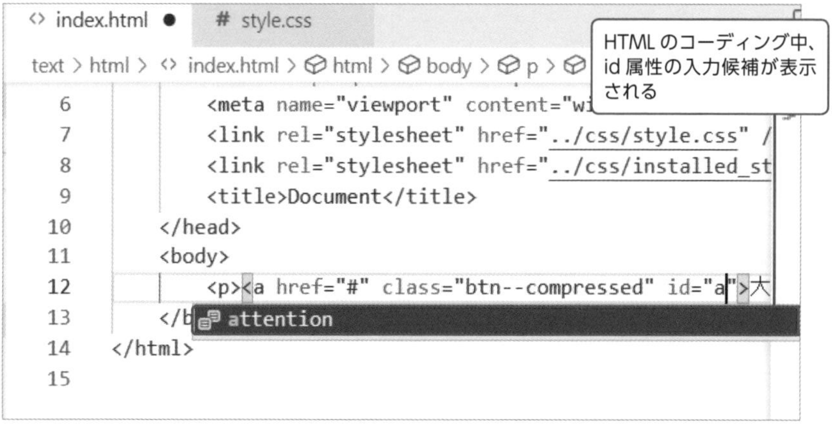

```
<> index.html ●   # style.css
text > html > <> index.html > html > body > p >
 6        <meta name="viewport" content="widt
 7        <link rel="stylesheet" href="../css/style.css" />
 8        <link rel="stylesheet" href="../css/installed_style
 9        <title>Document</title>
10    </head>
11    <body>
12        <p><a href="#" class="btn">大ボタン</a></p>
13    </body   btn--compressed
14    ml>      btn--large
15             btn--small
```

HTMLのコーディング中、class属性の入力候補が表示される

```
<> index.html ●   # style.css
text > html > <> index.html > html > body > p >
 6            <meta name="viewport" content="wi
 7            <link rel="stylesheet" href="../css/style.css" /
 8            <link rel="stylesheet" href="../css/installed_st
 9            <title>Document</title>
10        </head>
11        <body>
12            <p><a href="#" class="btn--compressed" id="a">大
13        </b  attention
14    </html>
15
```

HTMLのコーディング中、id属性の入力候補が表示される

Point WordPress環境なら「WordPress Snippet」もおすすめ

Webサイトのコンテンツ管理にWordPressを利用している場合は、拡張機能WordPress Snippetをインストールしておくとよいでしょう。WordPressに実装されている関数の入力を補完してくれるので、快適にコーディングできます。

拡張機能 ／ #Web 開発

コードを見やすくする機能

続いて、エディター上でのコードの見た目に関する機能を紹介します。見た目を整えることでコーディングのミスを防ぐことにもつながります。

Highlight Matching Tagで対応するタグを見やすくする

HTMLファイルの編集中、開始タグと終了タグの対応関係がわかりにくくなることがよくあります。特にdiv要素を多用するような場合は、**どの開始タグとどの終了タグが対応しているのかがひと目ではわからず混乱してしまいがち**です。

```
<> pickup.html ×
text > html > <> pickup.html > html > body > div.p
11        <div class="pickup">
12            <div class="pickup__image">
13                <div class="image">
14                    <img src="../image/c2-1-1.png" alt="
15                </div>
16                <div class="thumb"></div>
17            </div>
18            <div class="pickup__body">
19                <p>ここにピックアップする商品の説明が入り
20                <p class="pickup__btn"><a href="#">詳細を
21            </div>
```

開始タグと終了タグの対応関係が複雑になっている

VSCodeでは、上の画面のようにタグ名にフォーカスがおかれているときに対応するタグがグレーでハイライトされますが、さらにわかりやすく開始タグと終了タグのペアを強調してくれる拡張機能が**Highlight Matching Tag**です。

この機能をインストールすると、**タグにフォーカスしているあいだ、常に対応するタグが強調される**ので、対応関係が一目瞭然になります。

Marketplace で Highlight Matching Tag を検索

Highlight Matching Tagをインストールしてから HTMLファイルを表示すると、タグ名以外の場所を編集していても対応するタグが黄色の下線で強調されています。

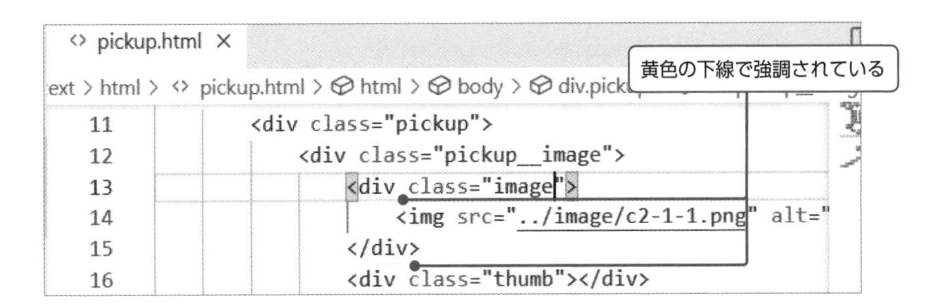

上の画面でもそうですが、カラーテーマ（P.83参照）によっては黄色い下線が見づらく、強調表示の効果をあまり感じられないかもしれません。そのような場合は、設定ファイル（settings.json）を編集します。

Highlight Matching Tagによる強調表示のスタイルを変えるには、"highlight-matching-tag.styles"という設定IDの値を変更します。デフォルトでは以下のような値が設定されています。

● **settings.json**

```
"highlight-matching-tag.styles": {
    "opening": { "name": { "underline": "yellow" } }
}
```

下線の色を変えるには、"yellow"の部分を別の値に書き換えます。たとえば"red"と修正すると、赤色の下線が表示されます。

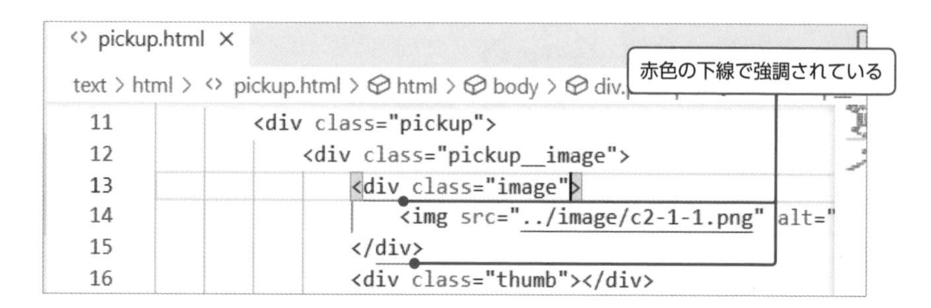

強調のスタイルの設定値については、拡張機能Highlight Matching Tagの［詳細］に詳しい情報があります。より自分好みにカスタムしたい方は確認してみてください。

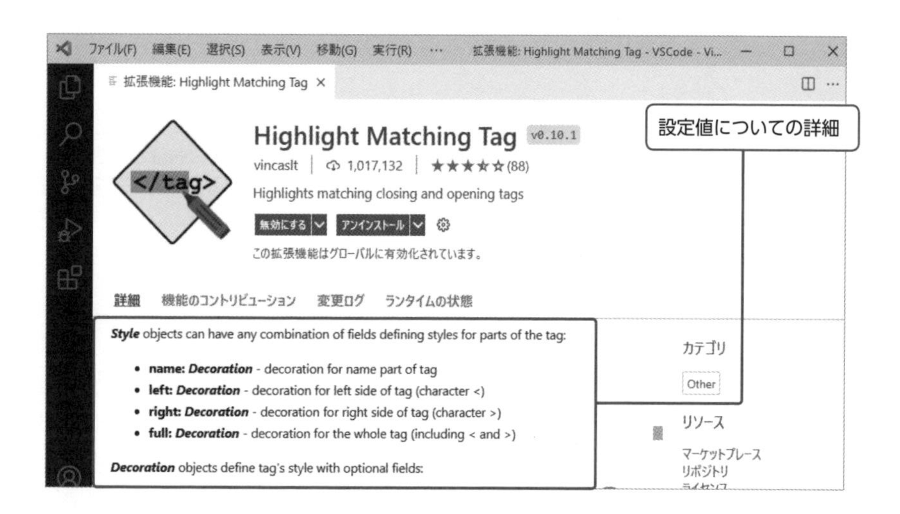

対応するブラケットを強調する

JavaScriptなどのプログラム言語では、()や{}などの**ブラケット記号**を使ってコードが階層化されていますが、複雑な条件分岐などを書いていると、ブラケットの入れ子構造が何重にもなって、どの記号とどの記号が対応しているのかわかりにくくなる場合があります。

ブラケットが入れ子構造になっている

```
JS c4_7_1.js ×
src > javascript > JS c4_7_1.js > ...
 1  let birthYear = parseInt(prompt("生年を西暦で入力: "));
 2  if (2020 <= birthYear) {
 3    console.log("令和");
 4  } else if (birthYear === 2019) {
 5    let birthMonth = parseInt(prompt("月を入力: "));
 6    if (5 <= birthMonth) {
 7      console.log("令和");
 8    } else {
 9      console.log("平成");
10    }
11  } else if (1989 <= birthYear) {
12    console.log("平成");
```


VSCodeには、対応するブラケットをわかりやすく表示するために以下2つの設定項目がありますが、**これらの設定は既定では無効になっています**。設定画面からこれらの項目を有効にすると、ブラケットの対応関係が一目瞭然になります。

ブラケットのペアを強調表示するための設定項目

名前	説明
editor.bracketPairColorization.enabled	対応するブラケット同士を彩色して表示する。既定ではfalse
editor.guides.bracketPairs	ブラケットのペアを結ぶガイドを表示する。既定ではfalse

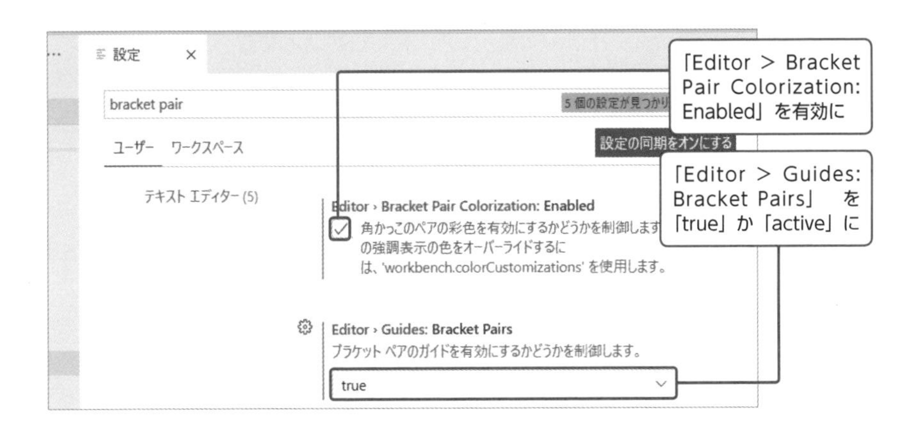

2つの設定項目を変更すると、ブラケットのペアが同じ色で彩色され、さらにブラケットの内部にマウスポインターを合わせると対応する記号同士がガイド線で結ばれるようになります。

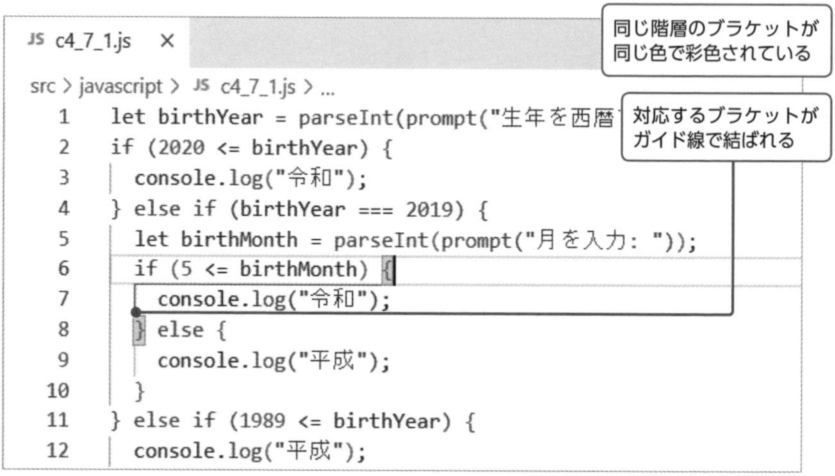

JS c4_7_1.js ×

src > javascript > JS c4_7_1.js > ...

```
1   let birthYear = parseInt(prompt("生年を西暦
2   if (2020 <= birthYear) {
3     console.log("令和");
4   } else if (birthYear === 2019) {
5     let birthMonth = parseInt(prompt("月を入力: "));
6     if (5 <= birthMonth) {
7       console.log("令和");
8     } else {
9       console.log("平成");
10    }
11  } else if (1989 <= birthYear) {
12    console.log("平成");
```

同じ階層のブラケットが同じ色で彩色されている

対応するブラケットがガイド線で結ばれる

Point　標準機能でできることは拡張機能でやらない

Marketplaceには、ソースコードを装飾するための拡張機能がたくさんありますが、ここで紹介した「対応するブラケットを強調する」のように標準の設定項目でできてしまうことも少なくありません。
P.116で説明したようにインストールしている拡張機能が多ければそのぶんVSCodeの動作が重くなる恐れがあるので、拡張機能をインストールしたあとに「実は標準機能でできることだった」とわかった場合はアンインストールしておくことをおすすめします。

CHAPTER 5

プログラミングに最適化しよう

標準機能 ／ # プログラミング

section
01

プログラミングに役立つテクニック

コード補完で
快適コーディング

プログラミングを補助するIntellisenseを使いこなせば、正確でスピーディーなコーディングが可能になります。

Intellisenseのコード補完を活用する

Intellisense（インテリセンス）とは、VSCodeに標準で搭載されているコード補完、メンバーリストなどのプログラム入力支援機能をまとめて指す言葉です。コード補完を利用すると少ないキー入力でスピーディーにコードを書けるうえ、タイプミスなどによるエラーも防げるので、積極的に活用していきましょう。

VSCodeのIntellisenseは、JavaScript、CSSなどの言語に対しては標準で入力支援が使えるようになっています。JavaScript形式のファイルで、「con」と入力すると、**コード補完**によって「console」「const」などの入力候補がリストで表示されます。

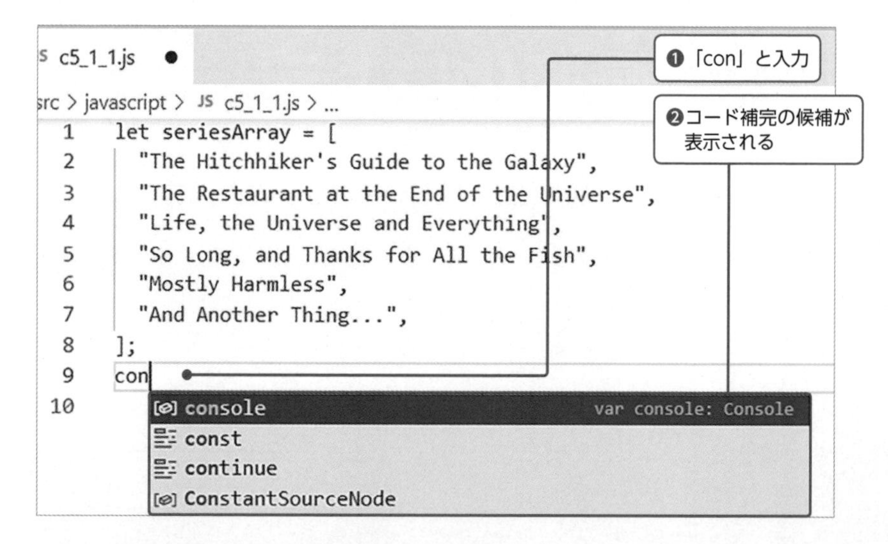
c5_1_1.js
src > javascript > JS c5_1_1.js > ...
1 let seriesArray = [
2 "The Hitchhiker's Guide to the Galaxy",
3 "The Restaurant at the End of the Universe",
4 "Life, the Universe and Everything",
5 "So Long, and Thanks for All the Fish",
6 "Mostly Harmless",
7 "And Another Thing...",
8];
9 con
10
console
var console: Console
const
continue
ConstantSourceNode
❶「con」と入力
❷コード補完の候補が表示される

リストから↑↓キーで候補を選択し、Enterキーか Tabキーを押すとコードが補完されて選択した語句が入力されます。

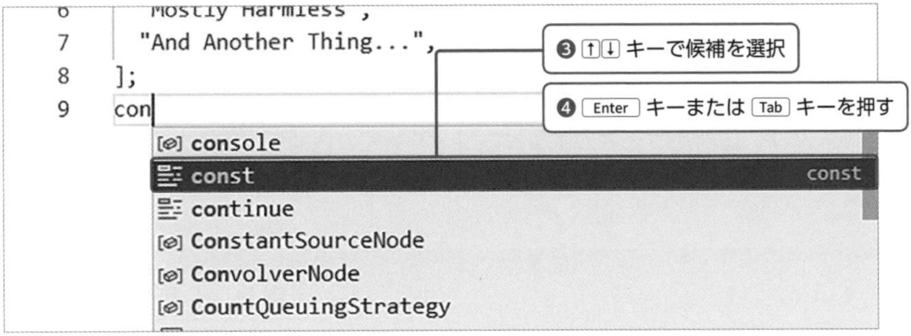

```
6      "Mostly Harmless",
7      "And Another Thing...",
8    ];
9    con
       [⊘] console
       ☰ const                                      const
       ☰ continue
       [⊘] ConstantSourceNode
       [⊘] ConvolverNode
       [⊘] CountQueuingStrategy
```

❸ ↑↓ キーで候補を選択

❹ Enter キーまたは Tab キーを押す

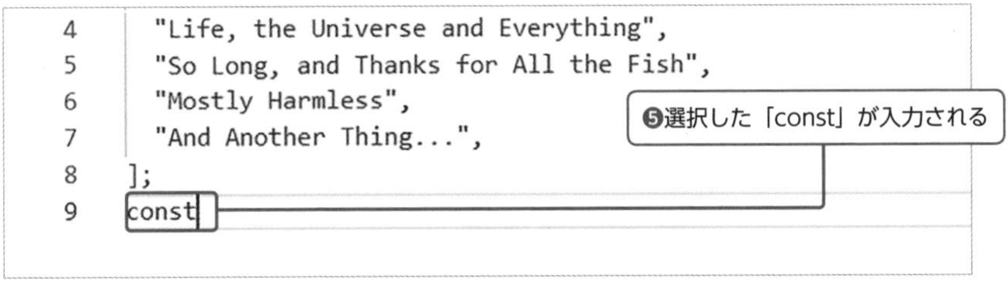

```
4      "Life, the Universe and Everything",
5      "So Long, and Thanks for All the Fish",
6      "Mostly Harmless",
7      "And Another Thing...",
8    ];
9    const
```

❺選択した「const」が入力される

コード補完できるのはJavaScriptのキーワードや組み込みオブジェクトだけではありません。自分で新しく定義した変数やオブジェクトなどもリストに表示されます。

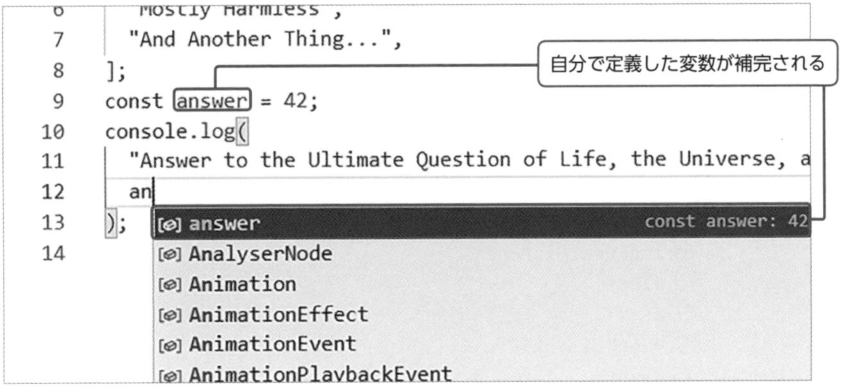

```
6      "Mostly Harmless",
7      "And Another Thing...",
8    ];
9    const answer = 42;
10   console.log(
11     "Answer to the Ultimate Question of Life, the Universe, a
12     an
13   );
14
        [⊘] answer                          const answer: 42
        [⊘] AnalyserNode
        [⊘] Animation
        [⊘] AnimationEffect
        [⊘] AnimationEvent
        [⊘] AnimationPlaybackEvent
```

自分で定義した変数が補完される

コード補完をより便利に使う

コード補完の候補を簡単に絞り込むためのテクニックも見ておきましょう。たとえば、JavaScriptの組み込みオブジェクトであるDateオブジェクトのtoLocaleDateStringというメソッドを入力したいとき、先頭から「toLocale……」と入力していってもよいのですが、補完の候補に目的のメソッドが表示されるまでに時間がかかってしまいます。

そこで覚えておきたいのが、**キャメルケースフィルタリング**です。「tLDS」とメソッド名の大文字の箇所だけを入力すると、コード補完の候補に目的のメソッドが表示されます。入力したいメソッドの名前を覚えているときは特に便利です。

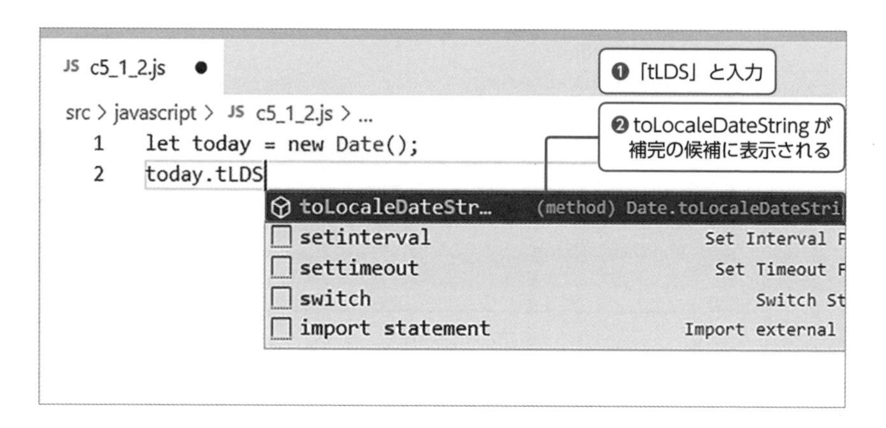

また、**任意のタイミングでコード補完の候補を表示させることもできます**。通常、Intellisenseはコードの入力中に補完できる箇所があれば自動で起動しますが、Ctrl+Spaceキー（Macではcommand+Iキー）で候補を表示させることもできます。

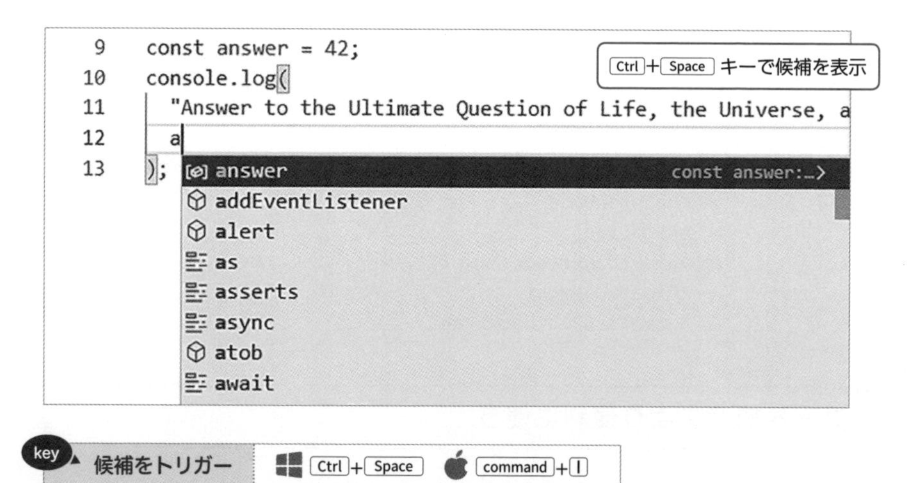

key 候補をトリガー　Ctrl+Space　command+I

Point

補完の種類

Intellisenseによる補完は、変数やメソッドなどさまざまな種類のものを候補に表示します。左側に表示されているアイコンで種類を区別できれば、目的の候補を探すのに役立ちます。

候補の種類を表すアイコン（一部）

アイコン	種類
	メソッド（method）、関数（function）
	変数（variable）
	フィールド（field）
	クラス（class）
	キーワード（keyword）
abc	ワード（text）

クイック情報を閲覧

コード補完の候補リストで右側にある［>］をクリックすると、その候補についての情報（**クイック情報**）を確認できます。たとえば、メソッドや関数であれば受け取るパラメータ（引数）や戻り値の情報が表示されます。

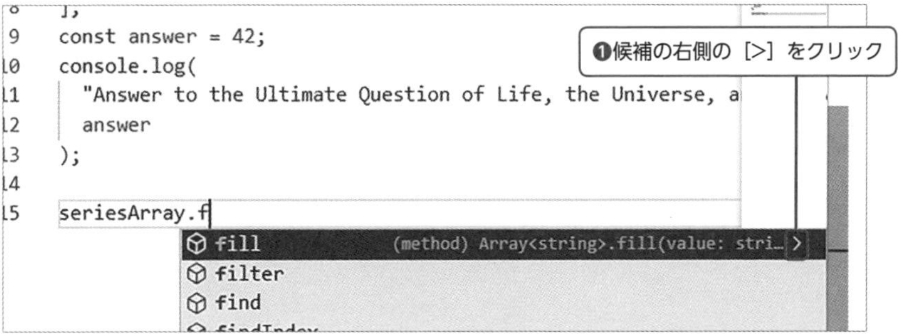

```
 9  const answer = 42;
10  console.log(
11    "Answer to the Ultimate Question of Life, the Universe, a
12    answer
13  );
14
15  seriesArray.f
          fill          (method) Array<string>.fill(value: stri… >
          filter
          find
```

❶候補の右側の［>］をクリック

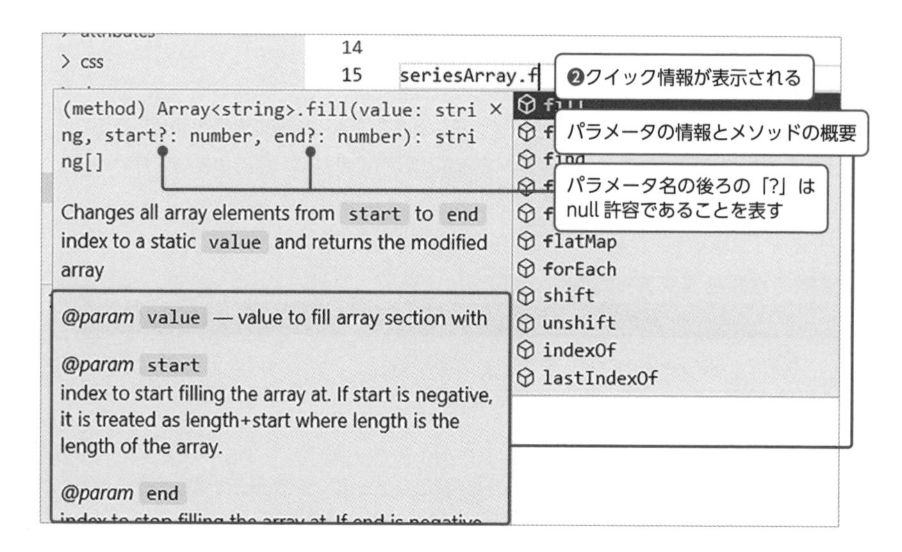

コード補完とクイック情報を組み合わせることで、メソッド名や処理を完全に覚えていなくても、**コード補完でメソッドを探して、クイック情報でそれが目的のメソッドか確認する**という流れでコーディングを進めることができます。メソッドの使い方をブラウザ検索などで調べなくてもエディター内に表示してくれるので、コーディングに集中できるのもメリットです。

言語拡張機能で対応する言語を増やす

Intellisenseの機能が標準で対応している言語はJavaScript、CSSなどに限られていますが、Marketplaceから**言語拡張機能**をインストールすることでさらに多くの言語でIntellisenseの機能を利用できます。代表的な言語拡張機能には以下のようなものがあります。

- Python
- C
- C++
- C#
- Go
- Ruby
- Rust

なかでもPythonは特に人気が高い言語拡張機能で、PythonファイルでIntellisenseが使えるようになるだけでなく、デバッグ（P.182参照）やコードフォーマット（P.126参照）も行えます。なお、拡張機能Pythonをインストールすると、Python向けのIntellisenseなどを補助するPylanceもインストールされます。

Marketplace で Python を検索

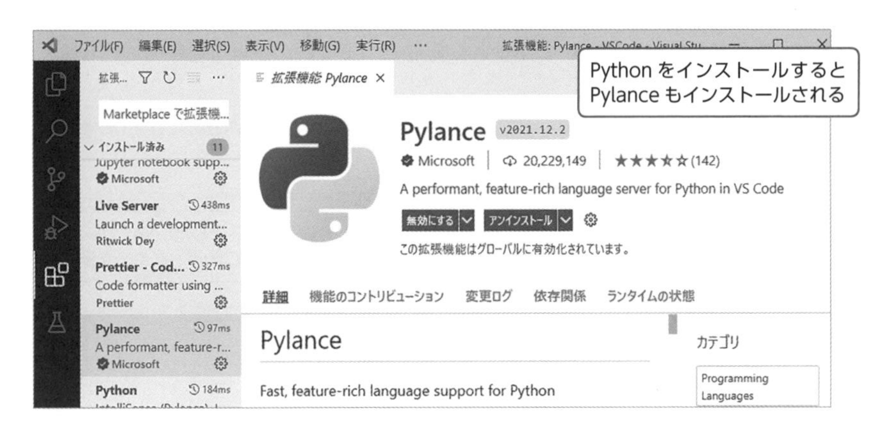

拡張機能PythonとPylanceをインストール後、Pythonファイルの編集中に標準ライブラリや組み込み関数がコード補完で入力できます。

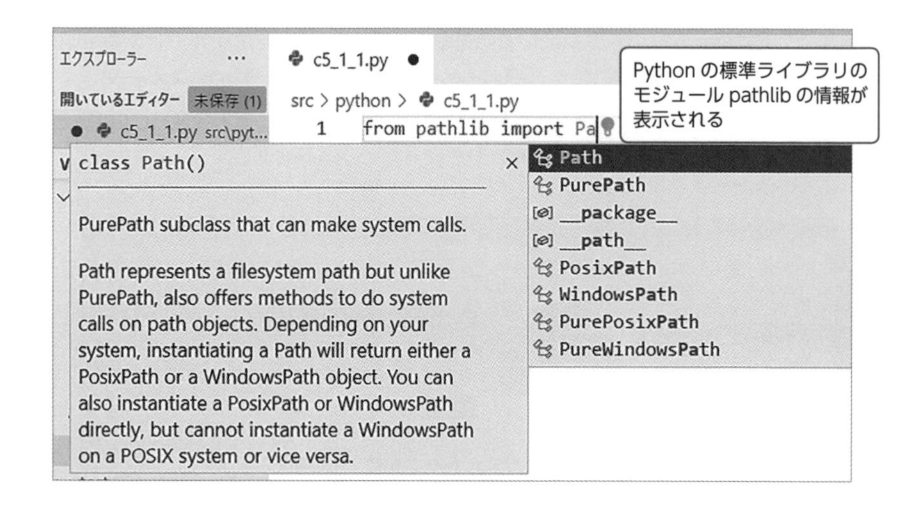

プログラミングに役立つコマンド

コメントに関するコマンド

プログラムの中にコメントを入れたいときは、**Ctrl+/キーから「行コメントの切り替え」コマンドを実行する**のが便利です。行のどの部分にカーソルをおいていてもコメントに切り替えられる点、言語ごとに異なるコメントの記号に自動で対応してくれる点が優れています。

コメントになっている行にカーソルをおいて実行すると、通常の行に戻ります。

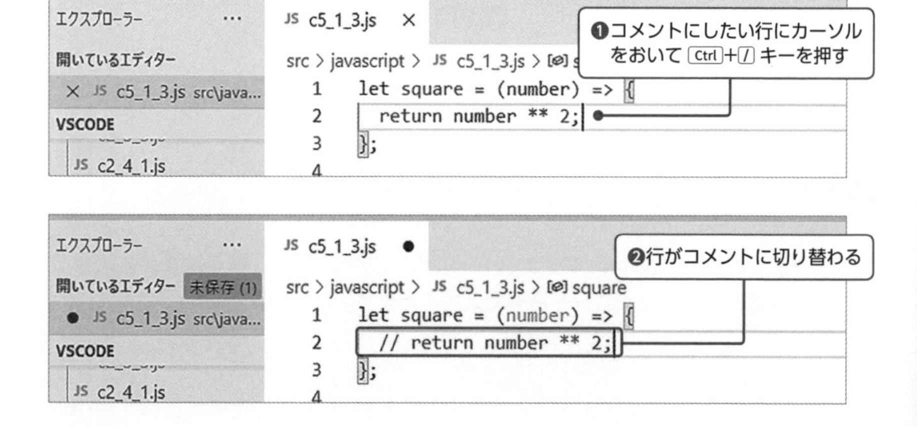

key
行コメントの切り替え
Ctrl + /
command + /

ブラケットに関するコマンド

多くの言語では()や{}などの**ブラケット記号**でコードが階層化されていて、記号の周辺のコードを修正する際に対応する記号を探す場面が多くあります。そのような場面で役立つのが**Ctrl+Shift+\キーで実行できる「ブラケットへ移動」コマンド**です。ブラケット記号にカーソルをあててこのコマンドを実行すると対応するブラケットに一瞬で移動できるので、特に行数が多いプログラムではスクロールするより速く目的の場所にたどり着けます。

JS c5_1_5.js ×

src > javascript > JS c5_1_5.js > remove

```
235
236       // Once for each type.namespace in types; type may be omitte
237       types = (types || "").match(rnothtmlwhite) || [""];
238       t = types.length;
239       while (t--) {
240         tmp = rtypenamespace.exec(types[t]) || [];
241         type = origType = tmp[1];
242         namespaces = (tmp[2] || "").split(".").sort();
```

❶ () や {} の始点か終点にカーソルをおいて Ctrl+Shift+\ キーを押す

JS c5_1_5.js ×

src > javascript > JS c5_1_5.js > remove

```
292
293         delete events[type];
294       }
295     }
296
297     // Remove data and the expando if it's no longer used
298     if (jQuery.isEmptyObject(events)) {
```

❷対応するブラケットに移動する

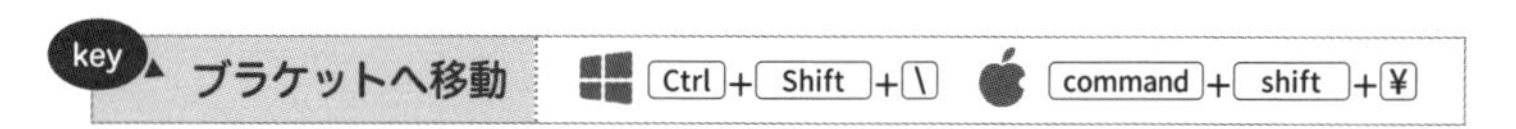

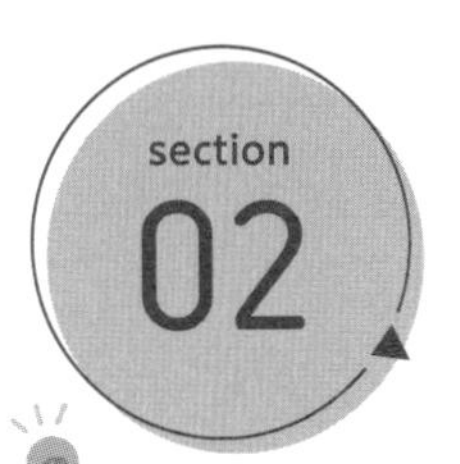

Intellisense をより便利に

標準機能 ／ # プログラミング

コード補完機能をカスタマイズする

Intellisenseによるコード補完、クイック情報などの機能を、設定画面から自分好みにカスタマイズしましょう。

スニペット補完に関する設定

スニペットとはもともと「断片」を意味する言葉で、プログラミングにおいては**再利用可能なソースコードの小さなまとまり**を指します。たとえば、プログラム言語ごとに決められているif文、for文などの構文はスニペットとして登録されています。

Intellisenseが有効な言語で「if」と入力すると、コード補完の候補に「if」が表示されます。□のアイコンはその候補がスニペットであることを表しています。

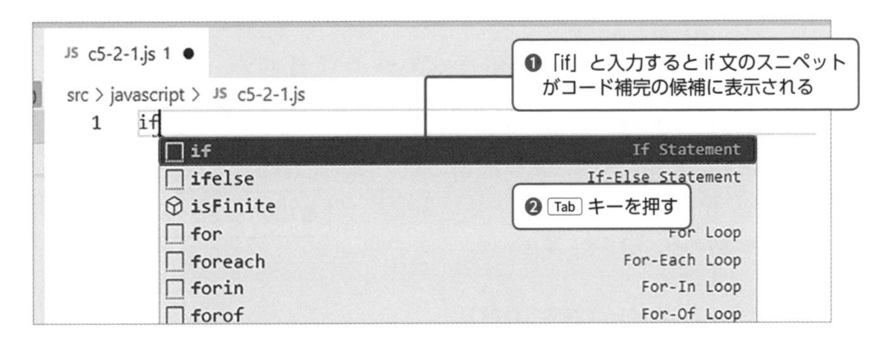

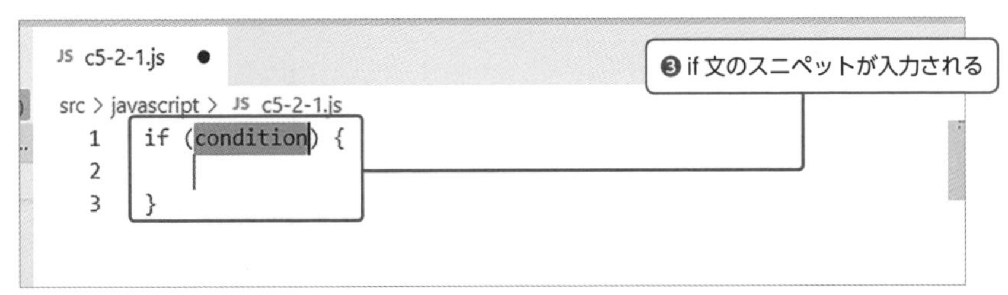

変数やメソッドとは違って、**スニペットのコード補完は多くの場合、複数行のコードが自動で入力される**ため、コード入力の手間を大きく減らすことができます。積極的に活用したい場合はコード補完の提案の中でスニペットを優先的に表示させるとよいでしょう。

スニペットの提案を優先的に表示するかどうかは、設定画面から「Editor: Snippet Suggestions」という項目で選択できます。設定値を「none」にすると、コード補完の候補にスニペットが表示されません。それ以外の3つの値はスニペットの候補をリストの中でどの位置に表示するかを設定します。

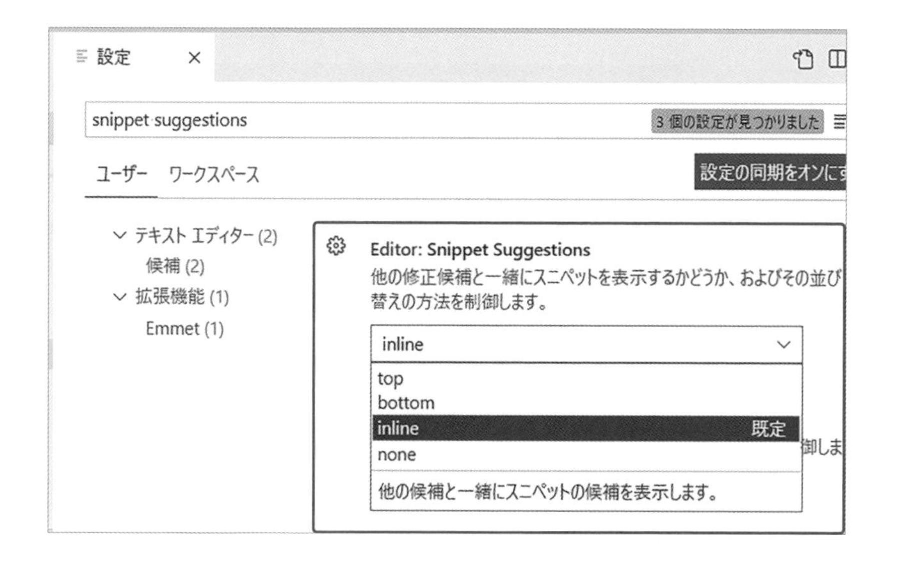

「Editor: Snippet Suggestions」の設定値

設定値	説明
top	常に候補リストの最上部にスニペットの候補を表示する
bottom	常に候補リストの最下部にスニペットの候補を表示する
inline	ほかの候補と一緒にスニペットの候補を表示する（既定）
none	スニペットの候補を表示しない

候補の選択に関する設定

コード補完の候補リストが表示されるとき、デフォルトでは以前に使用したものが最初に選択された状態になっています。次の画像では、前の行で入力した「console.log」が候補リストの中で最初に選択されています。

```
JS c5-2-1.js 1 ●
src > javascript > JS c5-2-1.js
  1   console.log('recentlyUsed');
  2   console.
          groupCollapsed
          groupEnd
          info
          log        (method) Console.log(...data: any[]): void
          table
          time
```

前の行で入力した「console.log」が選択される

この設定のおかげでコードの中に頻繁に登場する候補ほど素早く入力できますが、候補の選択についての動作を変更したい場合は設定画面から「Editor: Suggest Selection」の項目を確認しましょう。

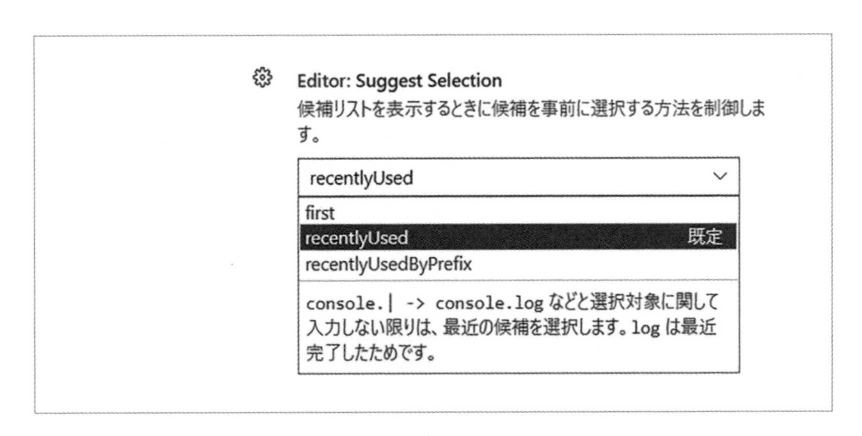

「Editor: Suggest Selection」の設定値

設定値	説明
first	常に最初の候補を選択
recentlyUsed	以前選択した候補を選択（既定）
recentlyUsedByPrefix	候補を選択したときの入力を記憶して、以前の入力に基づいて候補を選択

3つ目の「recentlyUsedByPrefix」について少し詳しく説明します。

この設定値にしておくと、たとえば「con」と入力してコード補完の候補から「const」を選択したことが記憶され、次に「con」と入力したときには優先的に「const」が選択されます。「recentlyUsed」では「const」を選択したことだけが記憶されますが、「recentlyUsedByPrefix」では「con」という入力で「const」が選択さ

れたことまで記憶されるのが特徴です。これによって、「con」と入力したら「const」、「re」と入力したら「return」など、**入力する値とコード補完の候補とを簡単に紐付けられるようになります**。決まった入力で決まったコード補完をしてほしいという場合はこの設定がおすすめです。

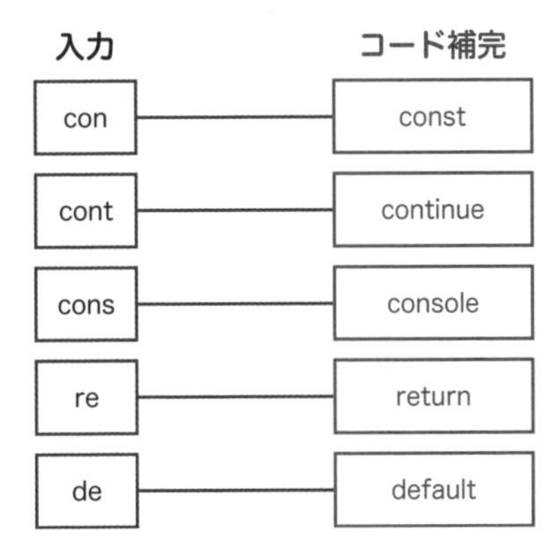

入力とコード補完を紐付けるイメージ

Point

Intellisense に関わる設定項目

コーディング補助に関する設定項目には、他にも以下のようなものがあります。

Intellisense のカスタマイズに関わる設定項目（一部）

設定項目	説明
Editor: Quick Suggestions Delay	コード補完の候補が表示されるまでの時間（ミリ秒単位）。既定では10
Editor: Accept Suggestion On Enter	Tab キーに加えて Enter キーでも補完の候補を受け入れるかを設定。既定ではon
Editor: Word Based Suggestions	ドキュメント内で入力されている値に基づいて補完の候補を表示するかを設定。既定ではtrue

＃標準機能 ／＃プログラミング

スニペットをもっと活用する

定番のフレーズを一瞬で入力

言語に特化したスニペットやオリジナルのスニペットを使う方法を覚えれば、コーディング作業は格段に楽になります。

拡張機能で言語に特化したスニペットを増やす

P.159で拡張機能「Python」をインストールするとPythonの組み込み関数などをコード補完で入力できることを確認しましたが、**多くの言語拡張機能にはそれぞれのプログラミング言語に特化したスニペットが含まれています**。Marketplaceで「@category:snippets」と検索するとスニペットを含む拡張機能が表示されます。

繰り返しのfor文、条件分岐のif文などは多くの言語にありますが、それぞれの言語に対応したスニペットをインストールしていると同じ名前のスニペットでも別の内容が入力されます。

JavaScriptの「for」スニペット

```
JS snippetTest.js ●
src > javascript > JS snippetTest.js > [@] index
1  ∨ for (let index = 0; index < array.length; index++) {
2          const element = array[index];
3
4    }
```

C#の「for」スニペット

```
C# snippetTest.cs ●
src > c# > C# snippetTest.cs > {} Sample > Sample.Program > Main(string[] arg
11          static void Main(string[] args)
12          {
13              for (int i = 0; i < length; i++)
14              {
15
16              }
17          }
```


独自のスニペットを作成する

頻繁に入力する文字列を**オリジナルのスニペットとして自分で登録することもできます**。オリジナルのスニペットを作成するには、メニューバーの[ファイル] - [ユーザー設定] - [ユーザー スニペット]の順にクリックします。

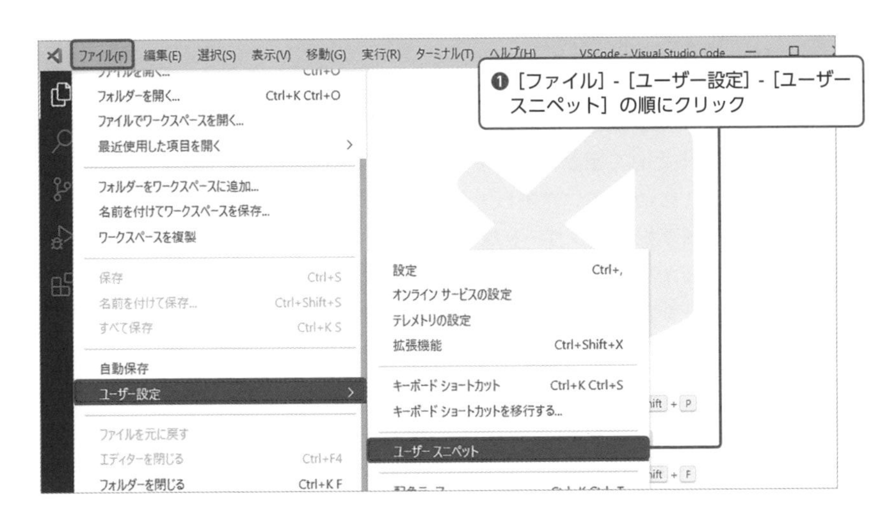

次に、どの言語で使うスニペットを作るかを選択します。「新しいグローバルスニペットファイル」を選択すると、どんな種類のファイルでも使えるスニペットを作成できますが、今回はJavaScriptを選択します。言語を選択すると、スニペットを定義するためのJSON形式のファイルがエディターで開きます。

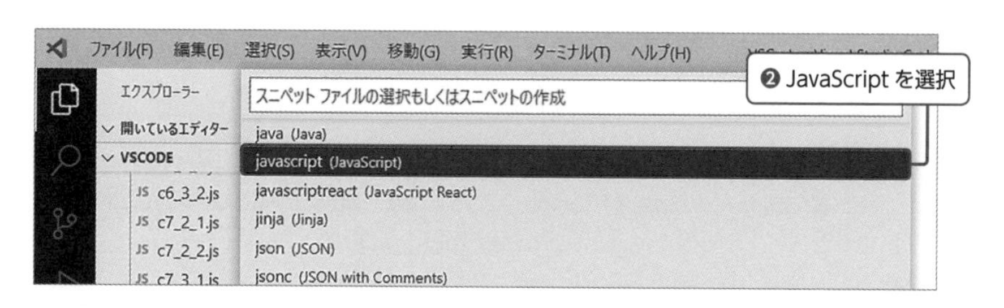

{} javascript.json ×

❸「javascript.json」がエディターで開く

C: > Users > libroworks > AppData > Roaming > Code > User > snippets > {} javascript.json

```
1  {
2      // Place your snippets for javascript here. Each snippet
3      // description. The prefix is what is used to trigger th
4      // $1, $2 for tab stops, $0 for the final cursor positio
5      // same ids are connected.
6      // Example:
7      // "Print to console": {
8      //  "prefix": "log",
9      //  "body": [
10     //      "console.log('$1');",
11     //      "$2"
12     //  ],
13     //  "description": "Log output to console"
14     // }
15 }
```

javascript.jsonには、例として"Print to console"という名前のスニペットを作成する記述がコメントとして書かれています。この例に従って、それぞれの項目にどんな値を設定すればいいか見ていきましょう。

"prefix"は**スニペットのトリガーとなる文字列**です。この例では「log」と入力することでコード補完の候補に"Print to console"のスニペットが表示されます。

"body"には**スニペットとして登録する内容**を書きます。カンマ区切りで複数の値を設定することで、複数行に渡るスニペットを登録できます。また、$1、$2と書いてあるのは**プレースホルダー**と呼ばれるもので、スニペットが入力されるとカーソルがあたる部分です。最初に$1の部分にカーソルがあたり、Tabキーを押すと$2にカーソルが移動します。スニペットの中に場合によって書き換えたい部分がある場合は、プレースホルダーにしておくとよいでしょう。

"description"には**スニペットの簡単な説明**を書きます。コード補完の候補としてスニペットが表示されるとき、この説明が表示されます。

以下は、**JavaScriptでアロー関数式を使って関数を定義するスニペット**です。関数名、引数、関数の中身の3つをプレースホルダーにしています。

● javascript.json

```
"Arrow Function": {
    "prefix": "arrow",
    "body": [
        "const ${1:functionName} = (${2:arguments}) => {",
        "$3",
        "};"
    ],
    "description": "arrow function"
}
```

javascript.jsonを保存したあと、JavaScriptのファイルで「arrow」と入力すると、コード補完の候補に先ほど作成したスニペットが表示されます。

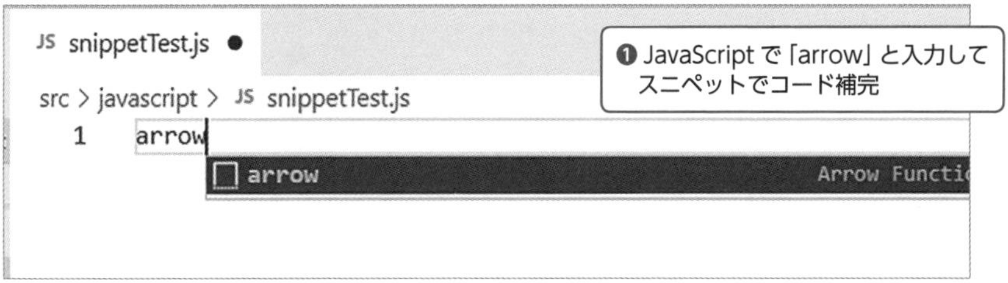

JS snippetTest.js ●
src > javascript > JS snippetTest.js

```
1    arrow
     arrow                                   Arrow Functi
```

❶ JavaScriptで「arrow」と入力してスニペットでコード補完

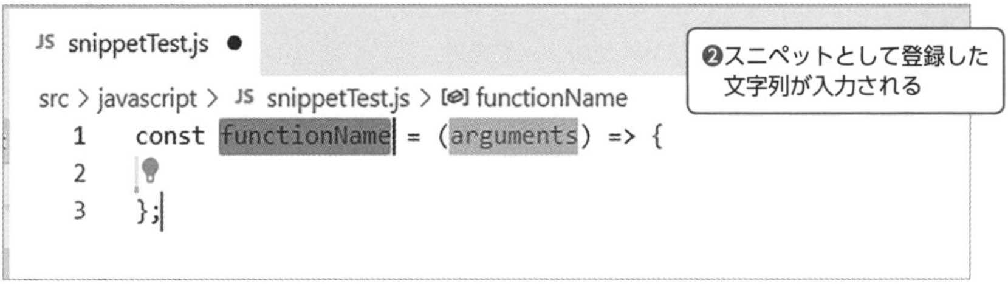

JS snippetTest.js ●
src > javascript > JS snippetTest.js > functionName

```
1    const functionName = (arguments) => {
2
3    };
```

❷スニペットとして登録した文字列が入力される

#標準機能 / プログラミング

ファイルをまたいで定義・参照を自在に行き来する

ほかのファイルに移動する機能や、ピーク表示を使いこなすことで、大規模なプログラムでも簡単に必要な情報にたどり着けます。

クイックオープンで目的のファイルを素早く開く

プログラム開発の規模がある程度以上になると、あるファイルで定義された関数やメソッドを別のファイルで使うなど、複数のファイルを行き来しながら編集することが欠かせません。そのような場合、エクスプローラービューから必要なファイルを探すこともできますが、VSCodeには**クイックオープン**という便利な機能があります。

クイックオープンでファイルを開くには、Ctrl+Pキーを押して「ファイルに移動…」コマンドを実行します。画面上部に入力欄と最近開いたファイルの候補が表示されるので、ファイル名で検索するか↑↓キーでファイルを選択して、Enterキーを押すと、そのファイルがエディターで開きます。

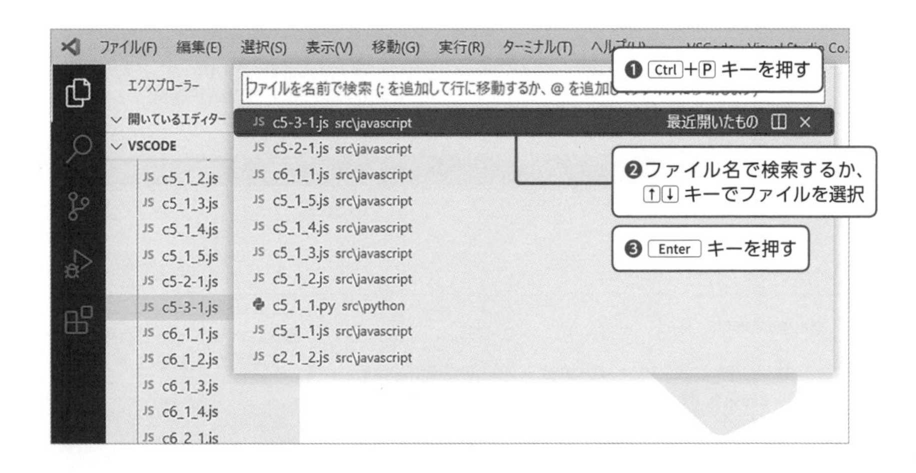

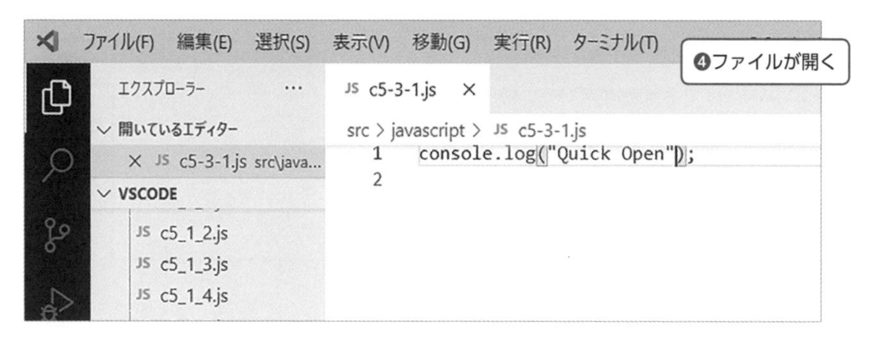

定義を確認する

VSCodeにはコーディング中に変数や関数、メソッドの定義を確認するためのさまざまな機能が用意されています。ここでは3つの方法を紹介するので、場合によって使いわけましょう。

1つ目は、エディター上で**定義部分に移動**する方法です。定義を見たい部分にマウスポインターを合わせて右クリック-[定義へ移動]をクリックするか、F12キーを押すと定義されている箇所に瞬時に移動します。定義部分が現在開いているファイルにない場合は、新しいエディターでファイルを開きます。この方法は、定義を詳しく確認したい場合や、修正したい場合に向いています。

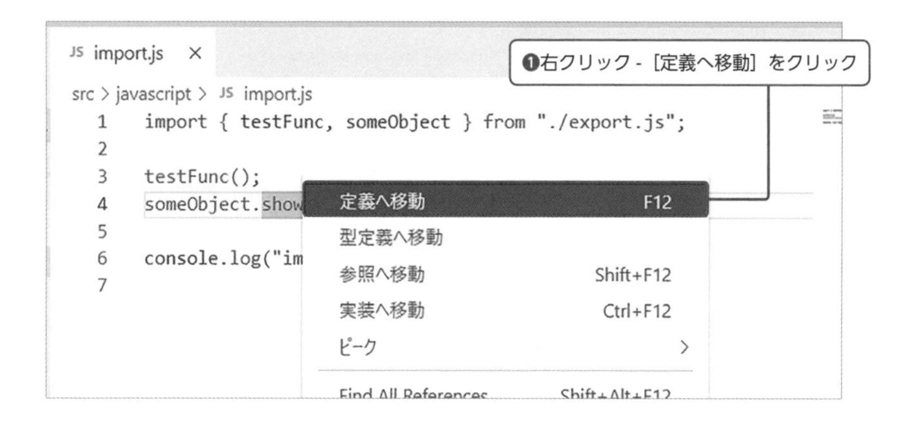

```
src > javascript > export.js > maskObject > show
1  const testFunc = () => {
2    console.log('testFunc!');
3  };
4  const maskObject = {
5    show() {
6      console.log('maskObject!');
7    },
8  };
```

❷定義部分が開く

2つ目はエディターを切り替えずに定義を確認できる**ピーク表示**という方法です。現在のエディターに埋め込まれるかたちで小さなウィンドウが開き、そこに定義が表示されます。ピーク表示を開くためには、右クリック-[ピーク]-[定義をここに表示]をクリック、または Alt + F12 キーを押します。ピークウィンドウの中でもファイルの編集が可能なので、定義の修正もスムーズにできます。

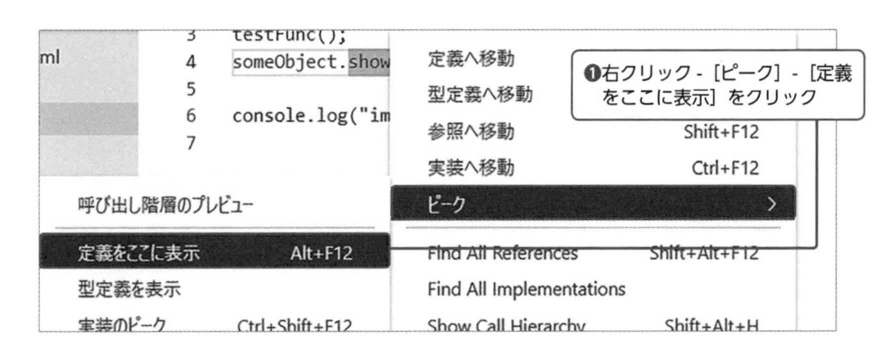

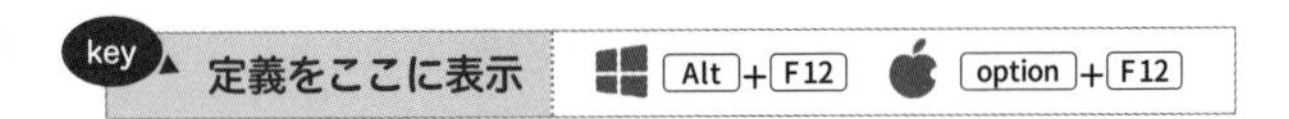

ピークウィンドウを閉じるときは、ウィンドウ右上の［閉じる］アイコンをクリックするか、Esc キーを押します。

```
3  testFunc();
4  someObject.show();
export.js C:\VSCode\src\javascript - 定義 (1)
2    console.log('testFunc!');
3  };
4  const maskObject = {
5    show() {
6      console.log('maskObject!');
7    },
```

❸［閉じる］アイコンをクリックしてピークウィンドウを閉じる

3つ目は、Ctrl キーを押しながらシンボルにマウスポインターを合わせて**プレビューを確認**する方法です。定義部分を開かずに確認だけしたいときに便利です。

```
3  testFunc();
4  someObject.show();
5
6  console.log
7
(method) show(): void
show() {
  console.log('maskObject!');
}
```

Ctrl キーを押しながらマウスポインターを合わせる

参照を確認する

大規模なプログラム開発では、関数やメソッドの定義を確認するだけでなく、それがどこから呼び出されているのかを把握することも大切です。定義を確認するのとは逆に、関数やメソッドがどこから参照されているかを確認する方法も知っておきましょう。

関数やメソッドにマウスポインターを合わせて右クリック -［ピーク］-［呼び出し階層のプレビュー］をクリックすると、ピークウィンドウにそれが参照されている箇所がまとめて表示されます。ただし、C#などではフォルダー内のすべてのファイルの参照が表示されますが、JavaScriptなどでは現在開いているエディターでの参照しか表示されないというように**言語によって参照が表示される範囲が違う**ことに注意してください。なお、[呼び出し階層のプレビュー] はメソッドなどの定義部分からも、参照している部分からも実行できます。

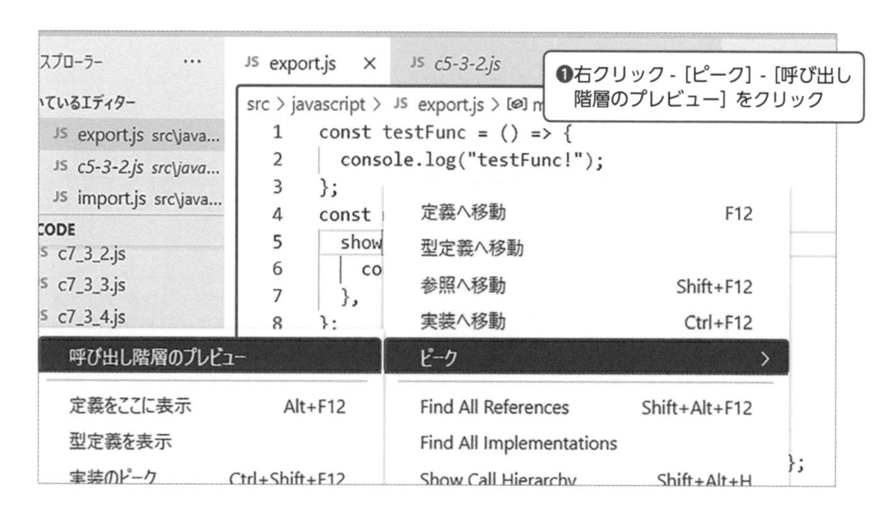

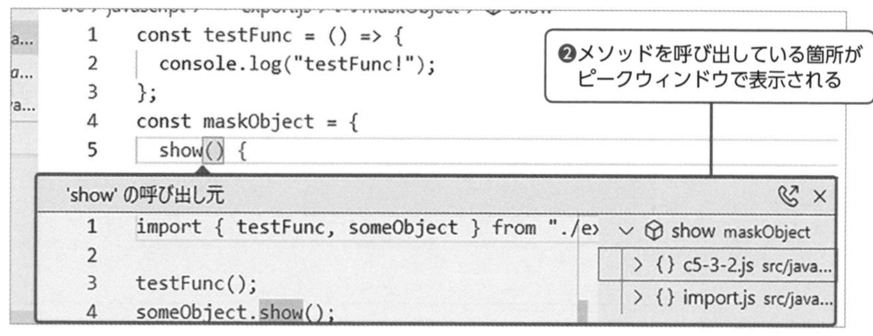

定義部分を右クリック - [参照へ移動] をクリックするか、Shift + F12 を押すと、エディターを切り替えて参照部分へ移動します。[呼び出し階層のプレビュー] と同じく、C#など一部の言語以外ではエディターで開いているファイルでの参照箇所しか表示されません。このとき、参照箇所が1箇所であればすぐに移動しますが、**複数ある場合はすべての参照箇所がピークウィンドウに表示されます**。

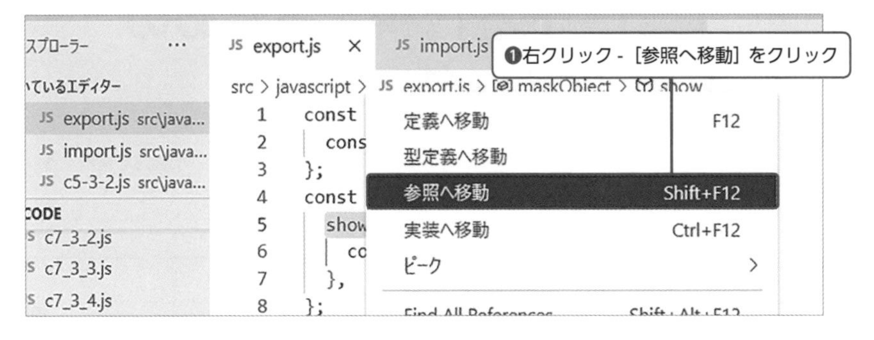

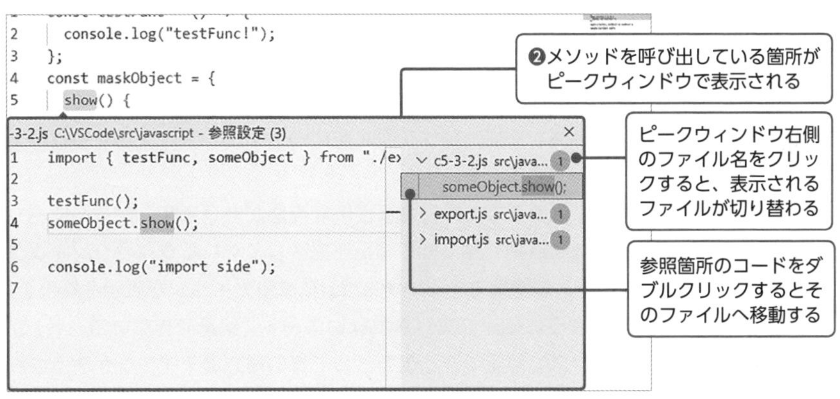

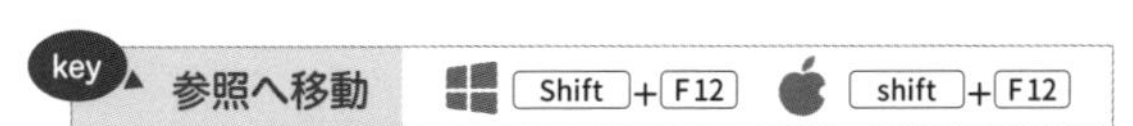

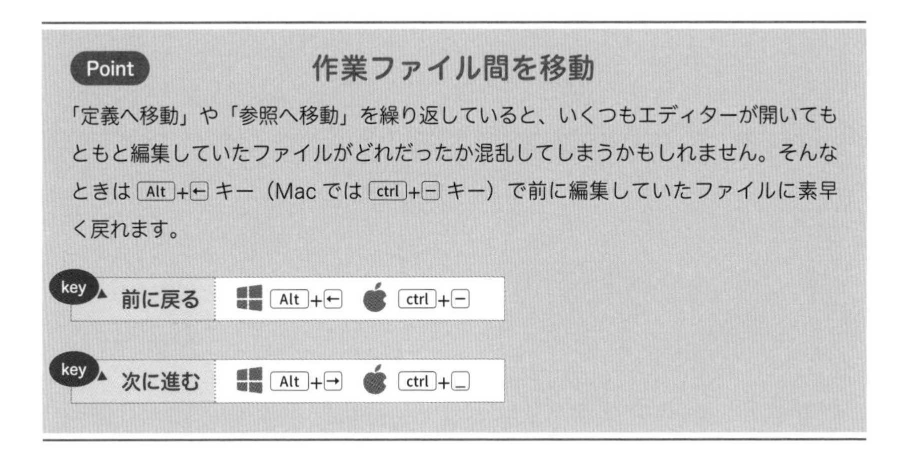

Point **作業ファイル間を移動**

「定義へ移動」や「参照へ移動」を繰り返していると、いくつもエディターが開いてもともと編集していたファイルがどれだったか混乱してしまうかもしれません。そんなときは Alt+← キー（Mac では ctrl+− キー）で前に編集していたファイルに素早く戻れます。

key 前に戻る　Alt+←　ctrl+−
key 次に進む　Alt+→　ctrl+_

標準機能 ／ # プログラミング

コードを改善するためのテクニック

リファクタリングでよりよいコードに

VSCodeを使えば、プログラムの動作を変えることなく内部構造を整理するリファクタリングも手軽に行えます。

クイックフィックスの提案を受け入れる

プログラムが正常に動作していても、内部のコードは最適な状態になっているとは限りません。不要なコードや開発者しか理解できないようなコードがあると、プログラムの効率が悪くなったり、保守が難しくなったりしてしまいます。そのため、開発をする際はプログラムの外部から見た動作を変えずに内部のコードを改善する**リファクタリング**を行うのが一般的です。

VSCodeにはリファクタリングのためのさまざまな機能があります。はじめに紹介するのは、コードの改善点を自動で見つけて修正を提案してくれる**クイックフィックス**です。クイックフィックスを使用できる箇所には、電球のアイコンが表示されます。

たとえば、次の画像のように絶対に実行されないコード（到達できないコード）があると、クイックフィックスで修正できる箇所として青い電球のアイコンが表示されます。

JS c5_4_1.js ×

到達できないコードが半透明になっている

src > javascript > JS c5_4_1.js > returnImmediately

```
1  function returnImmediately() {
2    return;
3    console.log("実行されない");
4  }
```

半透明で表示されているコードにマウスポインターを合わせると［クイックフィックス］という文字が表示され、これをクリックすると到達できないコードを削除することを提案されます。提案をクリックするか、Enterキーを押すと提案されたアクションが実行され、コードが削除されます。

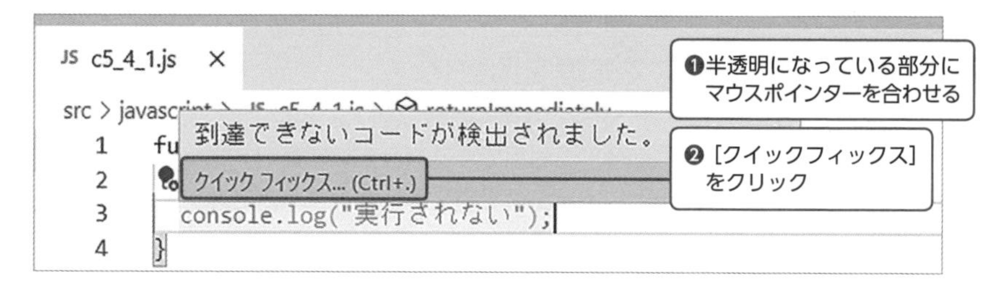

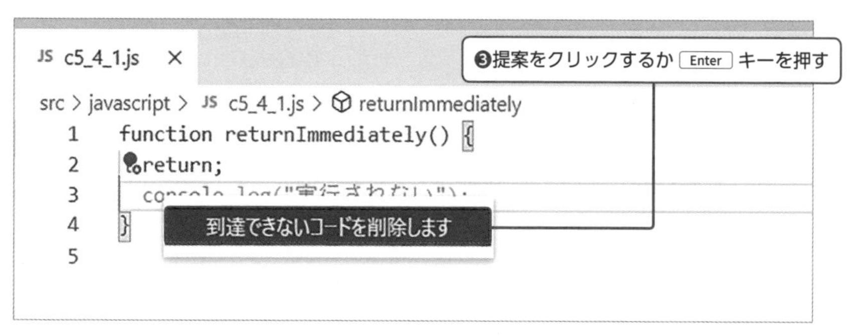

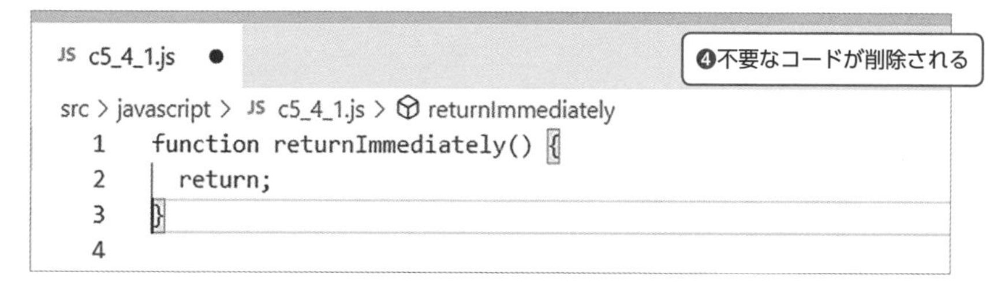

ここで表示された［到達できないコードを削除します］のような、VSCodeが提案してくるクイックフィックスの内容を**リファクタリングアクション**といいます。クイックフィックスはショートカットからも呼び出せます。

なお、クイックフィックスができる部分に表示される電球のアイコンは、先ほどの例のように明らかな間違いである部分には青いアイコン（）が、間違いではないものの改善の余地がある部分には黄色いアイコン（）が表示されます。特に**黄色い電球のアイコンが表示されている部分では、必ずしもクイックフィックスの提案に従う必要はありません**。

クイックフィックスで処理を関数化

コーディングの際、ほかの部分で再利用できるコードは関数やメソッドにしておくことが多いでしょう。クイックフィックスを使えば、まとまった処理を簡単に関数／メソッドに抽出できます。

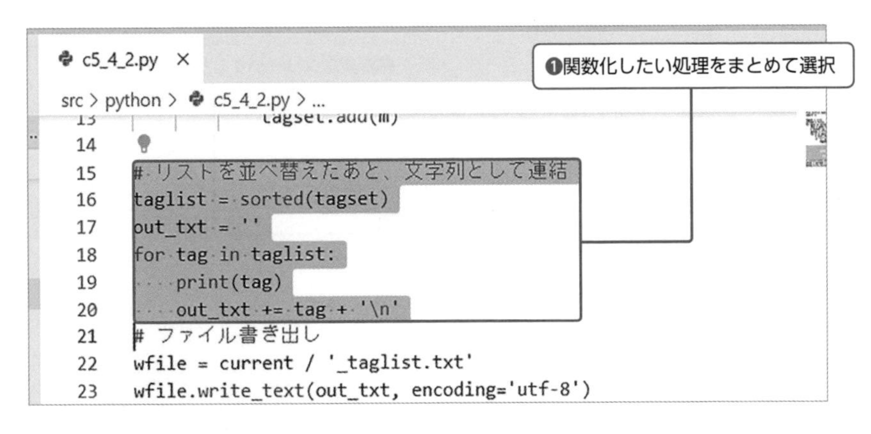


```
14
15  # リストを並べ替えたあと、文字列として連
16  t                    gset)
17  o  Extract method
18  for tag in taglist:
19      print(tag)
20      out_txt += tag + '\n'
21  # ファイル書き出し
22  wfile = current / '_taglist.txt'
```

❷クイックフィックスを呼び出す

❸［Extract method］をクリック

```
14
15  def new_func(tagset):
16      get_sorted_text          て連結
17      名前を変更するには Enter、プレビューするには Shift+Enter
18      out_txt = ''
19      for tag in taglist:
20          print(tag)
21          out_txt += tag + '\n'
22      return out_txt
23
24  out_txt = new_func(tagset)
```

❹関数の名前を入力

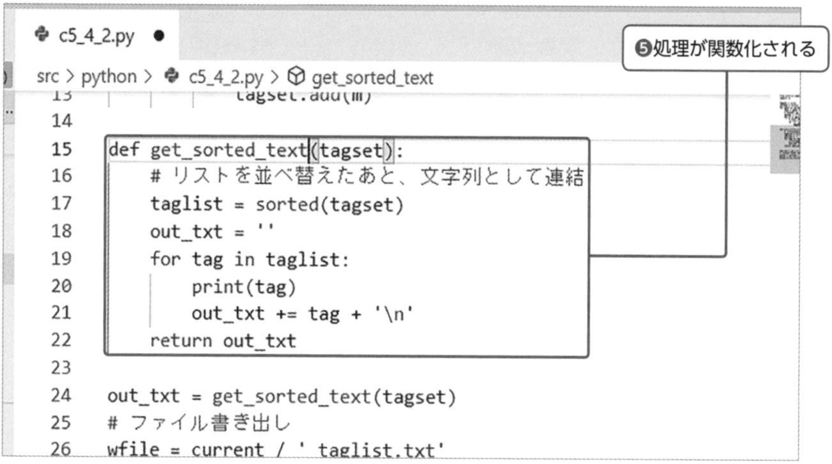

```
c5_4_2.py ●
src > python > c5_4_2.py > get_sorted_text
13              tagset.add(m)
14
15  def get_sorted_text(tagset):
16      # リストを並べ替えたあと、文字列として連結
17      taglist = sorted(tagset)
18      out_txt = ''
19      for tag in taglist:
20          print(tag)
21          out_txt += tag + '\n'
22      return out_txt
23
24  out_txt = get_sorted_text(tagset)
25  # ファイル書き出し
26  wfile = current / ' taglist.txt'
```

❺処理が関数化される

シンボル名の変更

一度作成した変数や関数の名前をあとから変更するとき、**それを参照しているすべての箇所で名前を変更しないとエラーが発生する**ため大きな手間がかかってしまいます。

その手間を軽減する機能が**シンボルの名前変更**です。この方法で変数や関数の名前を変更すると、言語によって範囲は異なりますが**変数や関数の参照箇所でも名前が変更されます**。

シンボルの名前変更は、変更したい箇所にマウスポインターを合わせて右クリック - [シンボルの名前変更] をクリックするか、F2 キーを押して実行します。

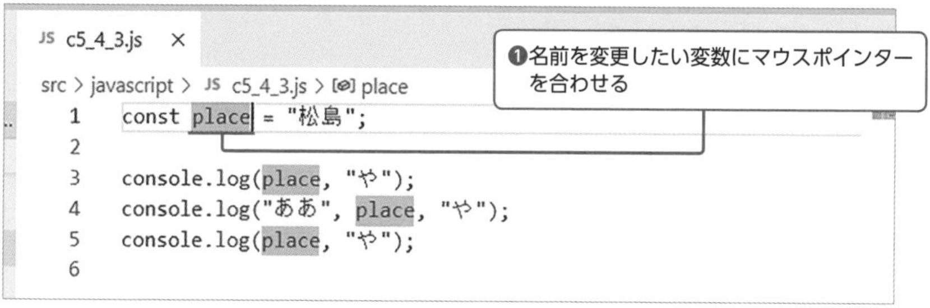

```
c5_4_3.js ×
src > javascript > c5_4_3.js > place
1  const place = "松島";
2
3  console.log(place, "や");
4  console.log("ああ", place, "や");
5  console.log(place, "や");
6
```

❶名前を変更したい変数にマウスポインターを合わせる

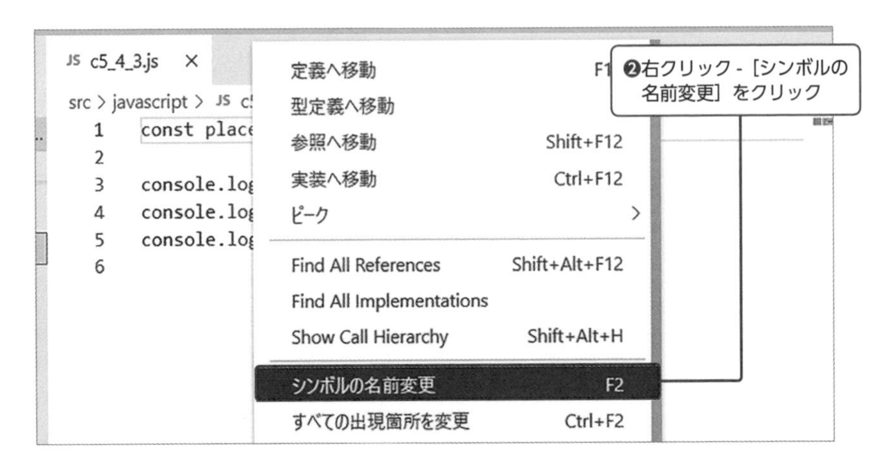

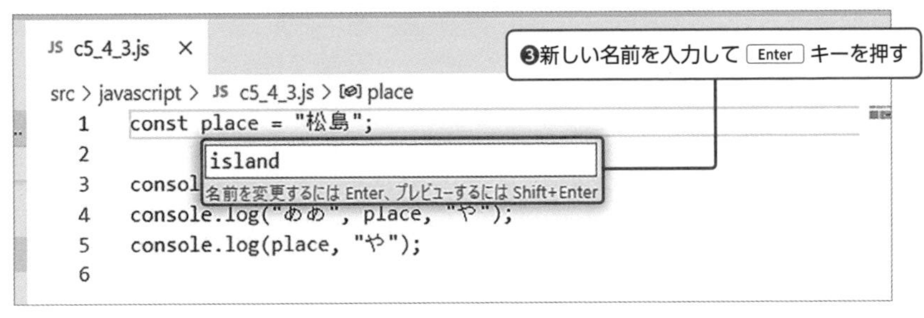

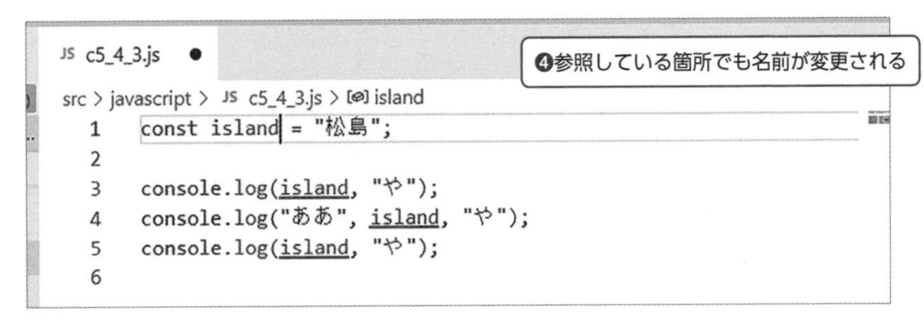

なお、新しい名前を入力するときに Shift + Enter キーを押すと、ファイルがどのように変更されるのかをプレビューすることができます。

Point　言語ごとに利用できる機能が違う理由

VSCodeは最初からすべての言語に対応しているわけではなく、多くの言語のプログラミング支援機能を拡張機能というかたちであとからインストールする仕組みになっています。これは、常にすべての言語をサポートするには莫大なリソースが必要になり、ユーザーが必要な拡張機能をその都度インストールするほうが効率がよいからです。

このように各言語のプログラミング支援機能の実装を分けるための仕組みが「言語サーバー」です。以下の図のように、VSCodeという1つのクライアントが、HTMLに関する機能はHTML Language Server、Pythonに関する機能はPython Language Serverというように複数のサーバーを利用しているのです。

JavaScriptやC#など、言語によってIntellisenseでコード補完される語句や、「参照へ移動」（P.174参照）で表示される参照の範囲などが違うのは、VSCodeが言語ごとに異なる「言語サーバー」を利用しているからです。

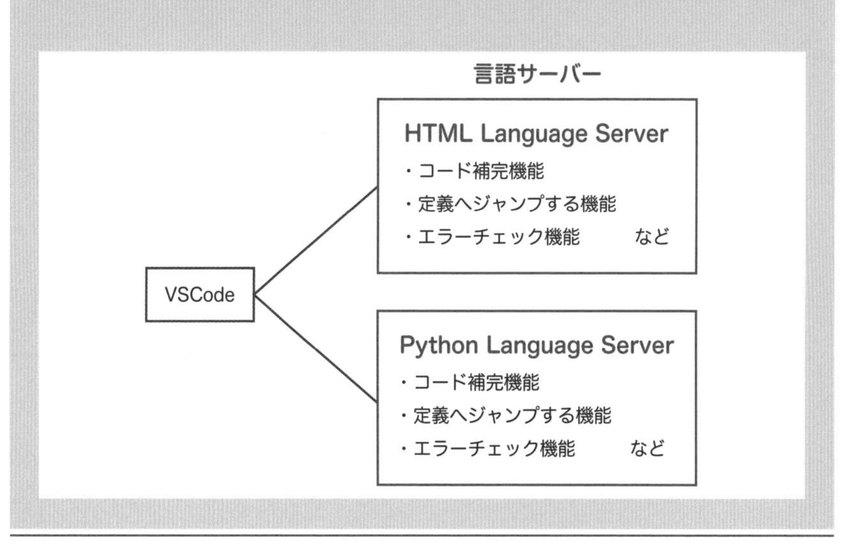

#標準機能 ／ #プログラミング

デバッグの基本

あらゆる言語の
デバッグをサポート

あらゆる言語に対応したデバッグ機能は、VSCodeの大きな特徴の1つです。ここではデバッグの基本を解説していきます。

デバッグできる言語

VSCodeを開発に採用する理由として、デバッグ機能が充実していることを挙げる人も多いでしょう。**さまざまな言語のプログラムを、共通したUIでデバッグできる**のが大きな利点です。

VSCodeは**Node.jsランタイム**というJavaScriptを実行する環境を標準でサポートしているため、JavaScriptやTypeScriptをはじめとする**JavaScriptに変換される言語を拡張機能を追加せずにデバッグを実行できます**。

その他の言語のデバッグを実行するには、拡張機能をインストールします。拡張機能「Python」「C#」など、言語ごとにインストールを推奨される拡張機能にデバッガーの機能が含まれていることが多くあります。Marketplaceで「@category:debuggers」と検索すると各言語のデバッガーを効率よく探せます。

JavaScriptファイルをデバッグする

それでは、簡単なJavaScriptファイルを作成してデバッグを開始する手順を紹介します。前述のように、拡張機能をインストールする必要はありません。まずは、以下のような2行だけのJavaScriptファイルを作成しましょう。

● debugTest.js

```
const message = "デバッグ実行中";
console.log(message);
```

debugTest.jsを作成したら、2行目の行番号の左側をクリックして**ブレークポイント**を追加します。こうしておくことで、デバッグが開始されるとブレークポイントで実行が一時中断され、その時点でのプログラムの状態を確認できます。

JS debugTest.js ×

クリックして２行目にブレークポイントを追加

src > javascript > JS debugTest.js > ...

```
1   const message = "デバッグ実行中";
2   console.log(message);
3
```

デバッグを開始するには、アクティビティバーで［実行とデバッグ］アイコンをクリックしてデバッグビューを開いて［実行とデバッグ］ボタンをクリックするか、F5 キーを押します。

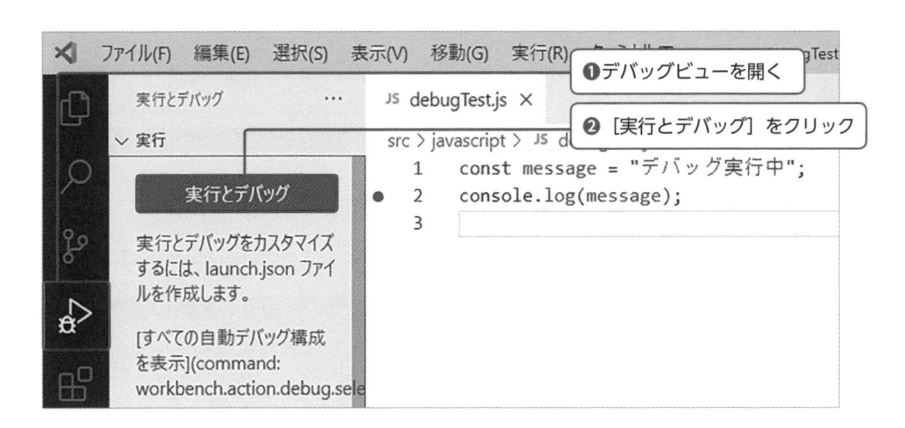

実行する環境の選択肢が表示されるので、「Node.js」を選択するとNode.js環境でデバッグが開始され、ブレークポイントで実行が一時停止します。

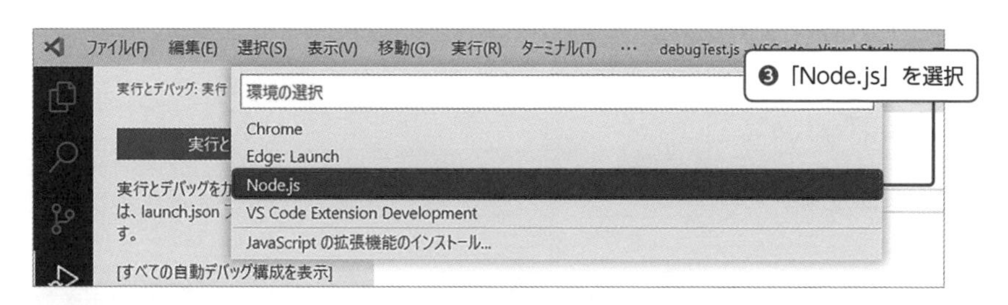

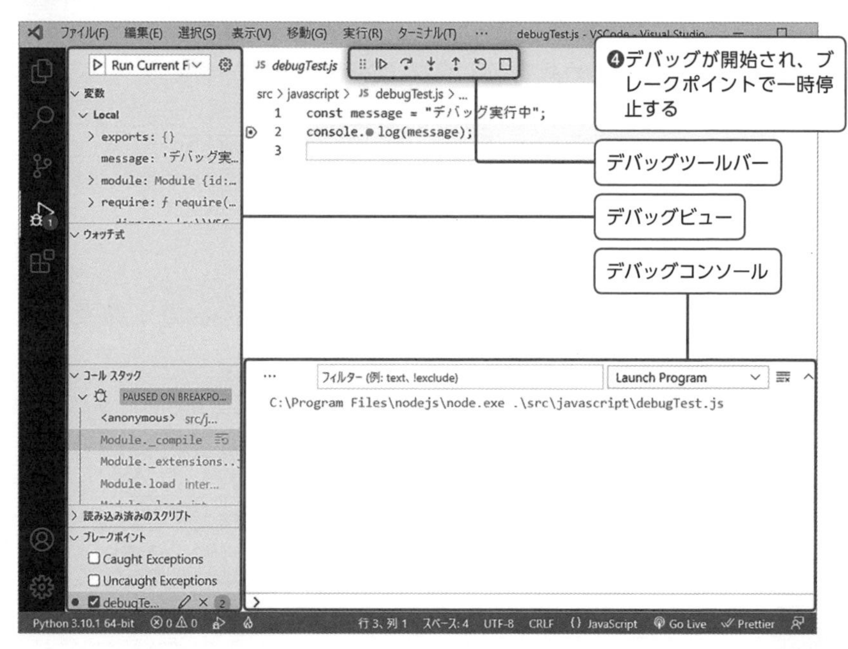

デバッグ中に行えるアクション

デバッグ中、**変数にマウスポインターを合わせるとその時点での変数の値が表示されます**。debugTest.jsでは変数messageにマウスポインターを合わせると、1行目で代入された'デバッグ実行中'が表示されます。

```
JS debugTest.js ×
src > javascript > JS debugTest.js >
1  const message = ''デバッグ実行中'
2  console.log(message);
3
```

また、デバッグ中は画面上部に**デバッグツールバー**が表示されます。デバッグの続行／停止や、1行ずつプログラムを実行する**ステップ実行**をこのツールバーから行います。

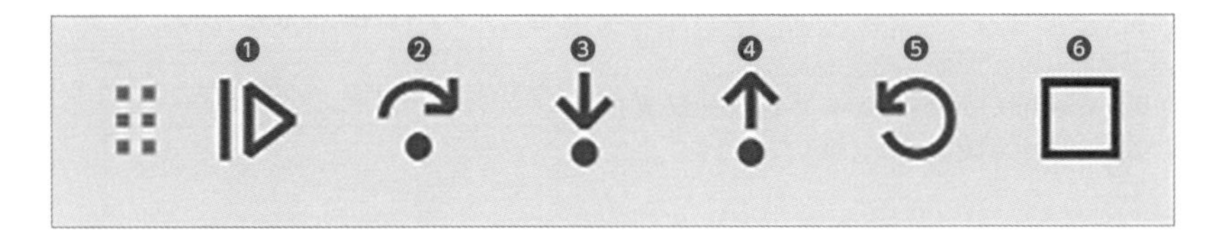

デバッグツールバーのボタン

名前	説明
❶続行	次のブレークポイントまでプログラムを実行する
❷ステップ オーバー	1行単位で実行する（関数の内部に入らない）
❸ステップ インする	1行単位で実行する（関数の内部に入る）
❹ステップ アウト	現在実行している関数の呼び出し元までプログラムを実行する
❺再起動	もう一度はじめからデバッグ実行する
❻停止	デバッグ実行を停止する

デバッグツールバーがエディターのタブなどを隠してしまっている場合は、左端の部分をドラッグして動かすこともできます。

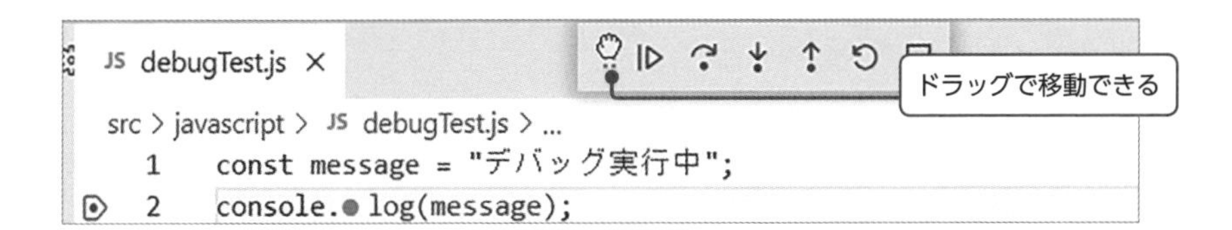

JavaScriptをデバッグ実行すると、画面下部のパネルに**デバッグコンソール**が表示されます。表示されていない場合は、メニューバーの［表示］-［デバッグ コンソール］をクリックすると出現します。デバッグコンソールは名前のとおり**デバッグ中にコンソールとして使用できる領域**で、console.logメソッドの出力がここに表示されるほか式を入力して評価することもできます。

現在、debugTest.jsは2行目のconsole.logメソッドを実行する直前で一時停止している状態なので、ステップインもしくはステップオーバーのボタンをクリックするとconsole.logメソッドが実行されてデバッグコンソールに結果が表示されます。

デバッグを終えてファイルの編集に戻るには、プログラムを最後まで実行するか、デバッグの実行を停止します。［続行］か［停止］のいずれかのボタンをクリックするとデバッグの実行が終了します。

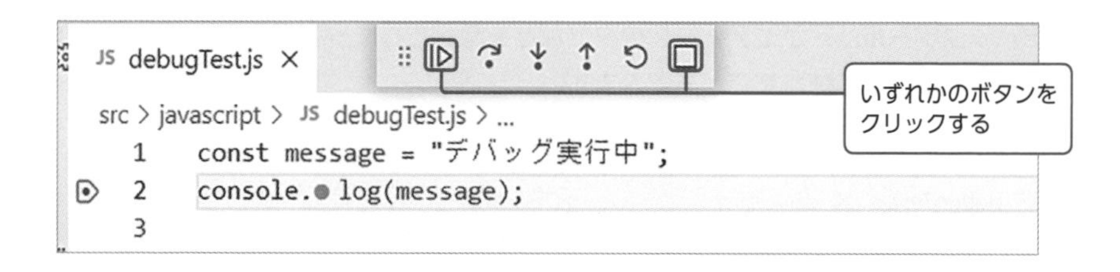

Pythonファイルをデバッグする

Pythonファイルをデバッグする手順も基本的にはJavaScriptファイルと同じですが、**拡張機能Pythonが有効化されている必要がある**点に注意してください。

Pythonファイルのデバッグ実行を開始すると、実行する環境の選択肢が表示されるので「Python File」を選択します。デバッグ実行中はJavaScriptと同じように変数の確認やステップ実行ができます。

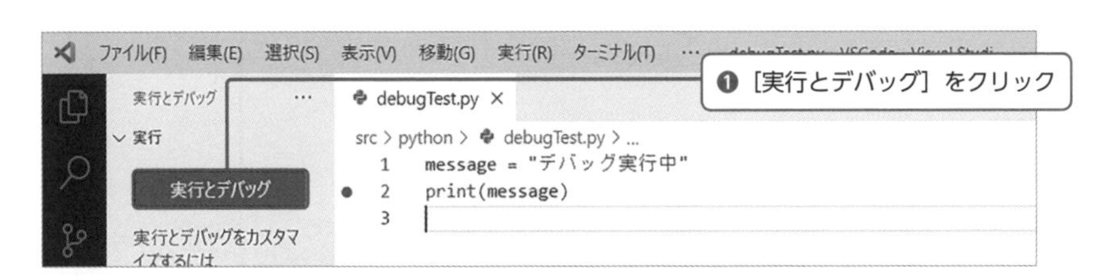

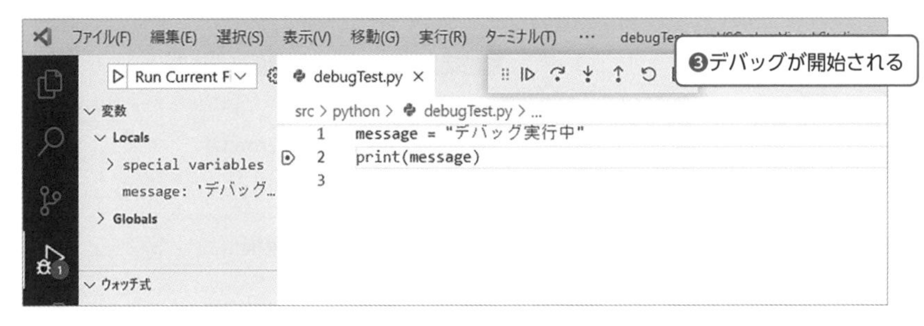

PythonのデバッグがJavaScriptと違う点は、プログラムによる標準出力がデバッグコンソールではなくターミナルに表示されるという点です。

ターミナルとは、**VSCodeからWindowsのコマンドプロンプトやMacのターミナルをはじめとするコマンドラインツールを利用する機能**です。PythonのプログラムはIDLEなどのコマンドラインツールから実行されるため、VSCodeでPythonのプログラムをデバッグした場合はその結果がターミナルに表示されます。

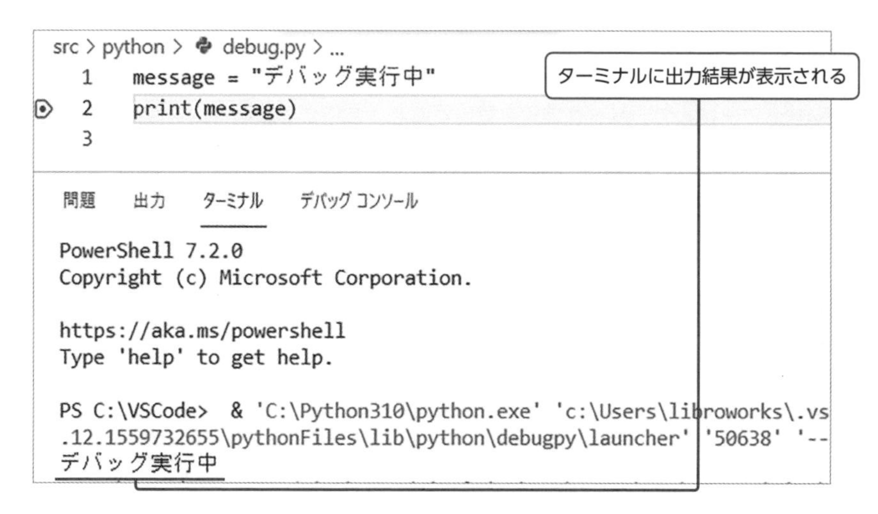

ターミナルで利用するシェルはWindowsではPowerShell、MacとLinuxではbashが既定になっていますが、[+] の横にあるプルダウンリストから選択して切り替えることもできます。

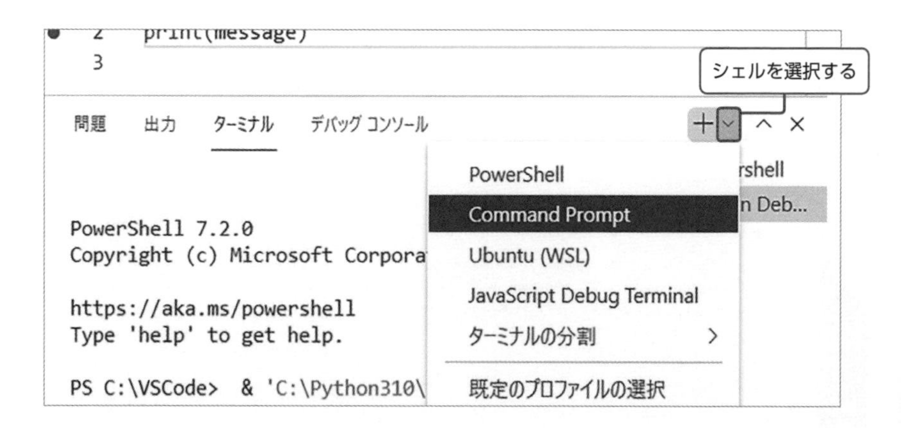

ステップ実行の種類

P.185で説明したデバッグツールバーにある**ステップイン／ステップオーバー／ステップアウト**の違いについて見ていきましょう。

次の画像のように関数を呼び出す行（6行目）が実行中である場合、ステップインすると関数の内部に入って2行目に移動、ステップオーバーすると関数の内部の処理を実行したあと7行目に移動します。

ステップオーバーしても関数内の処理を実行していないわけではなく、**あくまでステップ実行のカーソルが次にどの行に移動するかが違うだけ**ということに注意してください。

stepTest.js

src > javascript > stepTest.js > ...

```
1  function testFunction() {
2    console.log("関数内の処理");
3    return;
4  }
5
6  testFunction();
7  console.log("ステップ実行終了");
```

ステップインすると2行目に移動

ステップオーバーすると関数の処理を実行して7行目に移動

ステップアウトはほかの2つほど使う機会はないかもしれませんが、現在実行している関数の呼び出し元までステップ実行のカーソルを移動させます。今回の例では、2行目を実行中にステップアウトすると関数testFunctionを飛び出して7行目にカーソルが移動します。

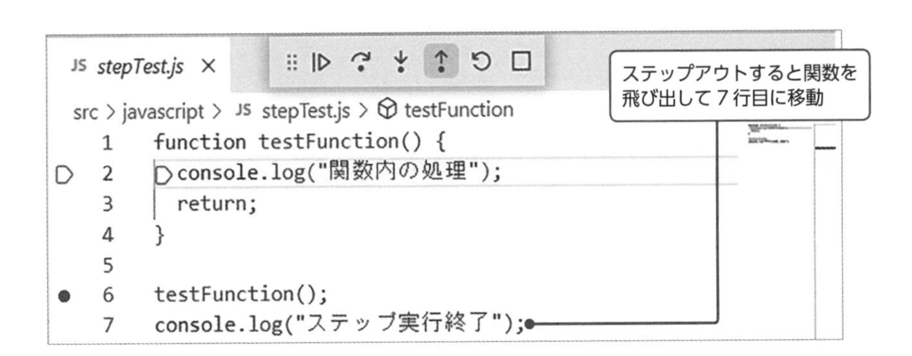

標準機能 ／ # プログラミング

デバッグ中にプログラムの詳細を確認する

高度なデバッグ機能で開発を楽に

デバッグ中の画面には、動作検証やエラーの解消に役立つ情報がたくさん表示されています。

デバッグビューに表示される情報

デバッグ実行中、画面にはデバッグツールバーだけではなくさまざまな情報が表示されています。

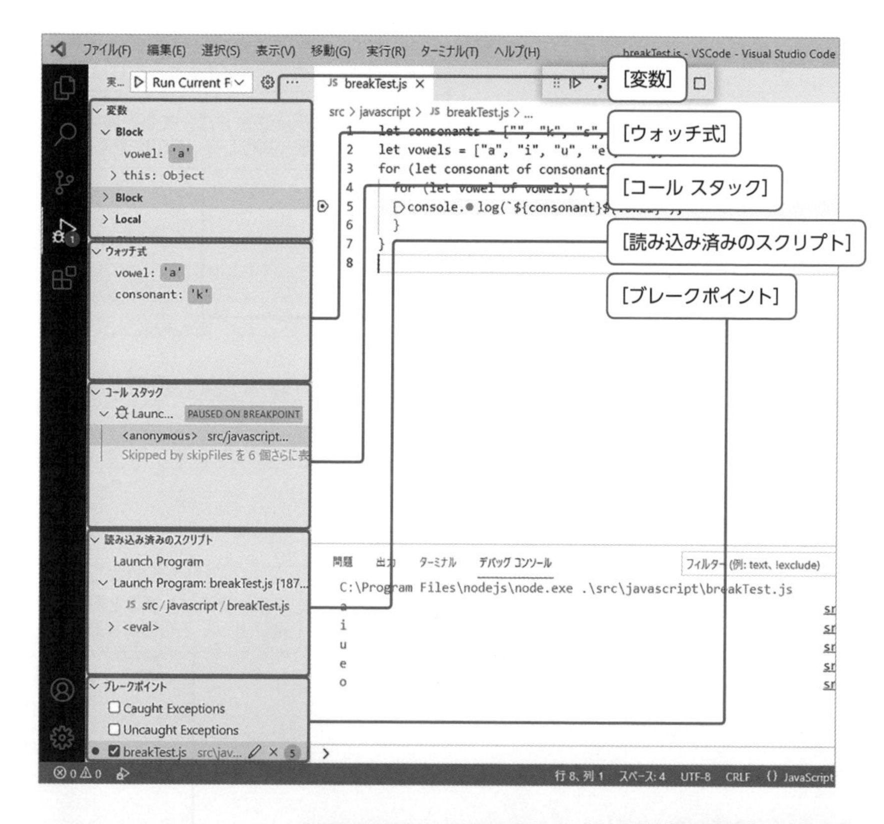

デバッグビュー最上部の**[変数] 欄には実行中のスコープで有効な変数の値がまとめられています**。ブロック内の変数、グローバル変数、ローカル変数などの種類別に

表示されるので、目的の変数を探しやすくなっています。

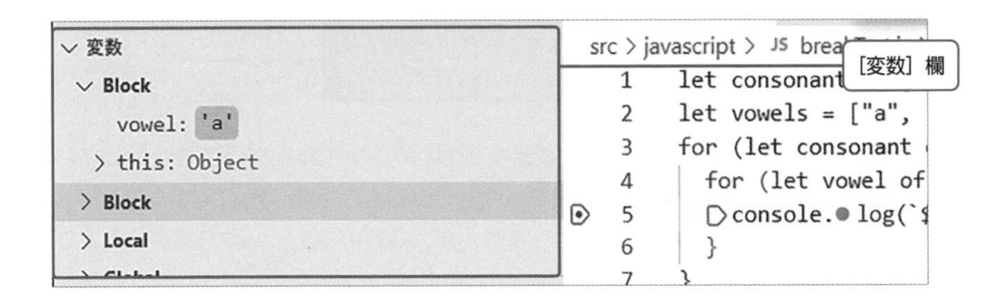

[ウォッチ式] 欄はもともと空欄になっていますが、**変数名や式を追加して、その値を常に監視できます**。実行中に値が更新される変数などを監視するのに便利です。

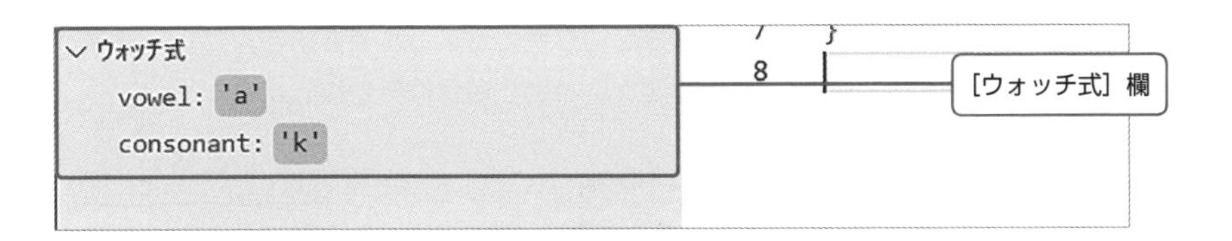

[ウォッチ式] 欄に新しい式を追加するには、[+] アイコンをクリックして式を入力します。変数名だけでなく、変数の値を組み合わせた式を書くこともできます。

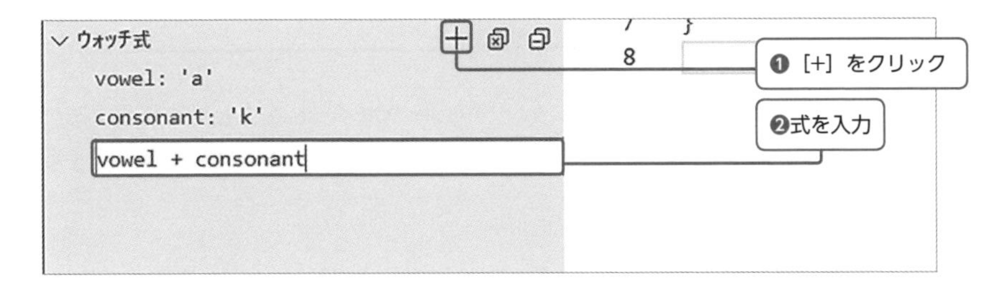

なお、**一度追加したウォッチ式はデバッグが終了しても [ウォッチ式] 欄に残りつづけます**。不要になった式は右クリック - [式の削除] で1つずつ削除するか、をクリックしてまとめて削除しましょう。

[コール スタック] 欄には関数の呼び出し履歴が表示されます。いま実行している関数がどこから呼び出されたかという経路を把握できます。

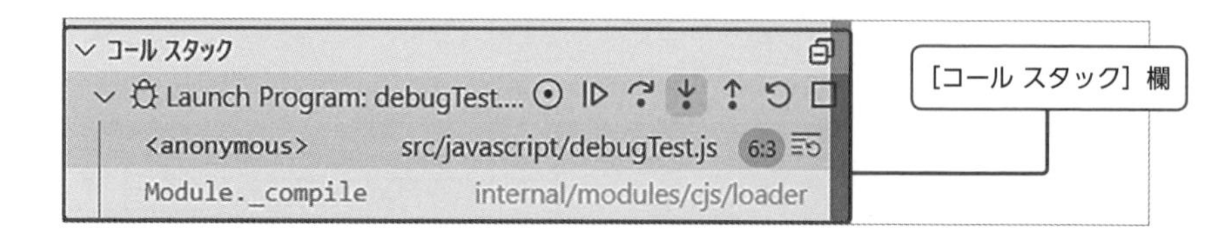

[読み込み済みのスクリプト] 欄にはデバッグ中のファイルを実行するために読み込まれたスクリプトが一覧表示されます。今回のプログラムのように1つのファイルで完結するプログラムではあまり使用しませんが、複数のファイルから構成されたプログラムの開発に役立ちます。

[ブレークポイント] 欄では、追加したブレークポイントの一覧を確認できます。 実行中のファイルだけでなく、フォルダーやワークスペース内のほかのファイルに追加したブレークポイントも表示されます。

[×] をクリックしてブレークポイントを削除できるほか、各ブレークポイントの左にあるチェックボックスで、有効／無効を切り替えることができます。ブレークポイントを削除したくはないが、いまは必要ないという場合は無効にしましょう。

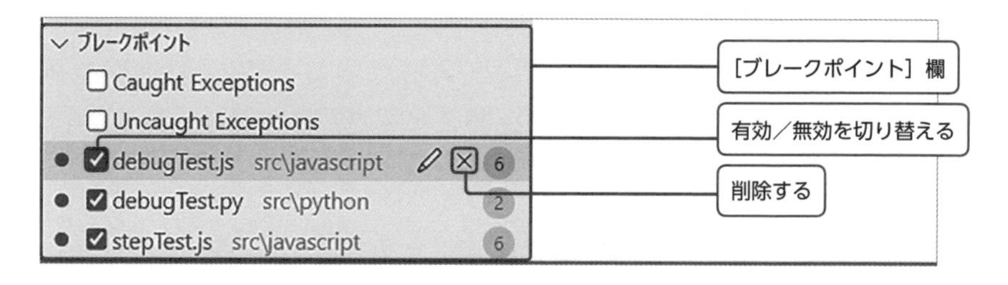

ウォッチ式と同じように をクリックしてブレークポイントをまとめて削除することもできますが、すべてのファイルのブレークポイントが削除されてしまうので注意してください。

ブレークポイントを編集

ブレークポイントは基本的に「プログラムがこの直前まで実行されたら一時停止したい」という行に追加しますが、繰り返しの処理が行われている箇所や、頻繁に呼び出される関数にブレークポイントを追加した場合、同じブレークポイントで何度も実行が停止してデバッグ作業が煩わしくなりがちです。

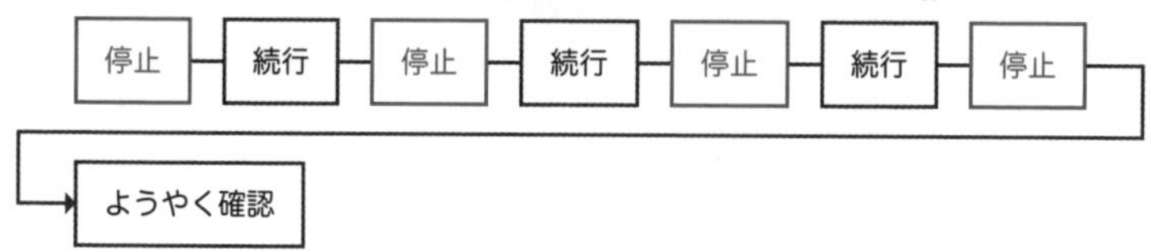

VSCodeでは、一度追加したブレークポイントを編集して**「ある条件があてはまったときに一時停止する」「一定の回数だけ実行されたら停止する」**といった特殊な設定を追加することができます。このような設定を追加することで、何度も停止→続行を繰り返さなくても適切なタイミングでデバッグ実行を一時停止できます。

ブレークポイントを編集するには、エディター上でブレークポイントを右クリック - [ブレークポイントの編集] をクリックします。**編集できる項目には「式」、「ヒットカウント」、「ログ メッセージ」の3種類があります**が、それぞれの項目でブレークポイントに次のような設定を追加できます。

ブレークポイントの編集項目

名前	説明
式	条件式を書き、その式がtrueになった場合に実行を一時停止する
ヒットカウント	その行が指定された回数だけ実行されたときに実行を一時停止する。「> 5」「=== 10」のように比較演算子と数値で条件を書く
ログメッセージ	実行は停止されないが、JavaScriptのconsole.logメソッドのように指定したメッセージをデバッグ用のログとして出力する

なお、1つのブレークポイントに複数の種類の設定を加えることもできます。

今回は、ブレークポイントの行が10回目に実行されたときに一時停止するようにブレークポイントを編集しましょう。エディター上でブレークポイントを右クリック - [ブレークポイントの編集] をクリックして、項目のリストから [ヒットカウント] を選択します。

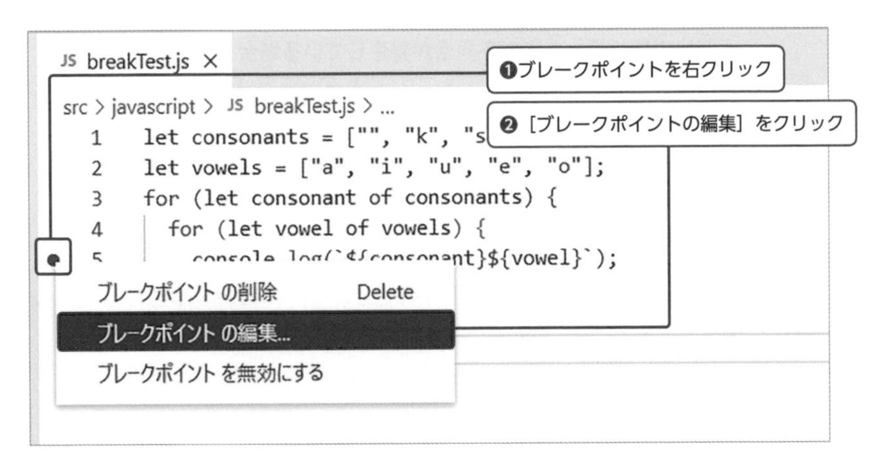

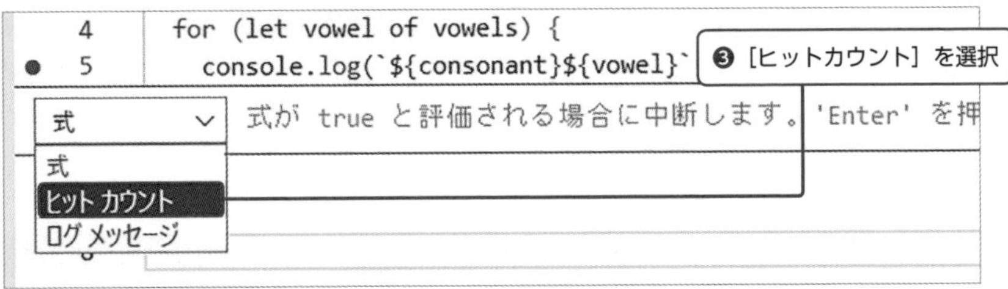

ヒットカウントの条件は単純に「10」と数値を書くのではなく、比較演算子と数値を使って「=== 10」と書きます。条件を書き終わったら、Enter キーを押して編集を完了します。

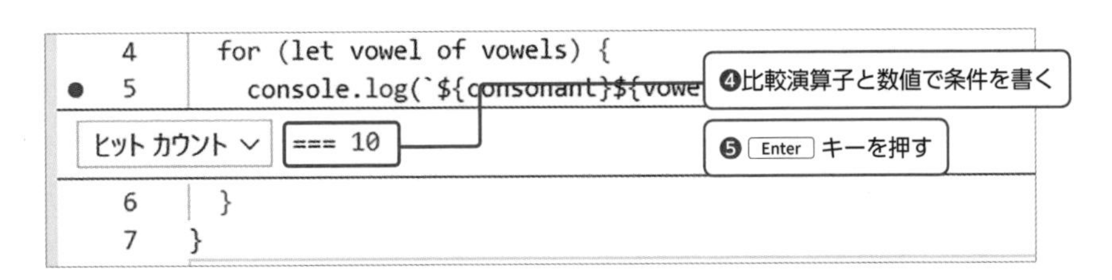

CHAPTER

6

VSCodeから Gitを使ってみよう

＃概要説明 ／ ＃Gitの基礎知識

バージョン管理システムGit

仕組みの理解が欠かせない

VSCodeのソース管理ビューに触れる前に、Gitやバージョン管理などの基本用語を説明しましょう。

Gitの特徴とメリット

VSCodeには、**Git（ギット）**によるバージョン管理を行う機能が標準で用意されています。アクティビティバーから切り替えられる**ソース管理ビュー**がそれです。Gitは主にプログラム開発で使われる技術ですが、最近ではWeb制作で使われるケースも増えているため、名前を聞いたことがある方も多いかもしれません。

多人数でプログラム開発を行う場合、**誰がどのファイルをどう変更したか**を把握していないと、大混乱が起きてしまいます。それを解決するために生まれたのが、Gitなどのバージョン管理システムです。ファイルの変更履歴を記録して問題を見つけやすくし、必要なら過去の状態に戻すこともできます。

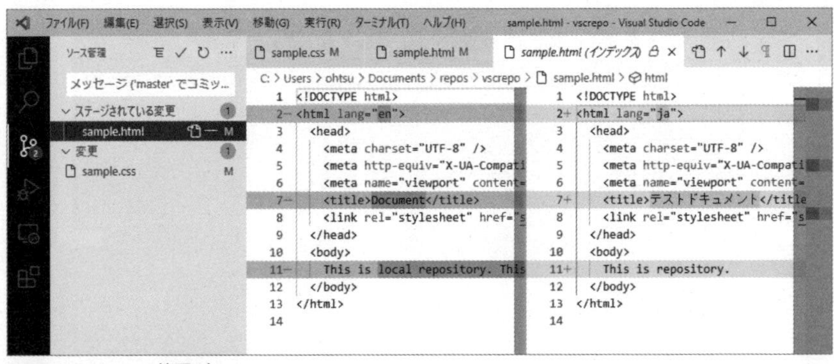

VSCodeのソース管理ビュー

バージョン管理の基礎知識

Gitの使い方は、基本にしぼればそれほど難しくはないのですが、仕組みがわかっていないとトラブルに陥りがちです。まずは、基本的な仕組みや考え方から説明していきます。

Gitを利用するために、とりあえず必要になるのが**リポジトリ（貯蔵庫）**です。パソコン内のリポジトリを**ローカルリポジトリ**と呼び、その中に保存したファイルがバージョン管理されます。ローカルリポジトリという名前は聞き慣れませんが、実体は普通のフォルダーの中に「変更履歴を保存するための隠し領域」が足されたものです。

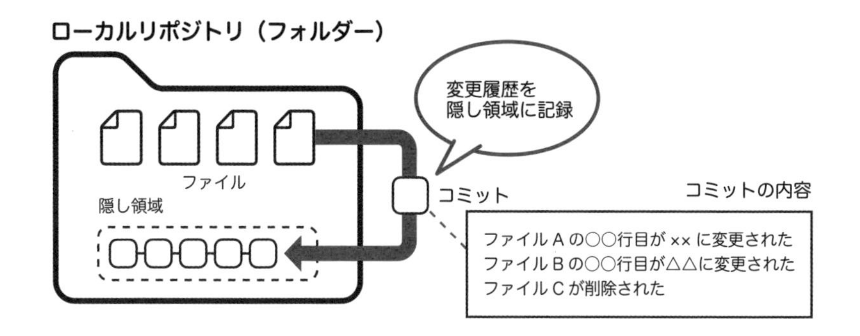

変更履歴を隠し領域に記録する操作を**コミット**といい、隠し領域に記録された変更履歴のこともコミットといいます。Gitを使いはじめて最初に悩むのが、コミットをする頻度（粒度）です。決まった指針はありませんが、コミットしていない変更は何かのはずみで失われる（ほかの人の変更に打ち消されたり、古い状態に戻ってしまったりする）ことがあるため、最低でも1日1回程度はコミットすることをおすすめします。

Gitには共同作業のための仕組みも用意されています。ネットワーク上に**リモートリポジトリ**を作成し、各作業メンバーのローカルリポジトリと同期を取るというものです。Dropboxなどのファイル共有サービスだとファイル保存時に自動的に同期されますが、Gitは**プッシュ／プル**という操作を行わないと同期されません。

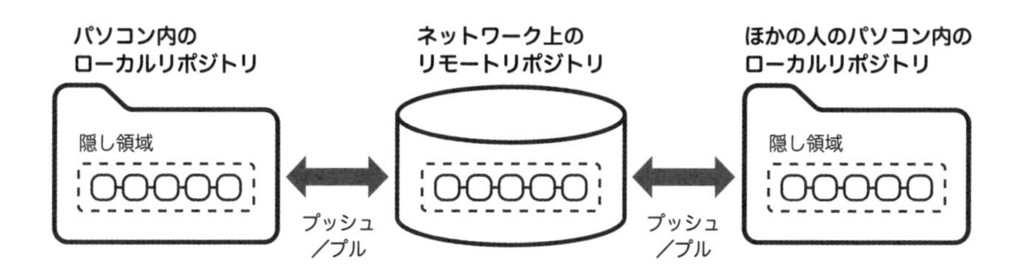

もう1つGitで注意が必要なのは、同期されるのは隠し領域内の変更履歴（コミット）だという点です。コミットしていないファイルが失われることがあるというのはそのためです。

Gitの基礎知識の最後として、**ブランチ**についても説明しておきましょう。ブランチとは変更履歴の流れを分岐させることです。たとえば、アプリに新機能を付ける作業のためのブランチを作っておけば、うまくいかなかったときにブランチごと捨てることができます。うまくいった場合は、ブランチを**統合（マージ）**します。

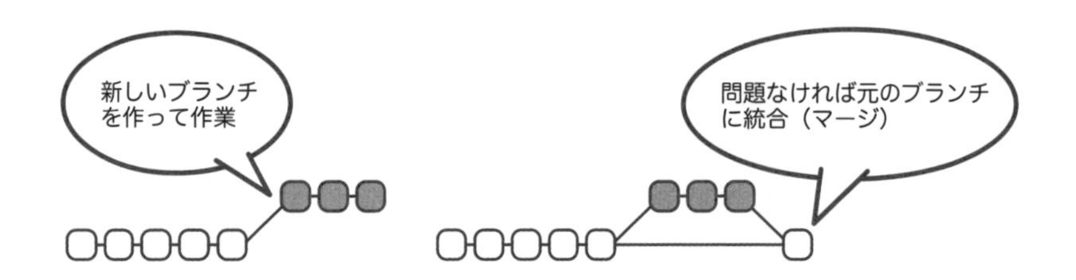

Gitのブランチはかなり手軽に使われる機能で、同時に複数のブランチが作られることもあります。また、次に紹介するGitHubには、ブランチをマージする前に関係者にレビューしてもらう**プルリクエスト**という機能があり、そちらも合わせて使われます。

GitとGitHub

Gitと合わせて**GitHub（ギットハブ）**を聞いたことがある人も多いのではないでしょうか。GitHubはリモートリポジトリを作成できるオンラインサービスです。自力でリモートリポジトリを作る場合はGitサーバーを建てる必要があるのですが、GitHubを利用すればリポジトリ名を決めるだけで済みます。

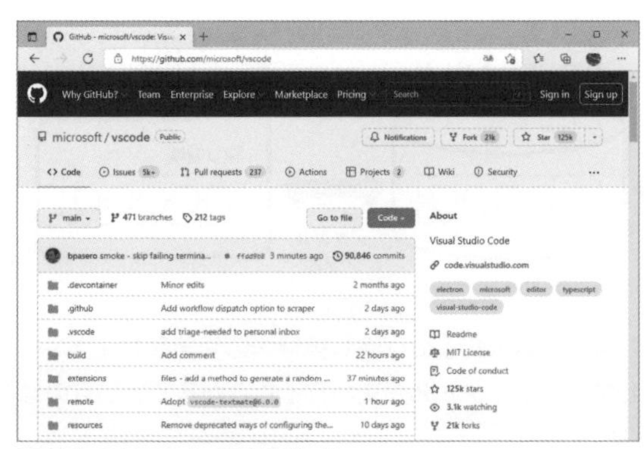

GitHub の VSCode のリポジトリ

無料プランでも公開／非公開を問わず無制限にリポジトリを作成できるため、オープンソースプロジェクトの多くがGitHubに集まっています。VSCodeもGitHub上のオープンソースプロジェクトの1つです。

GitHubは単にファイルの貯蔵庫として使われるだけでなく、開発者間でソフトウェアの問題を相談できるイシューや、マージ前に関係者が変更の是非を話し合うプルリクエスト／コードレビューなど、豊富な機能が用意されています。

VSCodeのソース管理ビューでできること

VSCodeのソース管理ビューには、GitとGitHubを利用する次のような機能が用意されています。

Git関連の機能

・コミット
・リモートリポジトリへのプッシュ／プル
・変更箇所の確認
・ブランチの作成、切替
・コンフリクトの解決
・差分の表示
・タイムラインの確認

GitHub関連の機能

・リモートリポジトリからクローンを作成
・プルリクエスト
・イシューの利用
・仮想ファイルシステム

できないのはローカルリポジトリの作成ぐらいで、大半の操作をVSCode上から行えます。各機能の具体的な使い方は少しずつ説明していきますが、最初に主だった特徴を紹介しておきましょう。

VSCodeのバージョン管理機能の中でも、誰もが恩恵を受けられるのが、変更部分を目立たせる機能でしょう。前回のコミットから**どのファイルのどこが変わったのか**を確認しながら作業を進められます。

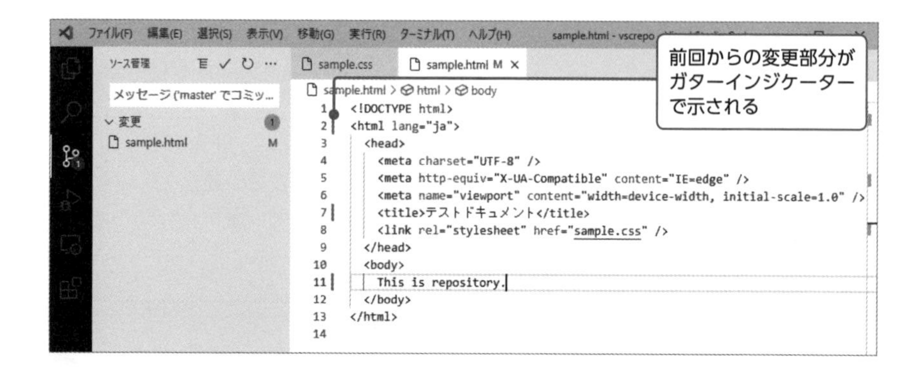
前回からの変更部分が
ガターインジケーター
で示される

また、差分表示機能も役に立つ機能です。ファイルの差分を確認するツールのことをdiff（ディフ）といいますが、それが内蔵されているのです。

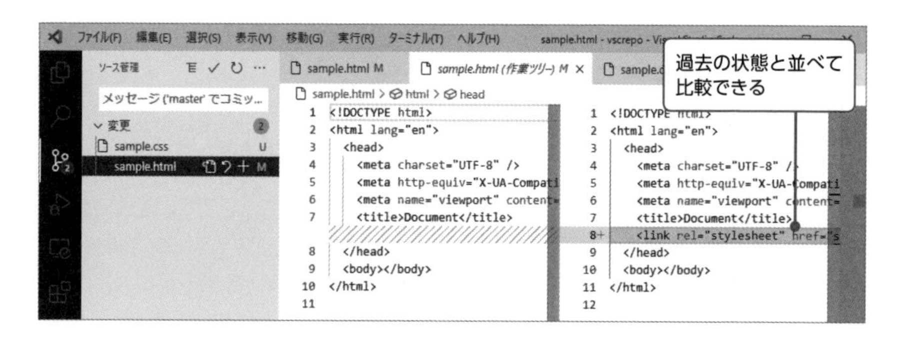
過去の状態と並べて
比較できる

リモートリポジトリからプルした際に、変更の不一致から**コンフリクト（競合）**が起きることがあります。その解消もVSCode上で行えます。

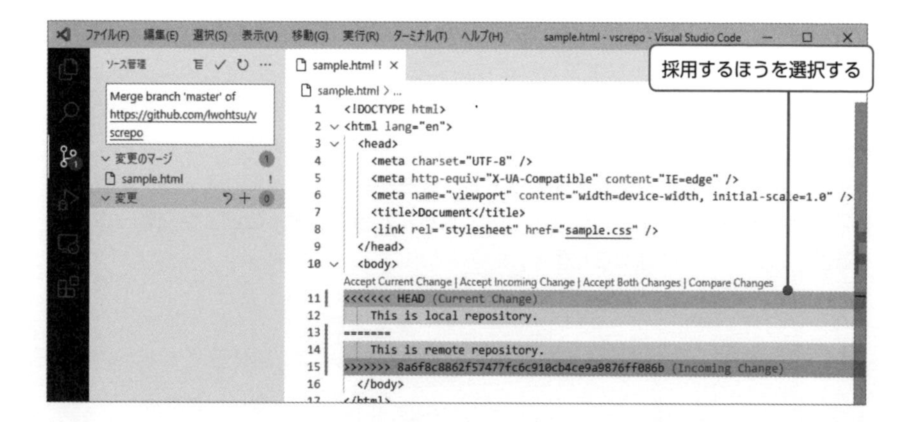
採用するほうを選択する

GitHub Pull Requests and Issues拡張機能によって、GitHub向けの機能を追加できます。

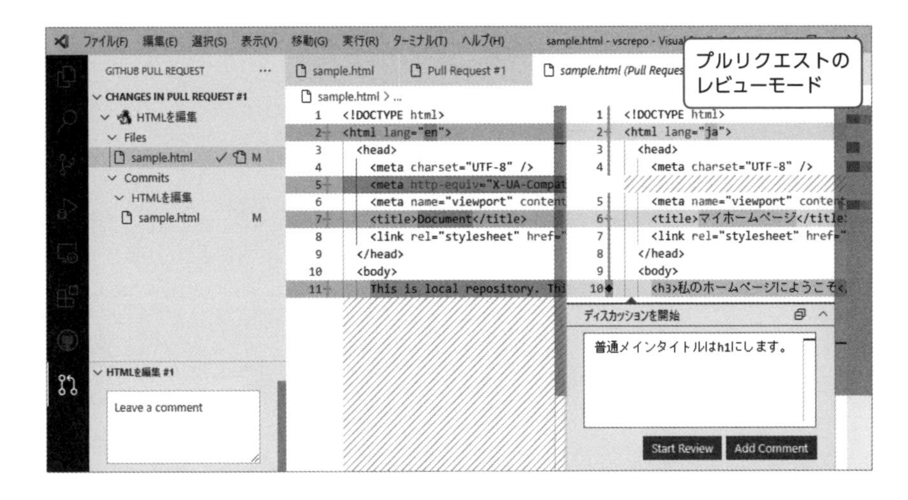

GitLens拡張機能は、標準のGit管理機能をさらに強化します。画面が変化するためsection10まではインストールしない状態で解説しますが、Gitに慣れてきたらぜひ入れてみてください。

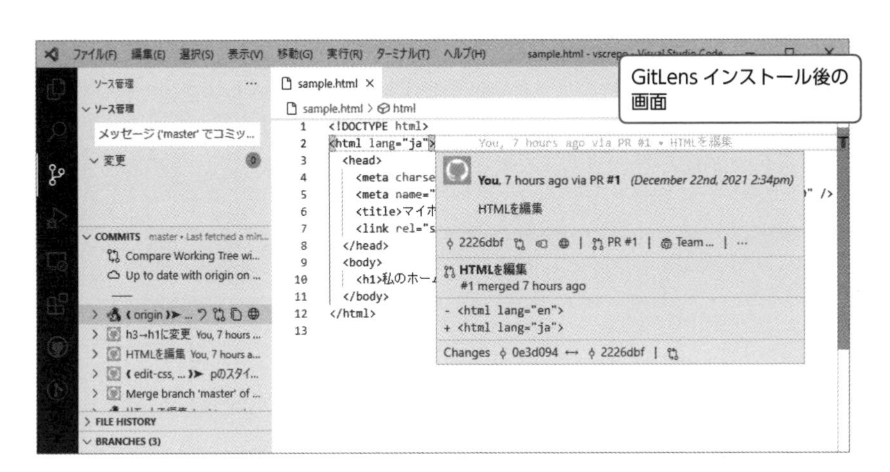

また、2021年10月にオンライン版のVSCode（Visual Studio Code for the Web）が発表されました。GitHubと連携して使うことも多いので、このCHAPTERの最後で紹介します。

事前準備 ／ #Git の基礎知識

Gitの利用準備をする

インストールと アカウント作成

Git と GitHub を利用するには、Git のソフトウェアをインストールし、GitHub アカウントを取得する必要があります。

Gitソフトウェアのインストール

環境にGitのソフトウェアがインストールされていない場合、VSCodeのソース管理ビューにインストールをうながすメッセージが表示されます。

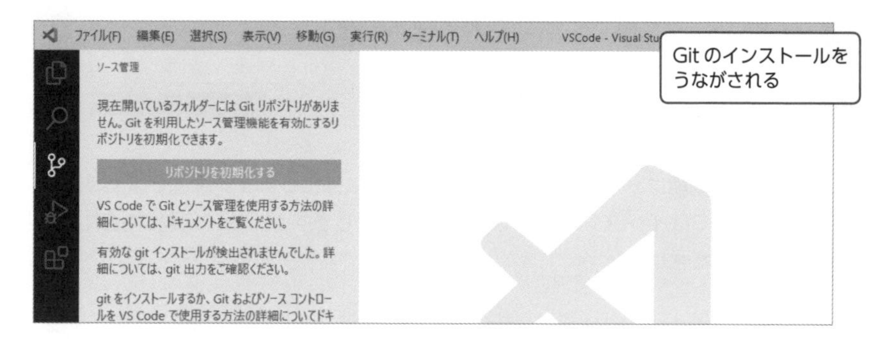

Gitの公式サイトからGitのソフトウェアをインストールしましょう。macOSは標準でGitがインストールされていますが、バージョンが古いことがあります。必要に応じて最新版をインストールしてください。

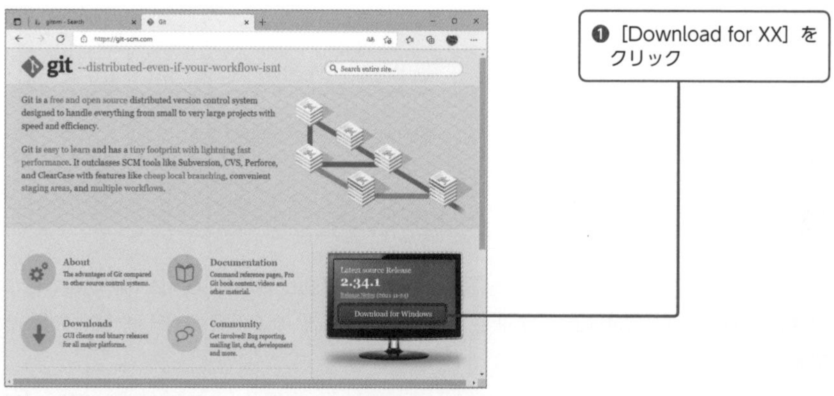

https://git-scm.com/

ダウンロードしたファイルをダブルクリックすると、インストールが開始されます。インストール中はさまざまなオプション設定が表示されますが、通常は初期設定どおりで問題ないでしょう。職場で使う場合は推奨設定を確認してください。

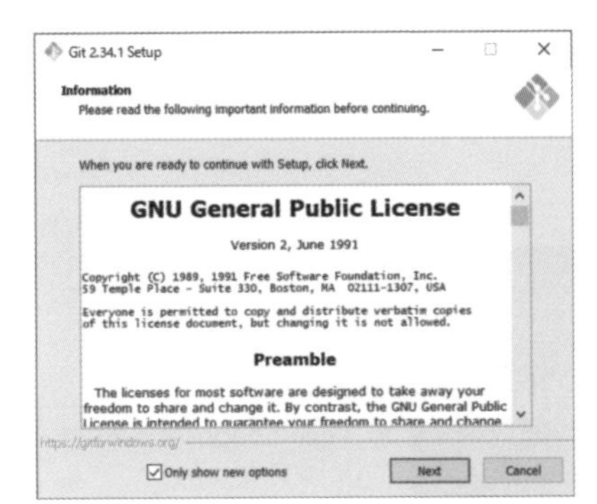

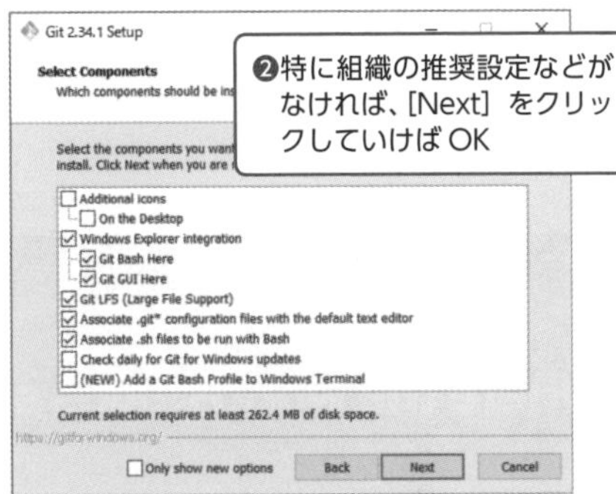

Point　オプション設定について

Git のインストール時に表示されるオプションの中で、一般的に必要となりそうなのが **Line Ending**、つまり改行コードの設定です。改行コードは、Windows では CR と LF の 2 文字、macOS や Linux では LF の 1 文字が使われるため、変換が必要な場合があります。なお、VSCode 自体は、CRLF と LF のみのどちらにも対応しています。初期設定の［Checkout Windows-style, commit Unix-style line endigs］は、Windows では CRLF にし、コミット時に LF となるよう自動変換する方法です。たいていはこれで大丈夫なのですが、たとえばアプリの設定ファイルの改行コードが変換されて問題が起きることもあります。その場合は**自動変換しない[Checkout as-is,commit as-is]**を選択してください。また、.attribute ファイルをリポジトリ直下に置いて、リポジトリごとに独立した設定にすることも可能です。

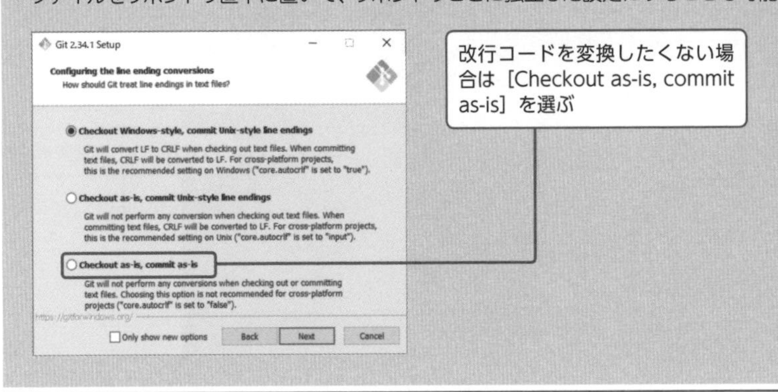

GitHubアカウントを作成する

次はGitHubを利用するためのアカウントを作成しましょう。パソコン内でGitだけを使うならGitHubは不要ですが、共同作業のために使うことが多いので先に用意しておくことをおすすめします。アカウント取得（Sign Up）に必要なものはメールアドレスだけです。

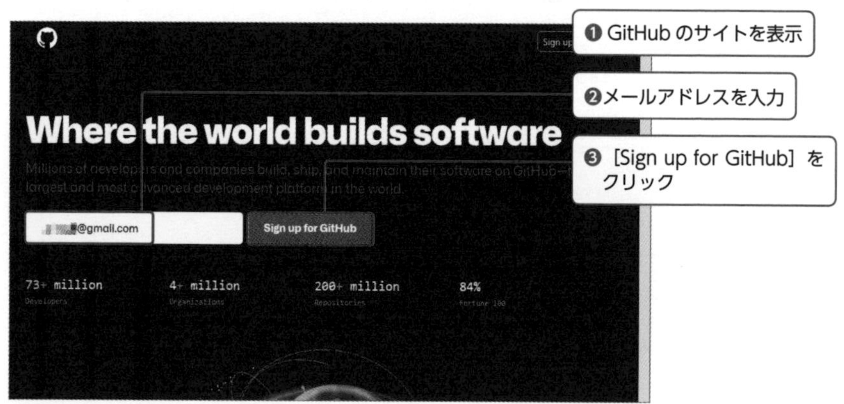

https://github.com

パスワードとアカウント名を決めてから、ロボットではないことの認証を行うとアカウントが作成されます。ユーザー認証のメールが届いたら、リンクをクリックして認証してください。

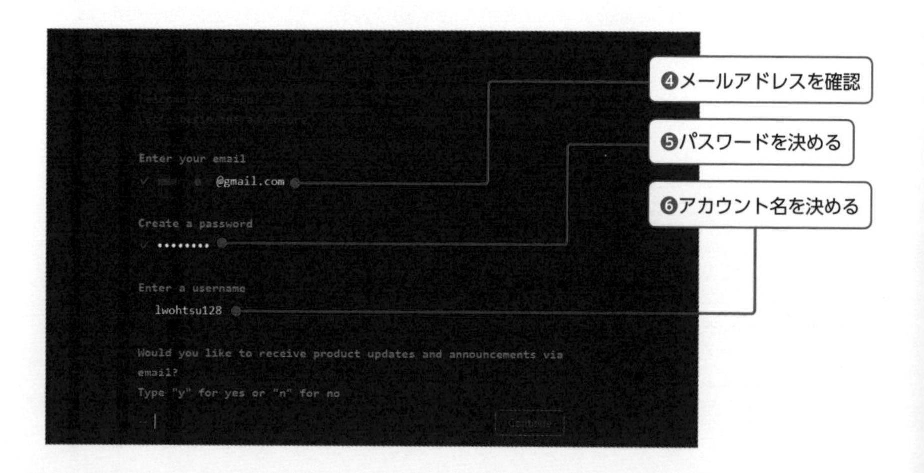

GitとGitHubのユーザー名を合わせる

Gitを利用するときは「誰が変更したか」を記録するために、ユーザー名を決めておく必要があります。GitHubと併用する場合は、そのアカウント名に合わせることをおすすめします。

Gitの設定を行うために、Windowsの場合はGit for Windowsに付属している**Git Bash（ギット バッシュ）**を起動しましょう。Git BashはWindows上でLinux風のコマンドライン操作を実現するツールです。macOSの場合は標準の**ターミナル**を起動してください。

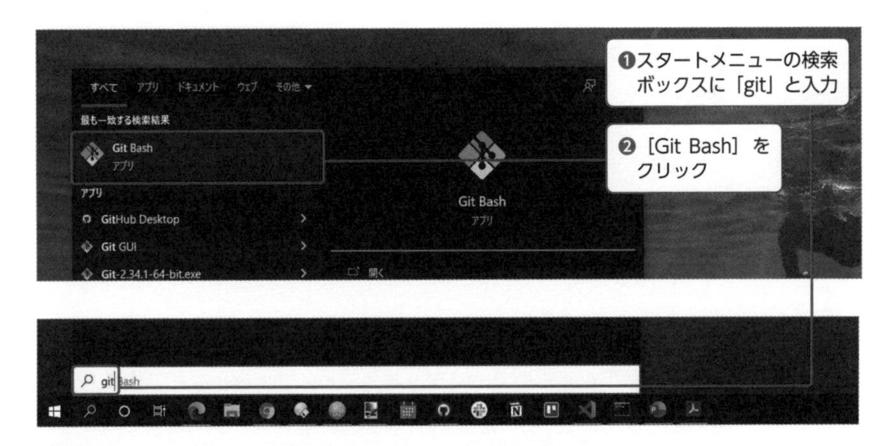

Git Bashに次の2つのコマンドを入力してください。半角英数モードで、間違えないよう注意して入力しましょう。

```
git config --global user.name "ユーザー名"
git config --global user.email メールアドレス
```

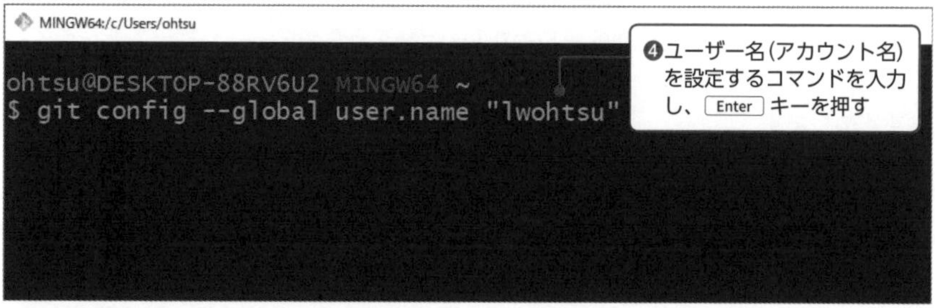

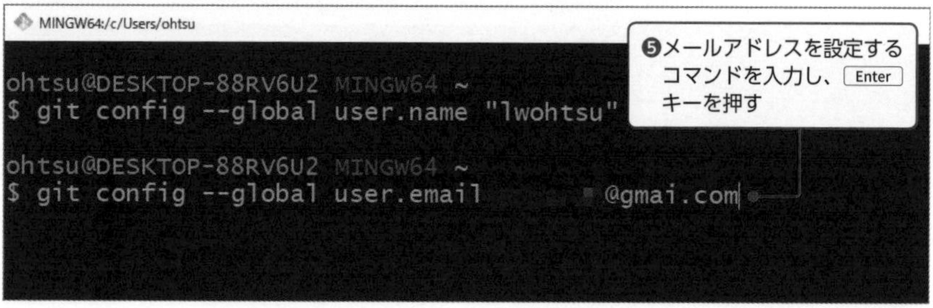

```
MINGW64:/c/Users/ohtsu

ohtsu@DESKTOP-88RV6U2 MINGW64 ~
$ git config --global user.name "lwohtsu"
```

❹ユーザー名(アカウント名)を設定するコマンドを入力し、Enterキーを押す

```
MINGW64:/c/Users/ohtsu

ohtsu@DESKTOP-88RV6U2 MINGW64 ~
$ git config --global user.name "lwohtsu"

ohtsu@DESKTOP-88RV6U2 MINGW64 ~
$ git config --global user.email       @gmai.com
```

❺メールアドレスを設定するコマンドを入力し、Enterキーを押す

これでGitを使いはじめる準備が整いました。Gitは本来ならGit Bashのようなコマンドラインツールで操作するもので、コミット/プル/プッシュなどの操作もコマンドで行います。しかし、VSCodeのソース管理ビューを利用すれば、よく使う操作に関してはGUI(マウス操作)でも行うことができます。

Gitのコマンド操作を説明しはじめるときりがないため、本書ではVSCodeでできない部分だけ、コマンド操作を説明します。コマンドラインツール自体がどうも慣れないという方は、GitHub DesktopやSourcetreeなどのGUIツールの利用も検討してみてください。

- GitHub Desktop
  https://desktop.github.com/
- Sourcetree
  https://www.sourcetreeapp.com/

Point　GUI で Git を操作する GitHub Desktop

Git を使う必要がでてきたがコマンドラインツールがどうも慣れない、もしくは一緒に作業するメンバーにコマンドラインツールの使い方から教えている時間がない場合は、GitHub Desktop をおすすめします。GitHub Desktop は、GitHub が無料で配布している GUI の Git クライアントです。シンプルな画面ながら、ローカルリポジトリの作成、リモートリポジトリのクローン、プッシュ／プル、ブランチの作成／切り替え／マージなどほとんどの操作を行うことができます。
GitHub 公式ツールなので GitHub との相性もよく、設定で悩むこともほとんどありません。初めて Git を使う人でも基本操作ならすぐ慣れるはずです。

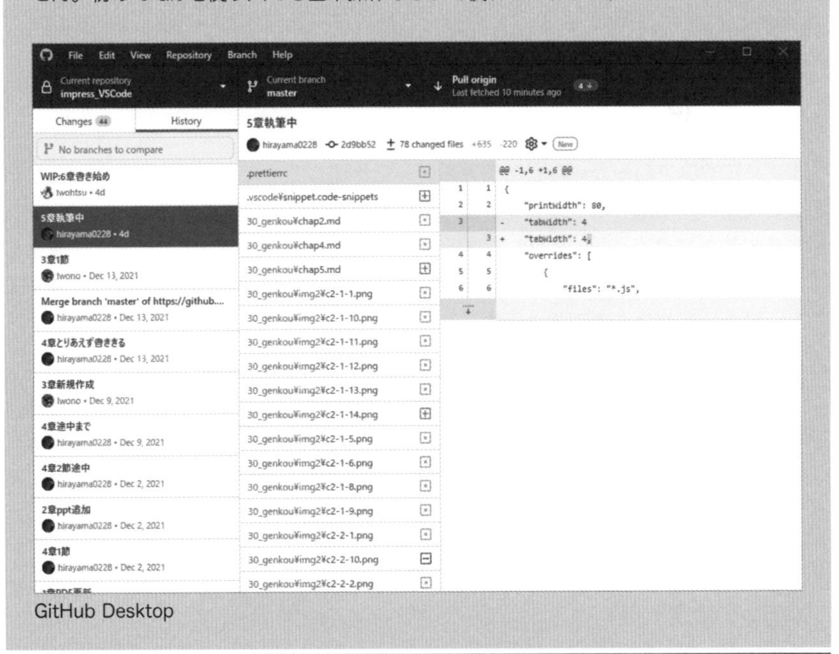

GitHub Desktop

#標準機能 ／ #Gitの基本

ローカルリポジトリを作成する

1人で行うバージョン管理

まずはローカルリポジトリを作成し、VSCodeのソース管理ビューから利用してみましょう。

Git Bashを使ってローカルリポジトリを作る

VSCodeでできない操作の1つにローカルリポジトリの作成があります。ここではGit Bash（macOSではターミナル）を使って作成する方法を説明しましょう。ローカルリポジトリにするフォルダーを作成し、「git init」というコマンドを実行するだけなのですが、その前にGit Bashで対象のフォルダーに移動する必要があります。Gitを初めて使う人のために、1手順ずつ進めていきます。

まず、エクスプローラーなどでフォルダーを作成してください。名前は何でもかまいませんが、無用なトラブルを避けるために**半角英数字の名前**にすることをおすすめします。ここでは［ドキュメント］フォルダーの直下に［vscrepo］フォルダーを作ることにします。エクスプローラーのアドレスバーのフォルダーアイコンをクリックすると、**ファイルパス**を確認できます。

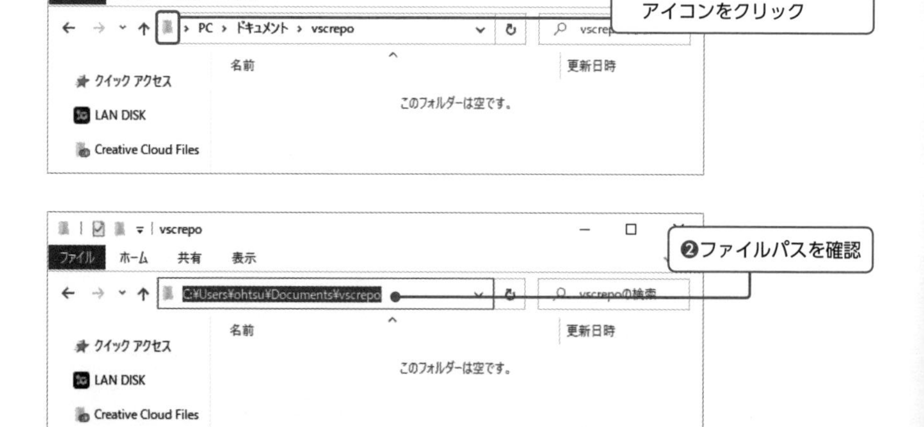

次にGit Bashを起動して、**cdコマンド**で［vscrepo］フォルダーまで移動します。Git Bashの画面を見ると「~」（チルダ）が表示されているはずです。これは現在位置がユーザーフォルダー（c:/users/ユーザー名）であることを示しています。

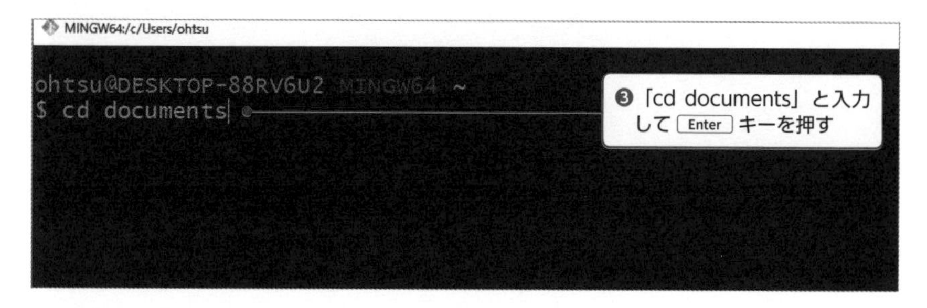

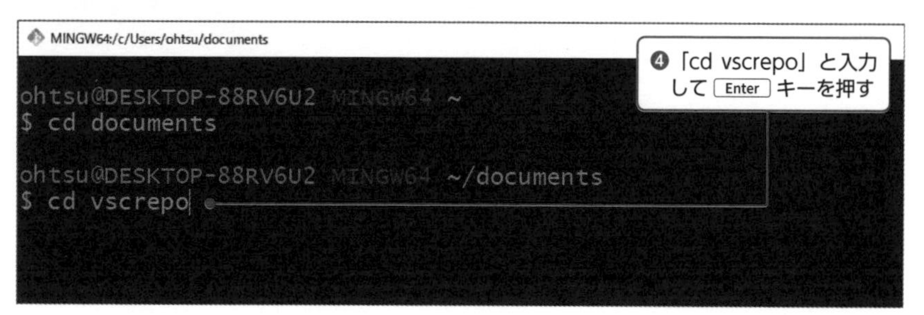

これでGit Bashの現在位置が［vscrepo］フォルダーになります。この操作が面倒な場合は、エクスプローラーのウィンドウ内を右クリックして［Git Bash Here］を選択すると、そのフォルダーを現在位置にした状態でGit Bashを開くことができます。

この状態で**git initコマンド**を実行してください。「Initialized empty Git repository」と表示されたら、ローカルリポジトリ化は成功です。

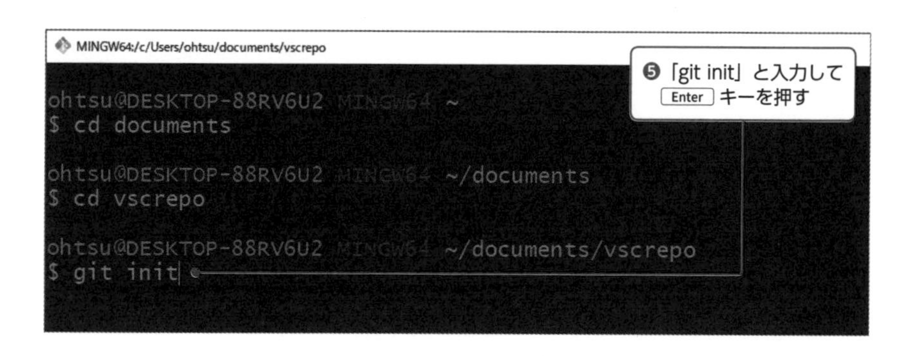

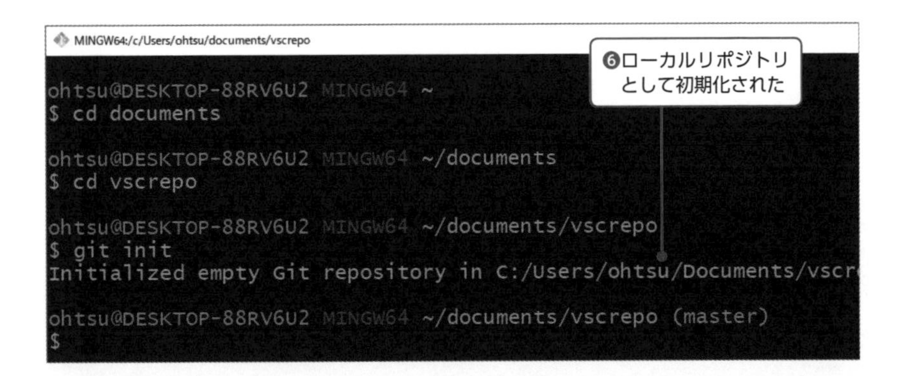

エクスプローラーで［vscrepo］フォルダーを見てみると、何も変わっていないように見えます。

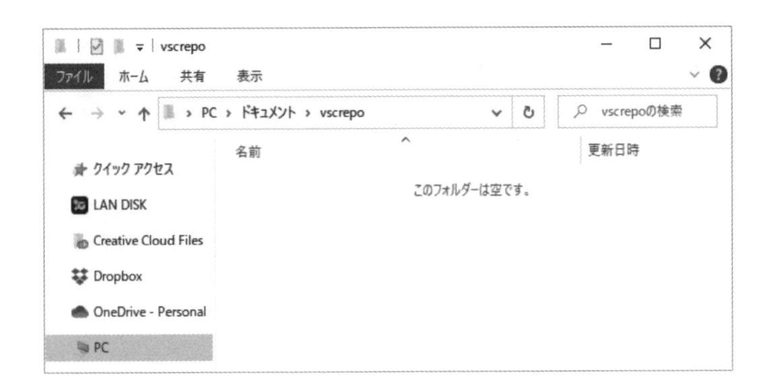

ところが、エクスプローラーの［表示］タブの［隠しファイル］にチェックマークを付けると、「.git」という名前の隠しフォルダーが作られていることを確認できます。

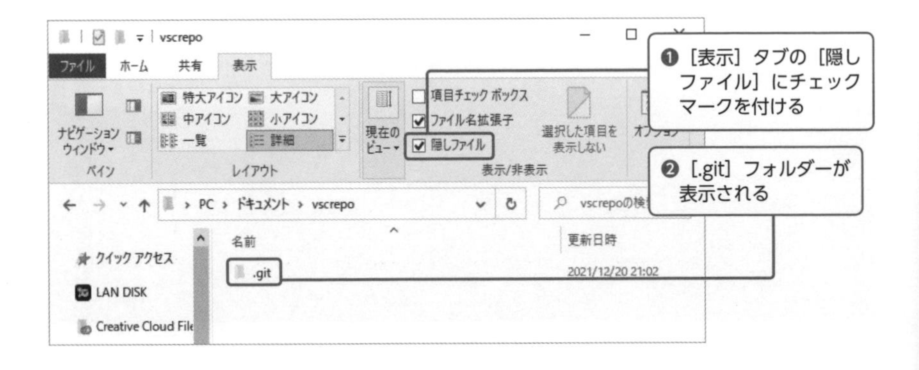

これがコミットを記録する隠し領域です。Gitの利用中はこのフォルダーを操作してしまわないよう注意してください。[隠しファイル] のチェックマークは外しておきましょう。

VSCodeでローカルリポジトリを開く

ローカルリポジトリをVSCodeで利用する方法は非常に簡単で、フォルダーを開くだけです。ソース管理ビューの [フォルダーを開く] をクリックしてもいいですし、これまでどおり [ファイル] - [フォルダーを開く] を選択して開いてもOKです。

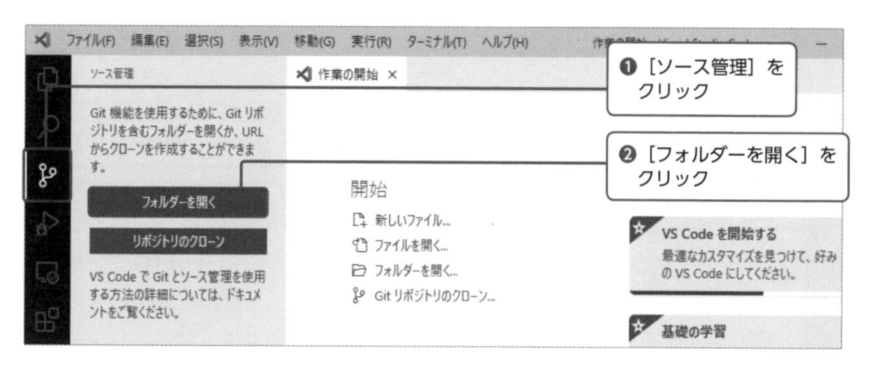

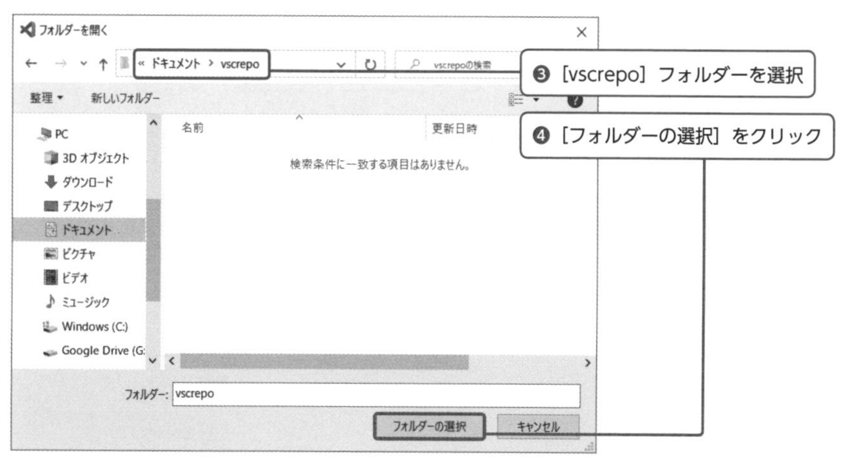

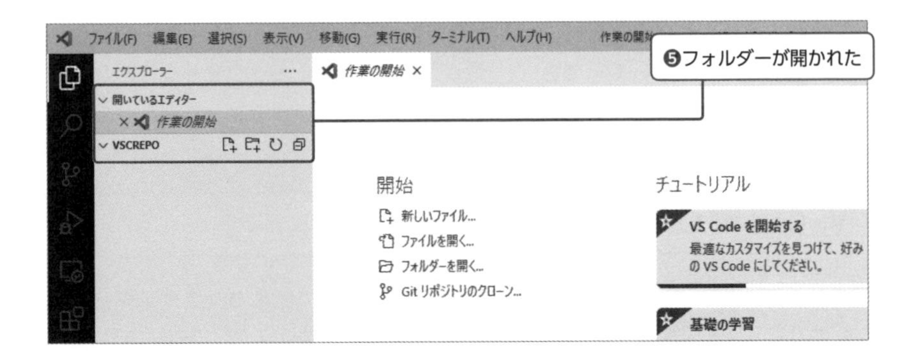
❺フォルダーが開かれた

ソース管理ビューに切り替えると、コミットなどの操作のための項目が表示されています。

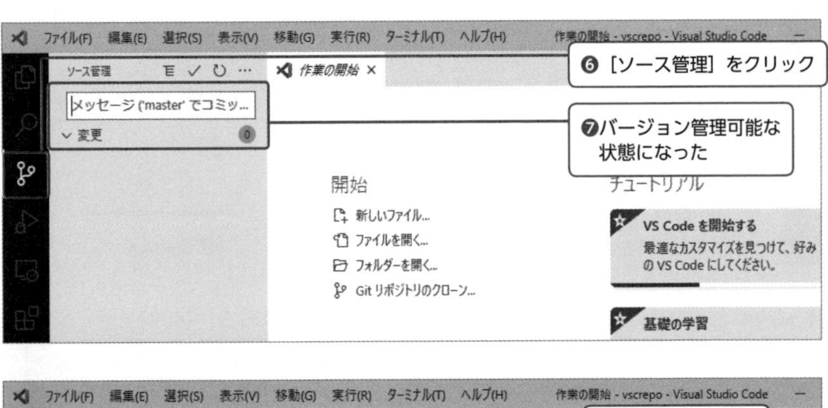
❻［ソース管理］をクリック
❼バージョン管理可能な状態になった

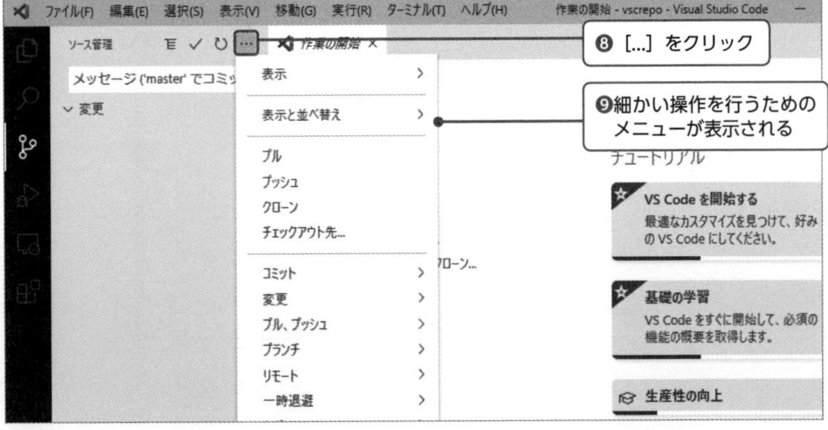
❽［...］をクリック
❾細かい操作を行うためのメニューが表示される

#標準機能 ／ #Gitの基本

ローカルリポジトリ上で作業する

まずは「コミット」を理解

VSCodeのソース管理ビューを操作しながら、ローカルリポジトリの基本操作を覚えていきましょう。

ファイルを作成してコミットする

ローカルリポジトリができたので、その中で作業していきましょう。ローカルリポジトリでの作業といっても、ファイルの作成／編集などは通常のフォルダー内で行う場合と変わりません。

［vscrepo］フォルダー内にsample.htmlというファイルを作成してみましょう。

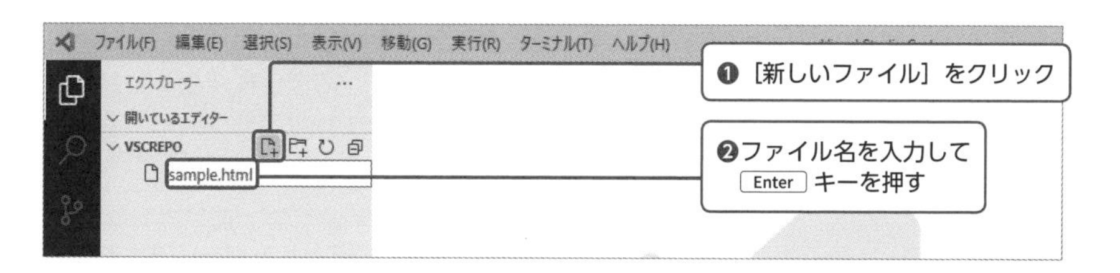

作成したファイルを見ると、エクスプローラービューやタブなどに「U」アイコンが表示されています。このUは**Untracked File（未追跡のファイル）**の略で、コミットされていないのでGitの管理外であることを示しています。

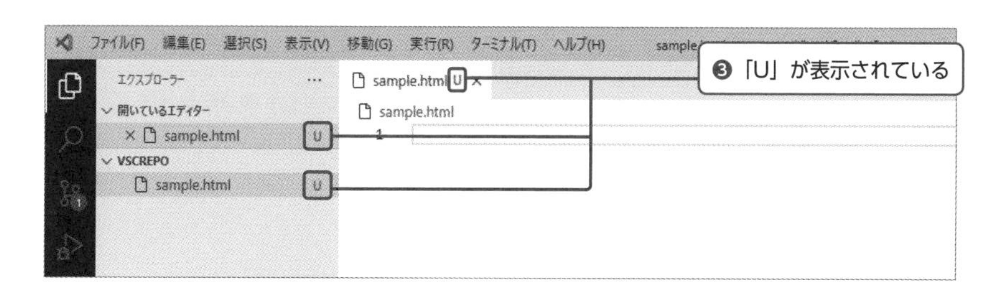

ファイルを作成しただけの段階で、いったんコミットしてみましょう。ソース管理ビューに切り替えると、［変更］の下にsample.htmlが表示されています。このファイルをコミットに含めるために、**「変更をステージ」**という操作を行います。つまり、コミットするファイルは選択が必要なのです。

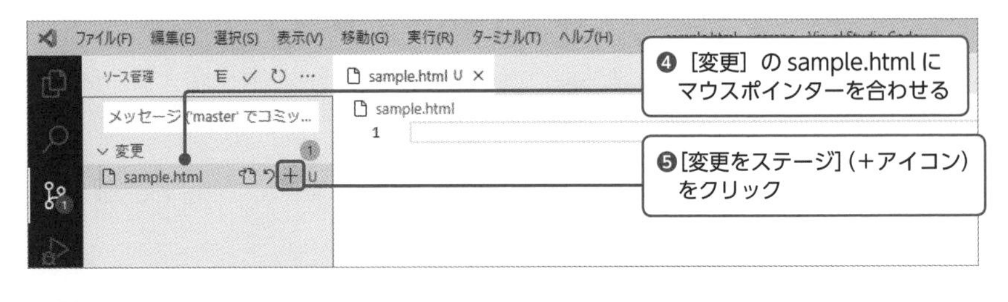
❹［変更］の sample.html に
マウスポインターを合わせる
❺［変更をステージ］（＋アイコン）
をクリック

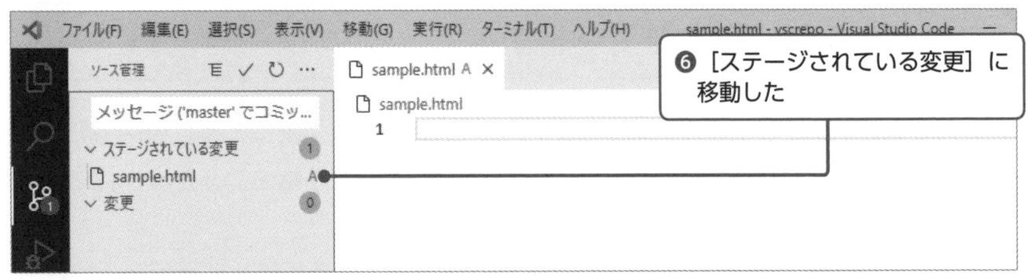
❻［ステージされている変更］に
移動した

変更をステージしたら、上部の入力欄に**コミットメッセージ**を入力してコミットします。コミットメッセージはコミットの内容を表すもので、あまり長くなくわかりやすいものにしましょう。ここでは「HTMLを作成」とします。

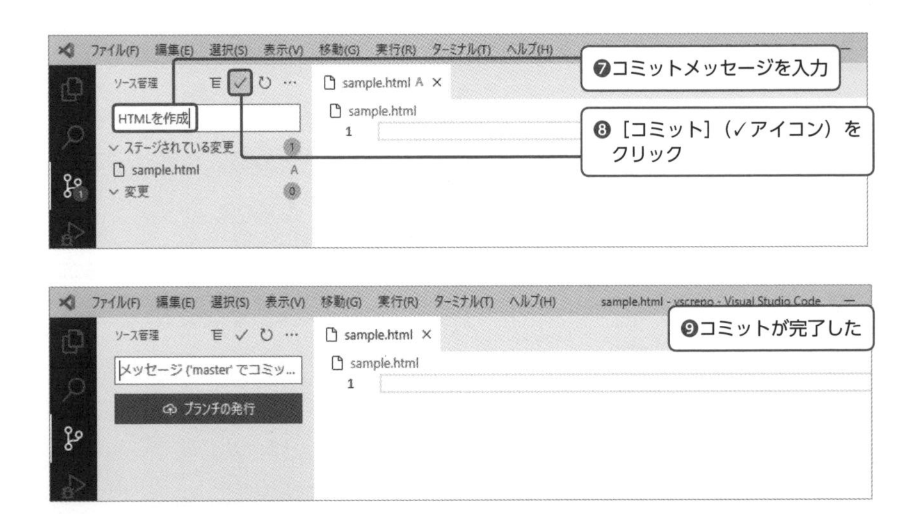
❼コミットメッセージを入力
❽［コミット］（✓アイコン）を
クリック
❾コミットが完了した

コミットされると、ソース管理ビューから［変更］や［ステージされている変更］が消えます。新たに表示された［ブランチの発行］というボタンは、ローカルリポジトリをGitHubに公開するためのものです。これについてはあとで説明します。

ファイルを編集してコミットする

次はsample.htmlの内容を書いてからコミットしましょう。emmetを利用して基本のHTMLを書き込みます。変更したファイルを上書き保存すると、ソース管理ビューの［変更］にファイルが表示されます。また、今度はModified（変更された）を意味する「M」アイコンが付いています。

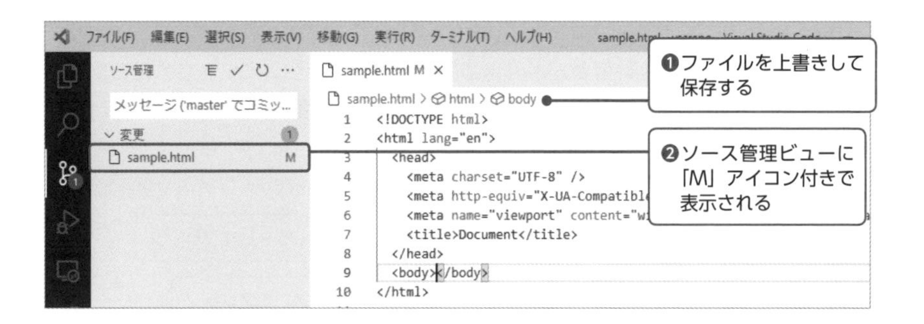
❶ファイルを上書きして保存する
❷ソース管理ビューに「M」アイコン付きで表示される

コミットの方法は同じです。変更をステージしてコミットメッセージを付けてコミットします。

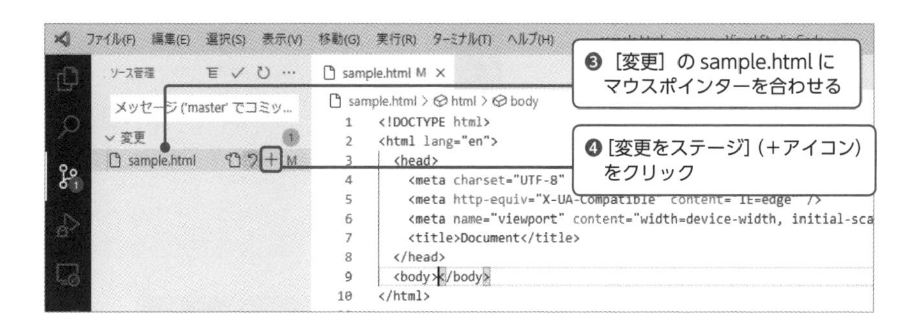
❸［変更］のsample.htmlにマウスポインターを合わせる
❹［変更をステージ］（＋アイコン）をクリック

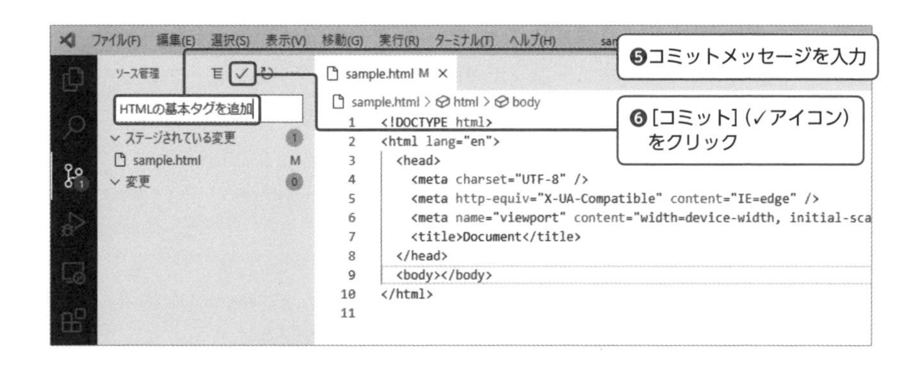

タイムラインで変更履歴を確認する

コミットしても画面上はほとんど変化がないので、正しくコミットされたのか不安ですね。コミット履歴はエクスプローラービュー(ソース管理ビューではありません)の**タイムライン**で確認できます。

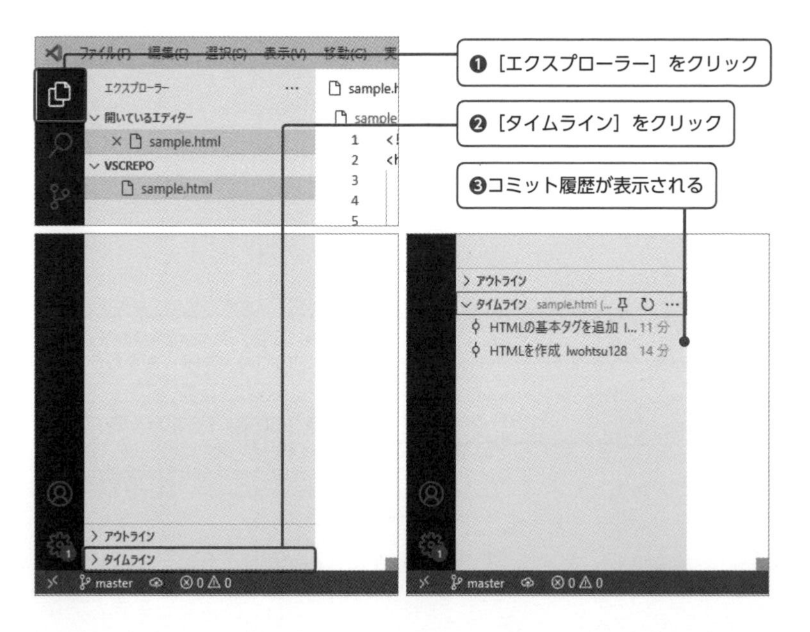

タイムラインのコミットをクリックすると、そのコミットで行われた変更内容が表示されます。これでどこがどう変わったのかを追うことができます。

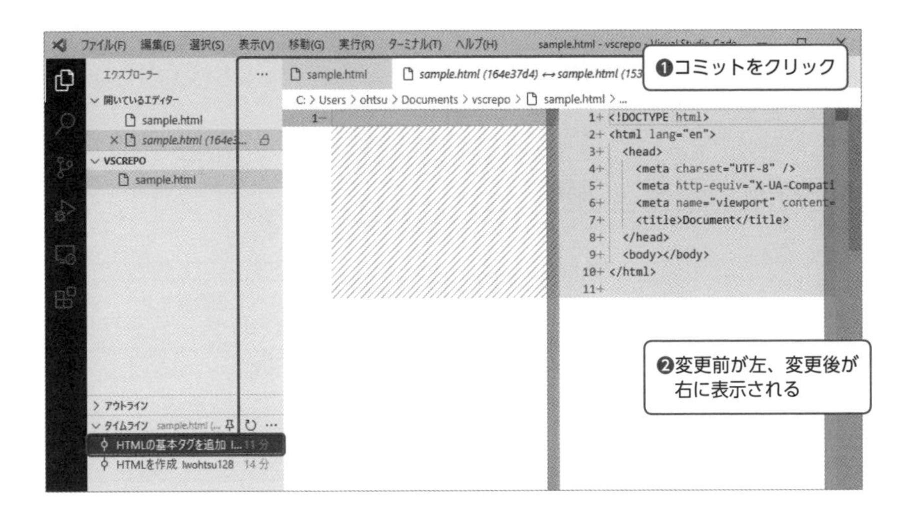

複数の変更をまとめてコミットする

次は複数の変更をまとめてコミットしましょう。sample.cssを作成し、sample.htmlにlinkタグを追加した状態をコミットします。

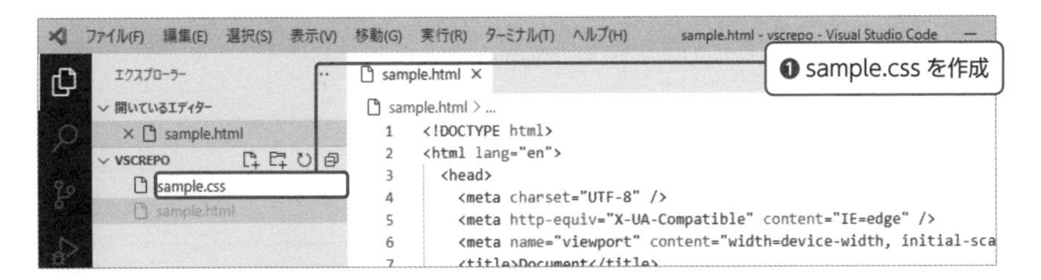

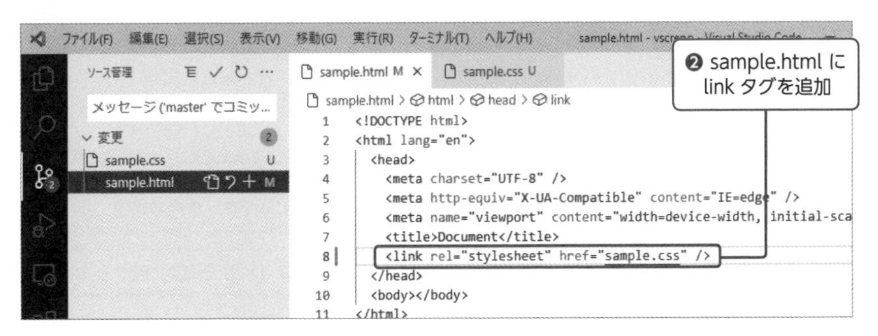

ソース管理ビューに切り替えると、複数のファイルが表示されています。これらのファイルをすべてコミットしたい場合は、[変更] の [すべての変更をステージ] をクリックします。

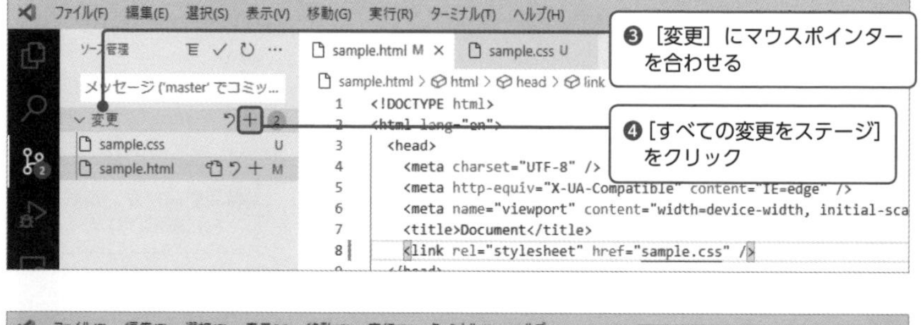

❸ [変更] にマウスポインターを合わせる
❹ [すべての変更をステージ] をクリック

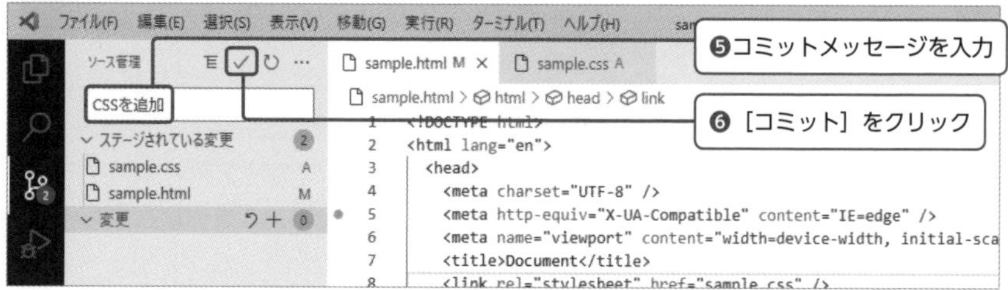

❺コミットメッセージを入力
❻ [コミット] をクリック

これでsample.cssの作成とsample.htmlの変更を、「CSSを追加」というメッセージ付きでコミットできました。

コミット前の変更を破棄する

ファイルを誤って変更したことに気付き、前回のコミット状態まで戻したくなったときは、**変更を破棄**しましょう。ソース管理ビューで元に戻したいファイルを選び、次のように操作します。

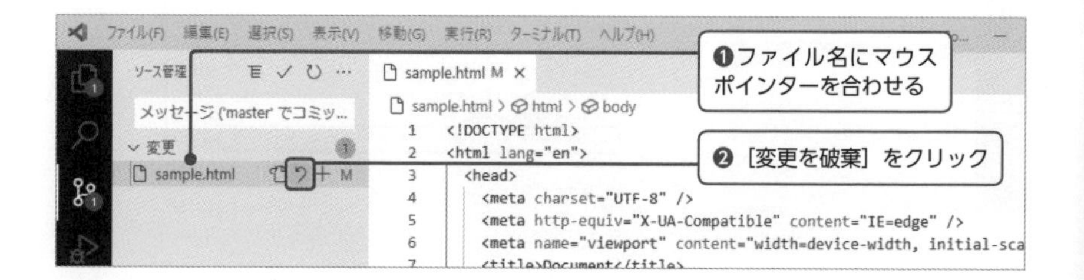

❶ファイル名にマウスポインターを合わせる
❷ [変更を破棄] をクリック

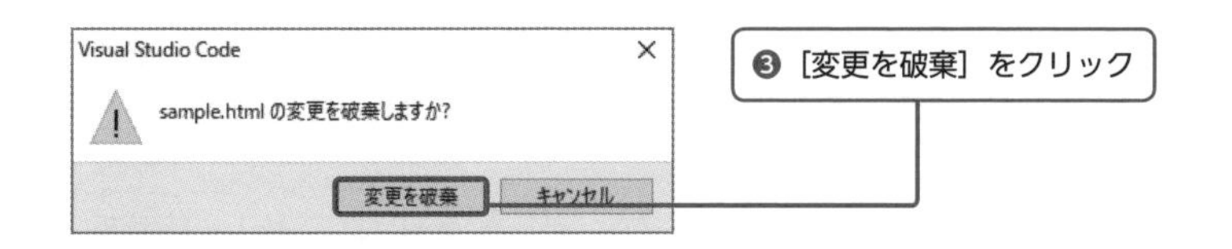
Visual Studio Code
sample.html の変更を破棄しますか?
変更を破棄
キャンセル
❸［変更を破棄］をクリック

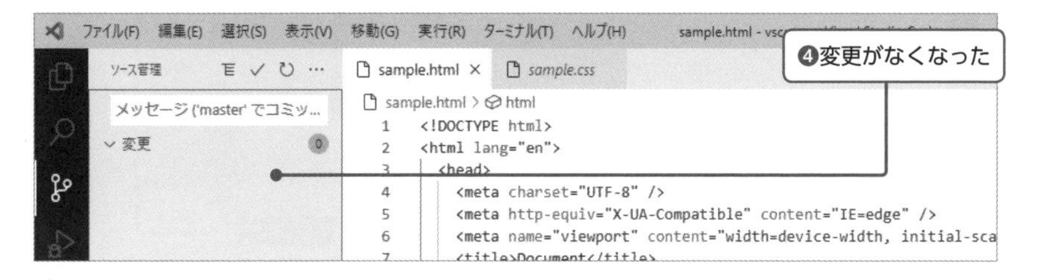
❹変更がなくなった

前回のコミットを取り消す

すでにコミットした変更を取り消すこともできます。ソース管理ビューのメニューを表示し、[コミット] - [前回のコミットを元に戻す] をクリックすると、コミット直前の状態まで戻すことができます。複数のコミットを取り消したい場合は、この操作を繰り返してください。

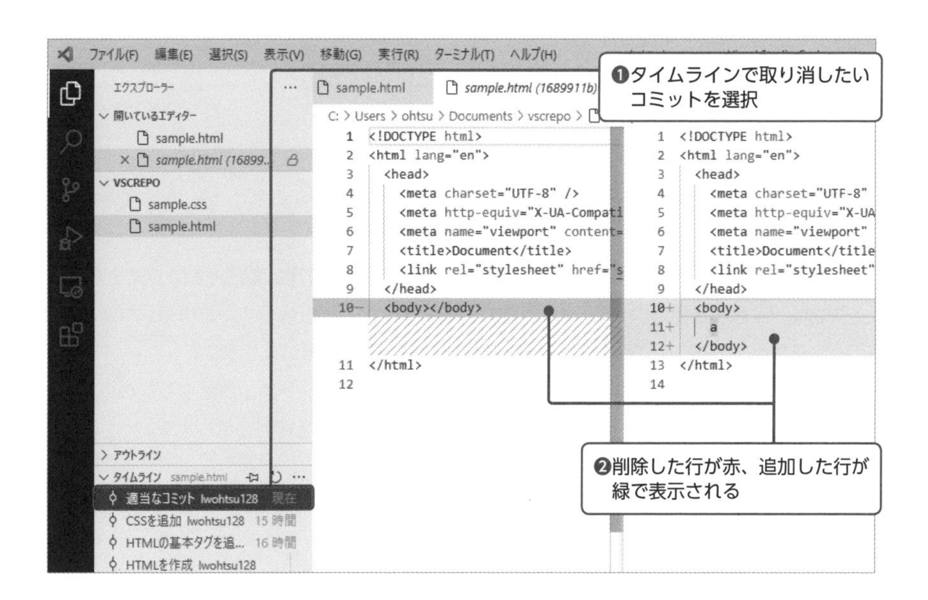
❶タイムラインで取り消したいコミットを選択
❷削除した行が赤、追加した行が緑で表示される

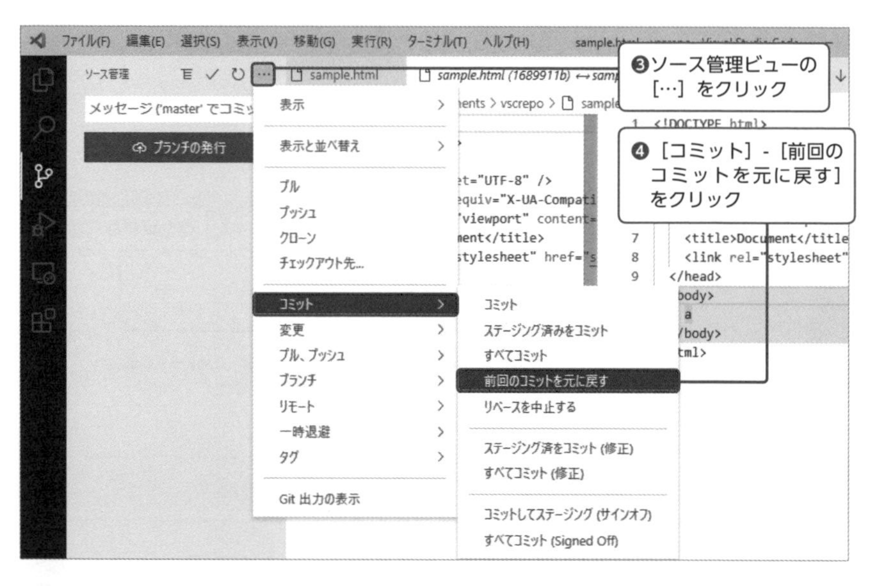

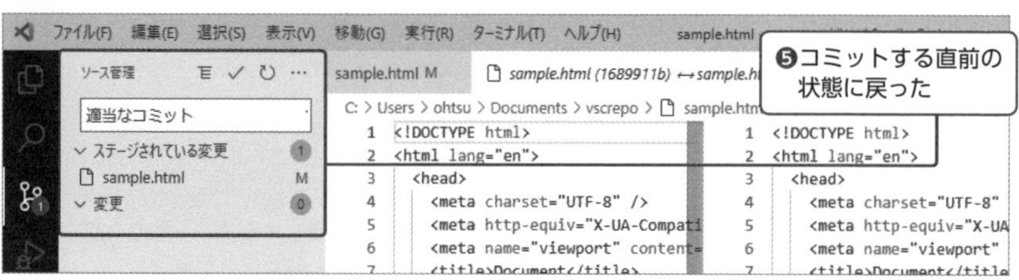

Point

Office ファイルを Git で管理する際の注意点

Excel や Word などの Office ファイルを Git でバージョン管理することもできますが、その際に注意が必要なのが「~$」で始まる隠しファイルの扱いです。この隠しファイルは Office ファイルを開いているあいだに作られ、閉じると消えます。

このような一時ファイルをコミットに含めるとさまざまなトラブルが起きるため、無視ファイル（.gitignore）に登録しておきましょう。以下に登録例を示します。

```
~$*.doc*
~$*.xls*
~$*.ppt*
```

標準機能 ／ #Git の基本

ローカルリポジトリをGitHubに発行する

ローカルから
リモートへ

ほかの人と共同作業を行うには、ローカルリポジトリをGitHubに発行してリモートリポジトリを作成します。

VSCodeとGitHubを連携する

ソース管理ビューに［ブランチの発行］というボタンが表示されていたことを覚えているでしょうか？　このボタンをクリックすると、ローカルリポジトリを元にGitHub上にリモートリポジトリを作成することができます。この操作のことを**発行（publish）**といいます。以降の操作は、GitHubアカウントを作成し、Webブラウザでサインインした状態で行ってください。

最初の発行時のみ、VSCodeとGitHubを連携するための画面が表示されます。

GitHub for VSCode is requesting additional permissions
GitHub for VSCode by github
would like additional permissions to
Workflow
Update GitHub Action Workflow files.
Existing access
Read all user profile data
Full control of private repositories
Access user email addresses (read-only)
Cancel
Authorize github
Authorizing will redirect to
https://vscode-auth.github.com
❺ [Authorize github] をクリック

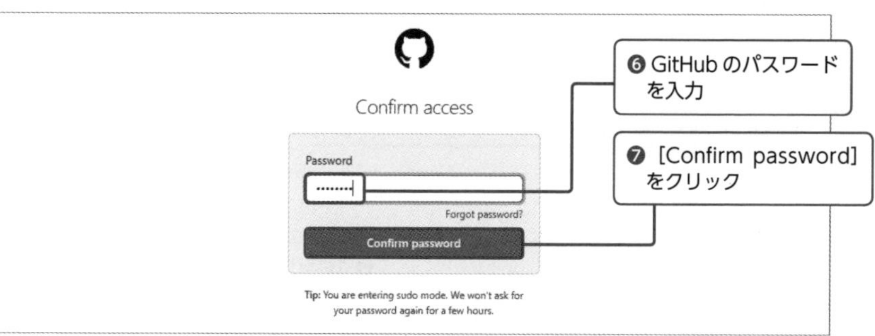
Confirm access
Password
Forgot password?
Confirm password
Tip: You are entering sudo mode. We won't ask for your password again for a few hours.
❻ GitHub のパスワードを入力
❼ [Confirm password] をクリック

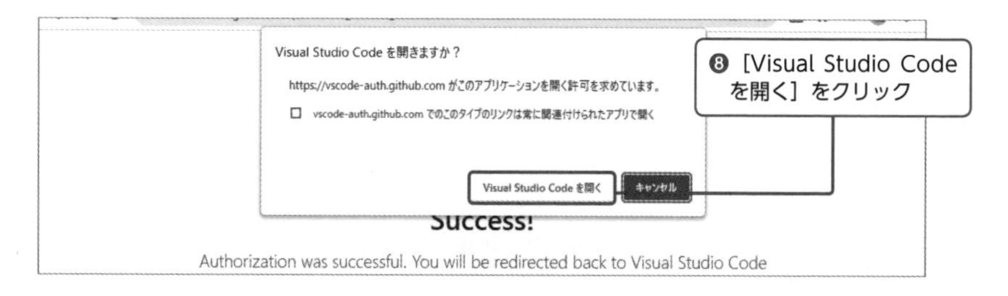
Visual Studio Code を開きますか？
https://vscode-auth.github.com がこのアプリケーションを開く許可を求めています。
vscode-auth.github.com でのこのタイプのリンクは常に関連付けられたアプリで開く
Visual Studio Code を開く
キャンセル
Success!
Authorization was successful. You will be redirected back to Visual Studio Code
❽ [Visual Studio Code を開く] をクリック

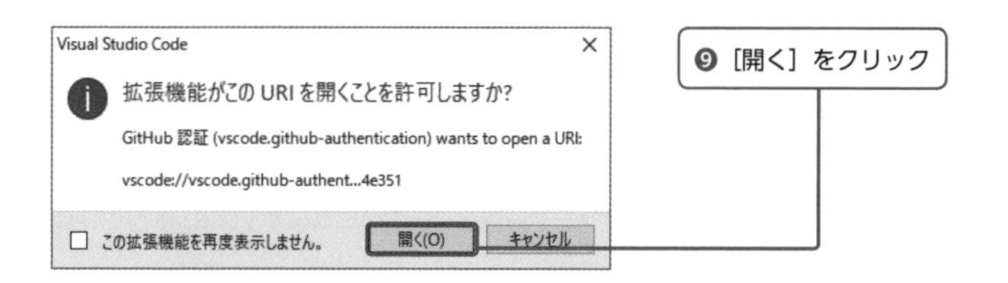

GitHubに発行する

これで準備が整ったので、再度［ブランチの発行］をクリックしましょう。リモートリポジトリを非公開（private）と公開（public）のどちらにするか選択できるので、必要なほうを選択してください。

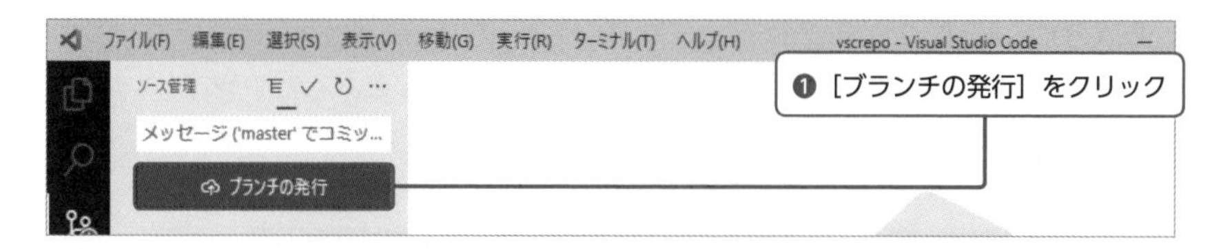

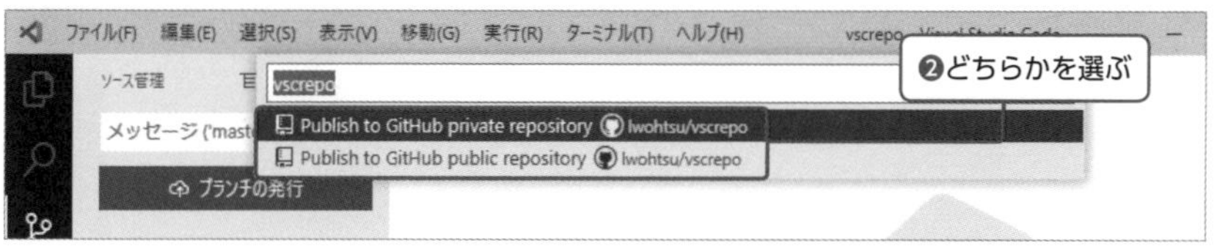

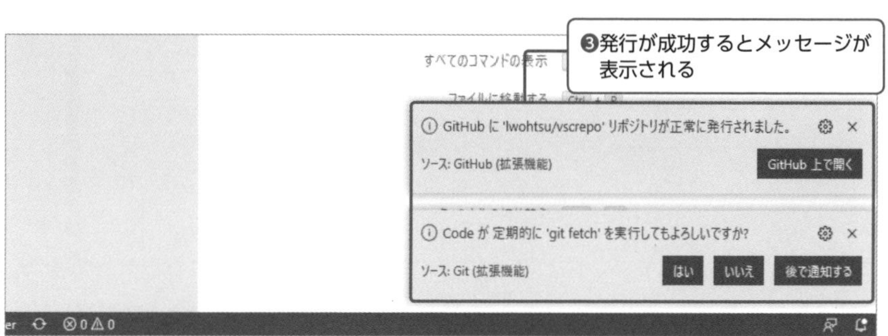

発行の成功を伝えるメッセージが表示されます。「定期的にgit fetchを実行してもよろしいですか」というメッセージに対しては、［はい］をクリックしてください。git fetchはリモートリポジトリ上の更新を確認するコマンドです。

標準機能 ／ #Gitの基本

リモートリポジトリをクローンする

先にリモートリポジトリが存在する場合、そこからローカルリポジトリを作成することをクローンといいます。

GitHubからクローンする

先ほどはローカルリポジトリをGitHubに発行する方法を解説しました。しかし、先にGitHub上のリモートリポジトリを誰かが作っており、それと連携するローカルリポジトリを作成してから作業することも多いはずです。リモートリポジトリからローカルリポジトリを作成することを、**クローン**といいます。

先ほどGitHubに発行したリモートリポジトリ（https://github.com/アカウント名/vscrepo）をクローンします。ローカルリポジトリが複数あるとややこしいので、[vscrepo] フォルダーを削除してから以降の操作を進めてください。

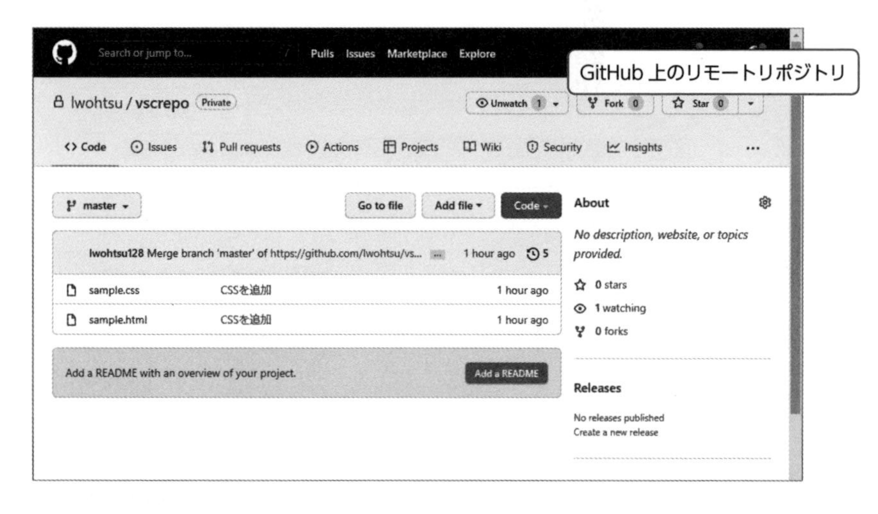

フォルダーを閉じた状態でVSCodeのソース管理ビューを開くと、[リポジトリのクローン] というボタンが表示されます。クリックしてクローンしたいリポジトリを選択します。GitHubとの連携設定が済んでいない場合は、この段階でサインイン画面などが表示されます。P.205を参考に連携設定をしてください。

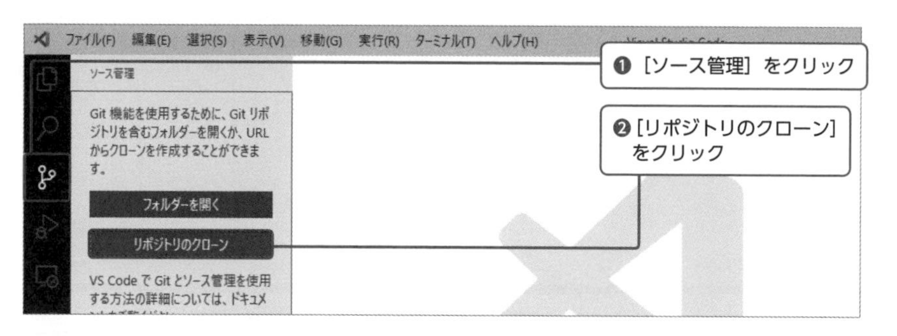

ファイル(F) 編集(E) 選択(S) 表示(V) 移動(G) 実行(R) ターミナル(T) ヘルプ(H)
ソース管理
Git 機能を使用するために、Git リポジトリを含むフォルダーを開くか、URL からクローンを作成することができます。
フォルダーを開く
リポジトリのクローン
VS Code で Git とソース管理を使用する方法の詳細については、ドキュメ
❶［ソース管理］をクリック
❷［リポジトリのクローン］をクリック

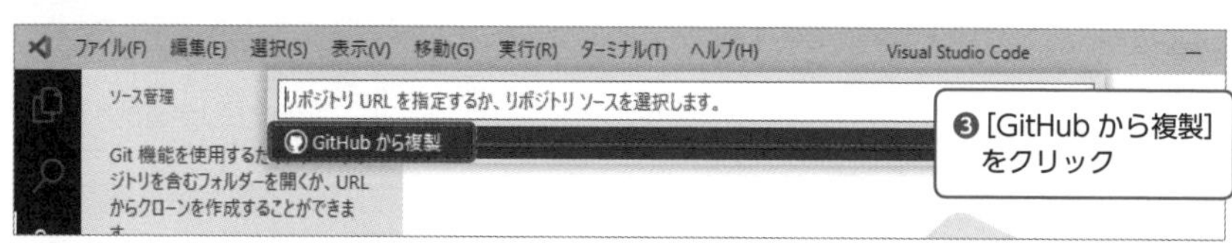

ファイル(F) 編集(E) 選択(S) 表示(V) 移動(G) 実行(R) ターミナル(T) ヘルプ(H)
Visual Studio Code
ソース管理
リポジトリ URL を指定するか、リポジトリ ソースを選択します。
GitHub から複製
❸［GitHub から複製］をクリック

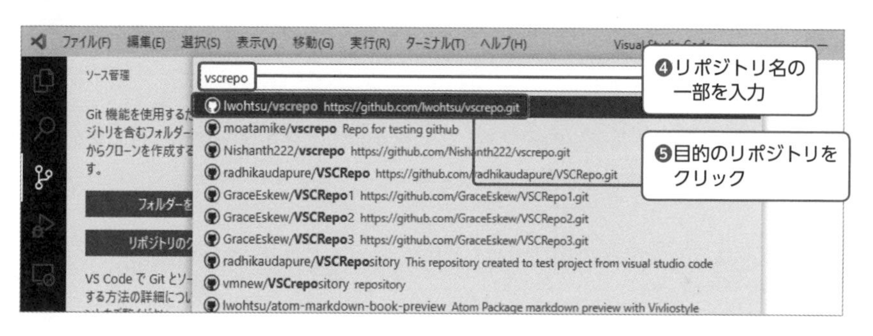

ファイル(F) 編集(E) 選択(S) 表示(V) 移動(G) 実行(R) ターミナル(T) ヘルプ(H)
ソース管理
vscrepo
lwohtsu/vscrepo https://github.com/lwohtsu/vscrepo.git
moatamike/vscrepo Repo for testing github
radhikaudapure/VSCRepo
GraceEskew/VSCRepo1 https://github.com/GraceEskew/VSCRepo1.git
GraceEskew/VSCRepo2 https://github.com/GraceEskew/VSCRepo2.git
GraceEskew/VSCRepo3 https://github.com/GraceEskew/VSCRepo3.git
radhikaudapure/VSCRepository This repository created to test project from visual studio code
vmnew/VSCrepository repository
lwohtsu/atom-markdown-book-preview Atom Package markdown preview with Vivliostyle
❹リポジトリ名の一部を入力
❺目的のリポジトリをクリック

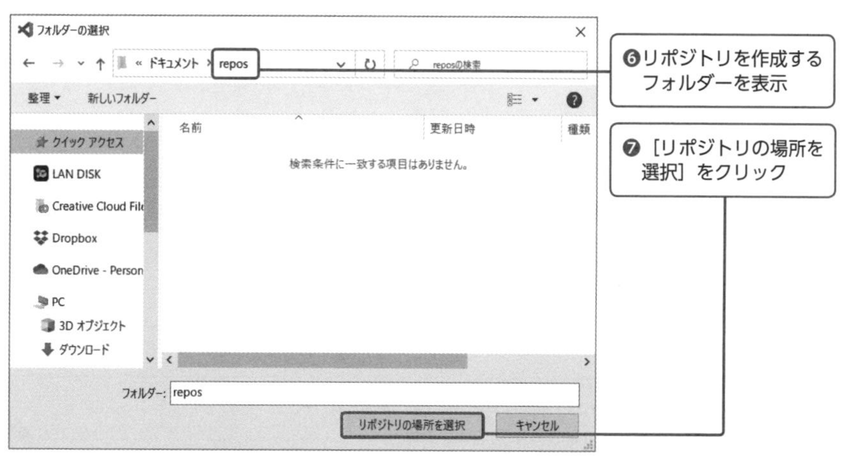

フォルダーの選択
ドキュメント
repos
整理
新しいフォルダー
名前
更新日時
種類
クイック アクセス
LAN DISK
Dropbox
PC
3D オブジェクト
ダウンロード
検索条件に一致する項目はありません。
フォルダー:
repos
リポジトリの場所を選択
キャンセル
❻リポジトリを作成するフォルダーを表示
❼［リポジトリの場所を選択］をクリック

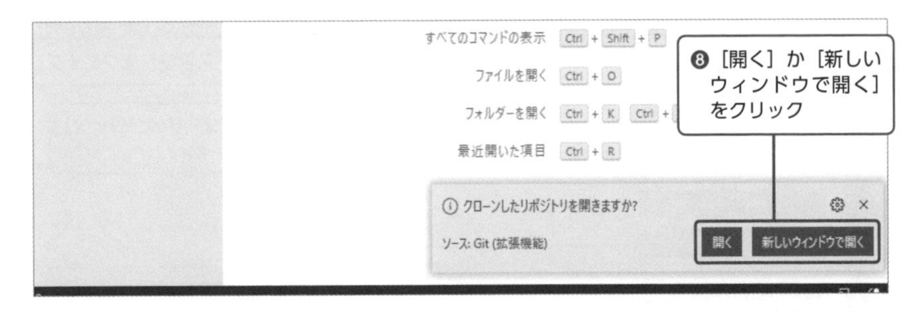

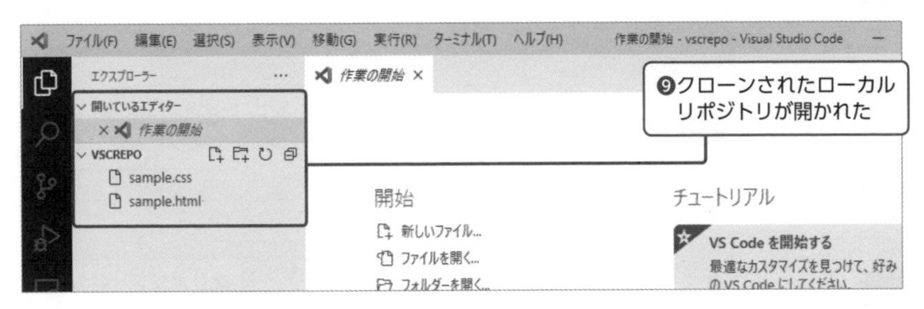

先ほど選択したフォルダー内を見ると、[vscrepo] フォルダーが作られ、その中にsample.html と sample.css も保存されています。

誤解のないように念のため説明しておきますが、リモートリポジトリの**クローンは何回も行う必要はありません**。今後はクローンによって作られたローカルリポジトリに対して作業してください。VSCodeでフォルダーを閉じてしまった場合は、フォルダーを開く機能でローカルリポジトリを開けば作業を再開できます。

リモートリポジトリ側の変更をプルする

クローンしたローカルリポジトリでも、コミットなどの操作は変わりません。ただし、今後は自分のコミットを定期的にプッシュし、同時にほかの人が行ったコミットをプルする必要がでてきます。

テストのために、GitHub上でリモートリポジトリのファイルを編集してみましょう。リポジトリのページ（P.224参照）に「sample.html」というファイル名があるので、それをクリックするとファイルが表示されます。ここで鉛筆アイコンをクリックするとファイルを編集できます。

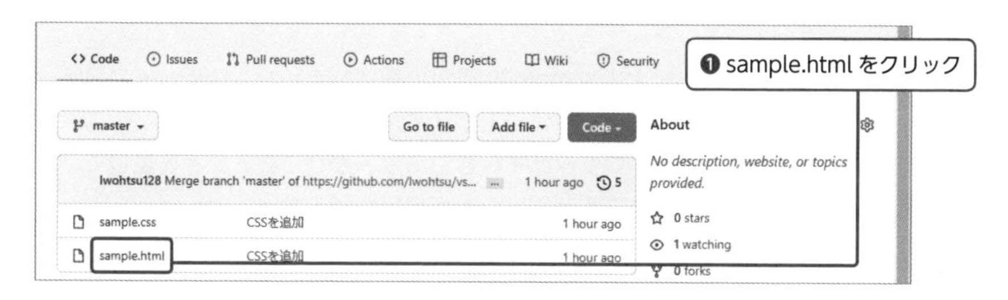

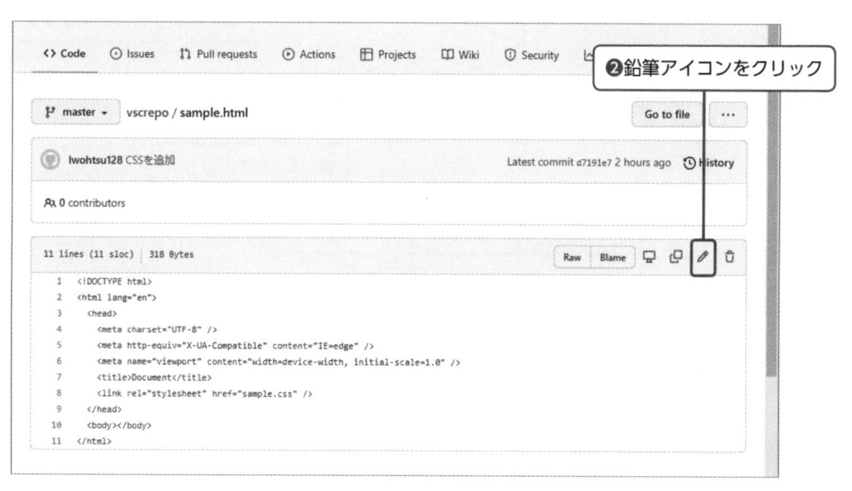

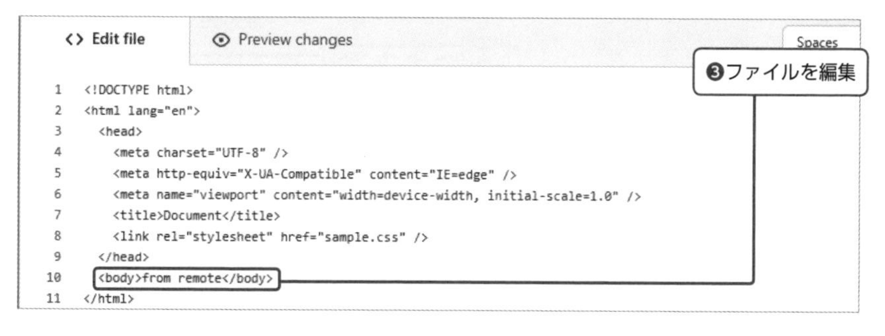

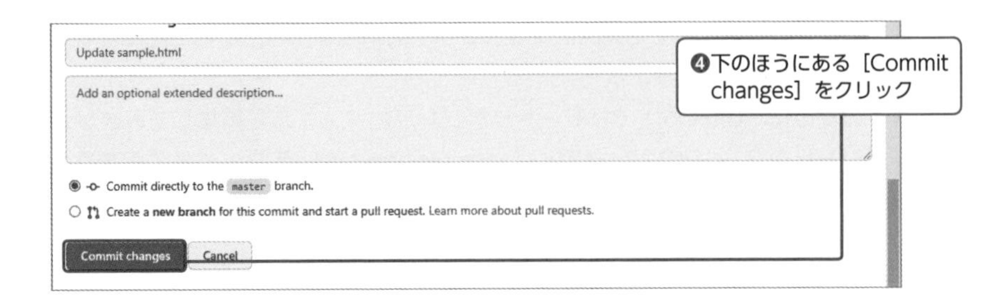

これでリモートリポジトリ上のsample.htmlが更新されました。VSCodeのステータスバーを見ると、更新アイコンの隣に「1↓0↑」と表示されています。これはプルすべきコミットが1つあり、プッシュすべきコミットが0であることを表しています。アイコンをクリックするとプルとプッシュが実行されます。

ローカルリポジトリ側の変更をプッシュする

次はローカルリポジトリ側でコミットしたものをプッシュしてみましょう。プルのときと同じように、ステータスバーのアイコンからプッシュすることもできます。

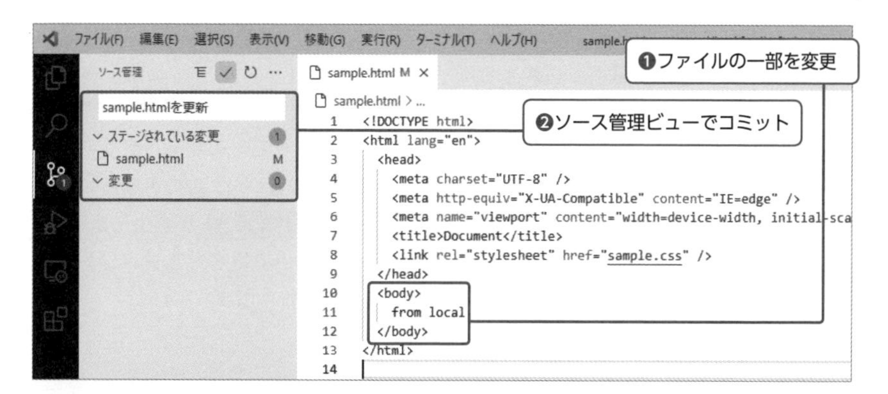

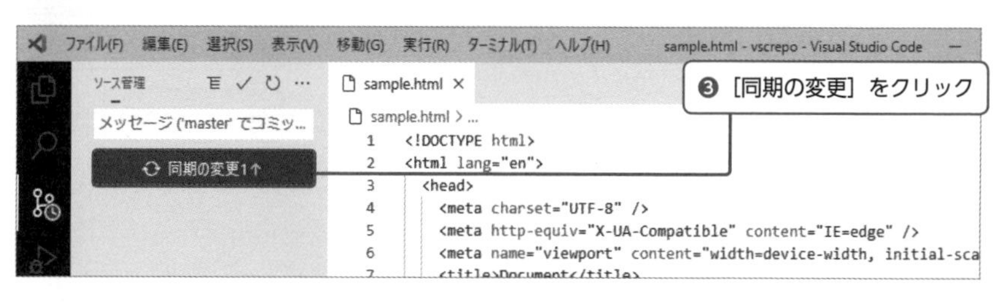

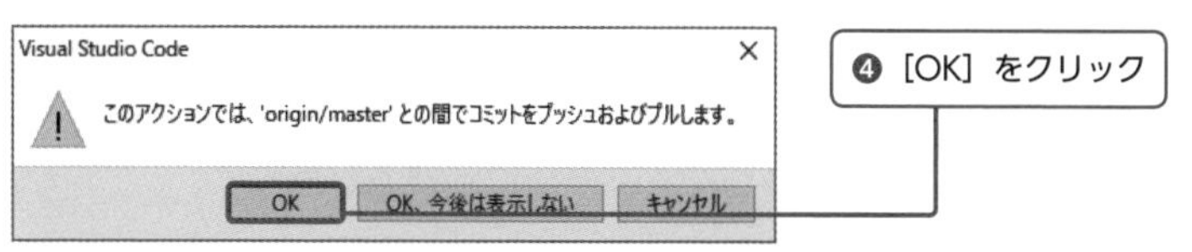

プッシュ／プルのたびに確認メッセージが表示されますが、いちいち確認する必要もないので、慣れてきたら［OK、今後は表示しない］をクリックしてください。

プッシュ後にGitHub上のリモートリポジトリを表示すると、ファイルが更新されているはずです。

今回のようにプルしたあとで変更し、プッシュした場合は問題は起きませんが、複数の変更が並行して行われた場合はコンフリクト（競合）が発生することがあります。次の節でその解消方法を説明します。

コンフリクトを解消する

コンフリクトは あわてずに対処

複数人が同じファイルの同じ場所に変更を加えた場合、コンフリクト（競合）が起きることがあります。VSCode上で解消する方法を説明します。

コンフリクトとは

複数人で作業していると、同じファイルに対して異なる変更を加えてしまうことがあります。同じファイルであっても、場所が離れていればGitがうまくすり合わせてくれるのですが、自動的に判断できない場合は**コンフリクト（競合）**が発生します。

実際にコンフリクトを引き起こしてみましょう。VSCodeでローカルリポジトリのsample.htmlを編集し、コミットだけして同期はせずに放置します。

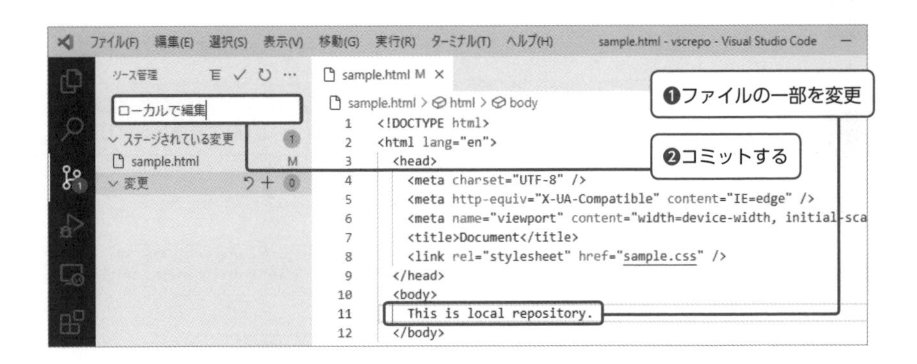

次にGitHubのリポジトリで、同じファイルの同じ場所を変更します。

```
1  <!DOCTYPE html>
2  <html lang="en">
3    <head>
4      <meta charset="UTF-8" />
5      <meta http-equiv="X-UA-Compatible" content="IE=edge" />
6      <meta name="viewport" content="width=device-width, initial-scale=1.0" />
7      <title>Document</title>
8      <link rel="stylesheet" href="sample.css" />
9    </head>
10   <body>
11     This is remote repository.
12   </body>
13 </html>
```

❸ファイルの同じ場所を変更

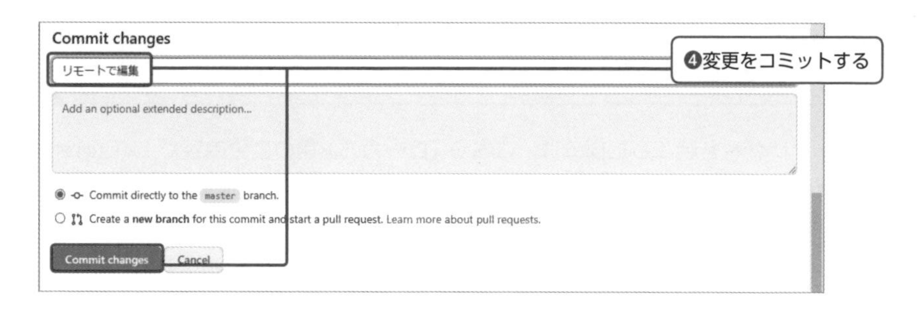

これで同じ場所に対して異なる変更がコミットされた状態になりました。この状態で同期（プッシュ／プル）を実行すると、コンフリクトが発生します。対象のファイルが自動的に開かれます。

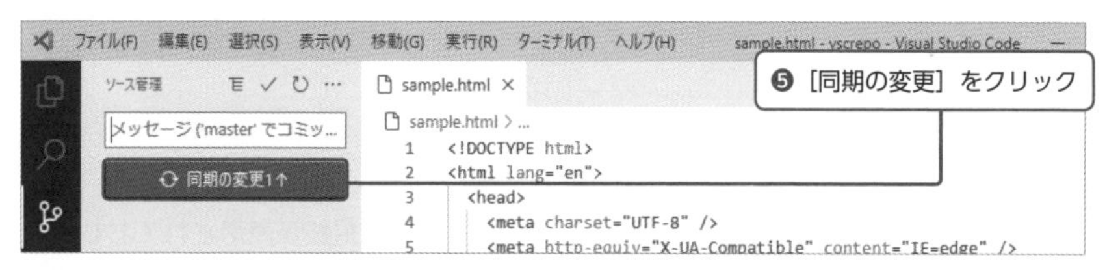

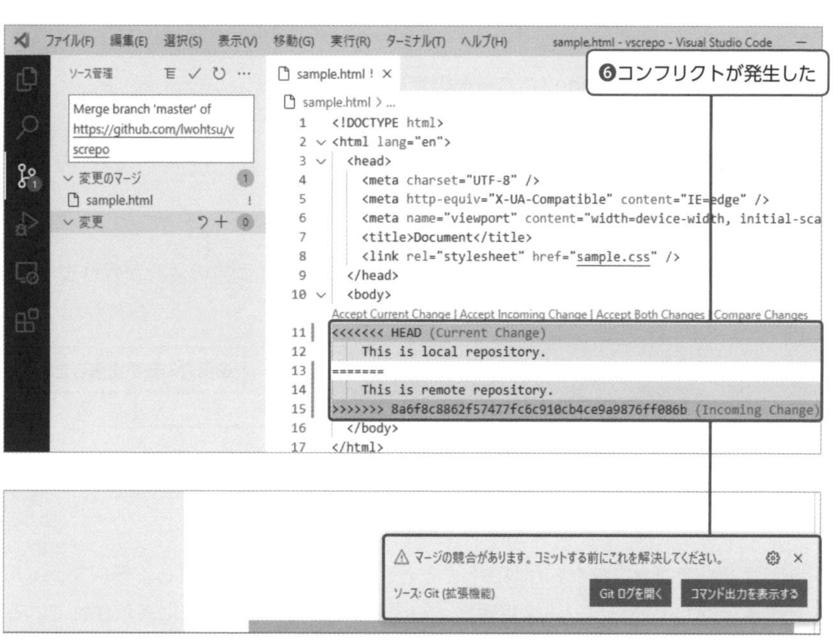

コンフリクトを解消する

コンフリクトを起こした部分は、こちら（ローカル）側の変更内容が上（Current Change）、リモート側の変更内容が下（Incoming Change）に表示されています。この部分を修正して、正しい状態にしてからコミットします。

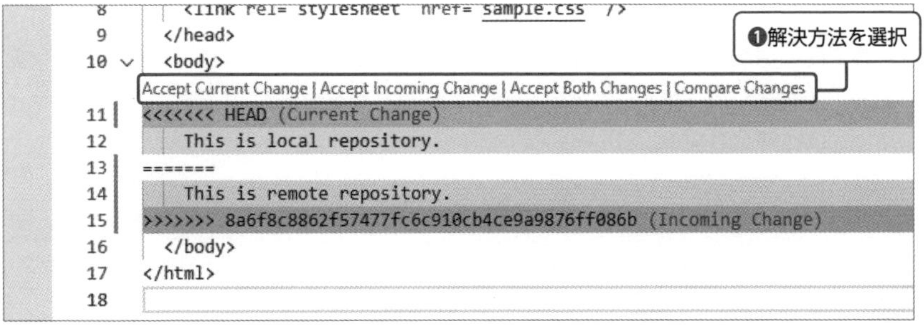

```
 8    <link rel="stylesheet" href="sample.css" />
 9    </head>
10    <body>
Accept Current Change | Accept Incoming Change | Accept Both Changes | Compare Changes
11  <<<<<<< HEAD (Current Change)
12      This is local repository.
13  =======
14      This is remote repository.
15  >>>>>>> 8a6f8c8862f57477fc6c910cb4ce9a9876ff086b (Incoming Change)
16    </body>
17  </html>
18
```

❶解決方法を選択

コンフリクトした部分の上にうすいグレーで、4つの選択肢が表示されており、これをクリックして解決することもできます。

・Accept Current Change（こちら側の変更を残す）
・Accept Incoming Change（リモート側の変更を残す）
・Accept Both Change（両方の変更を残す）
・Compare Changes（変更箇所を表示する）

Accept Both Changesをクリックした場合、次のように両方の変更が残ります。

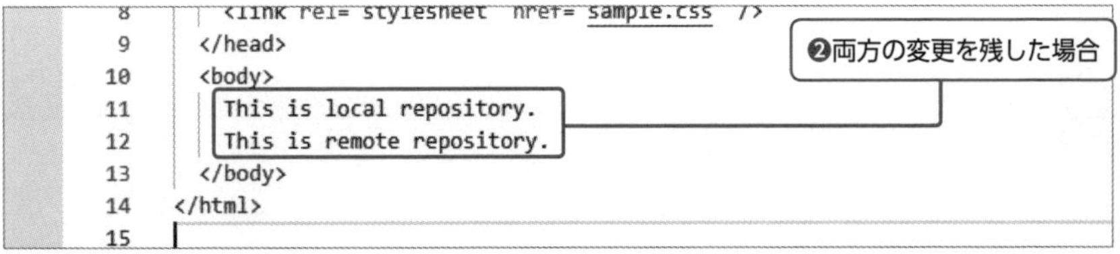

```
 8    <link rel="stylesheet" href="sample.css" />
 9    </head>
10    <body>
11      This is local repository.
12      This is remote repository.
13    </body>
14  </html>
15
```

❷両方の変更を残した場合

今回はこれでコンフリクトが解決したことにして、コミットしましょう。ファイルを上書き保存してから、ソース管理ビューの「変更のマージ」の下に表示されているファイルをステージします。

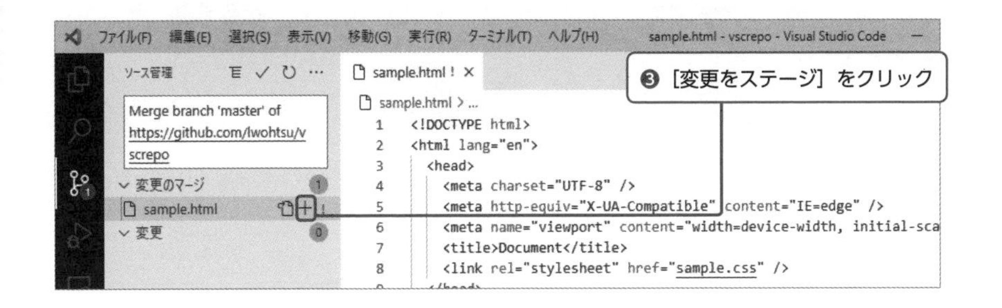

すでに「Merge branch……」というコミットメッセージが入っているので、そのままコミットし、リモートリポジトリと同期します。

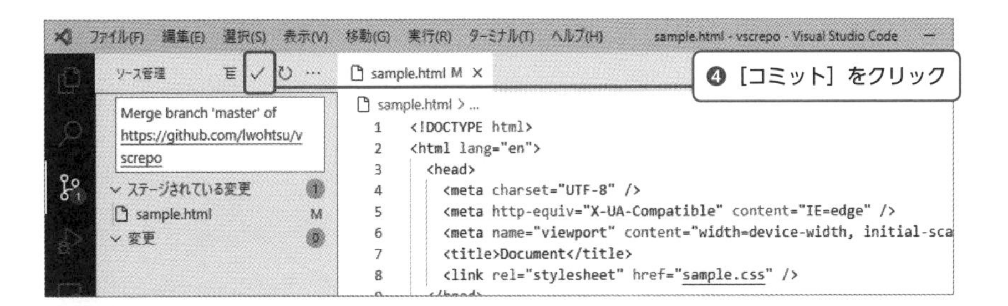

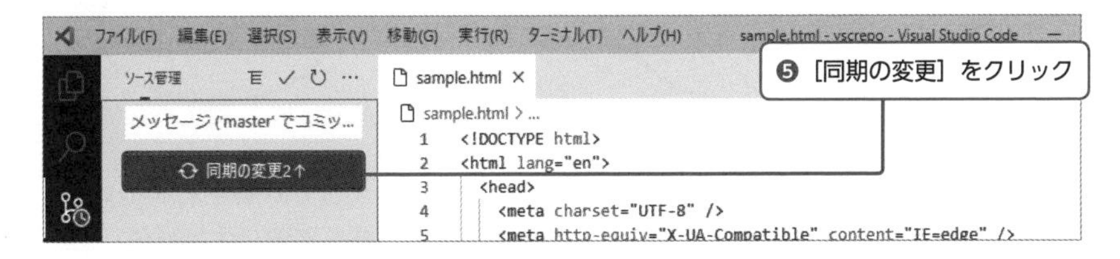

これでコンフリクトが解消し、ローカルとリモートのリポジトリが同じ状態になりました。タイムラインを見ると、両者のコミットとマージコミットが確認できます。

ブランチの作成から
マージまで

標準機能 ／ # ブランチ

ブランチでコミット履歴を枝分かれさせる

大きな機能追加などを行う場合は、ブランチを作成して作業することがあります。ここではブランチの基本操作を説明します。

ブランチを作成する

ブランチはコミット履歴を枝分かれさせる機能です。プロジェクトに大きな変更を加えるときなどにブランチを作成しておけば、ブランチ単位で採用／却下を決めることができます。今回はCSSの編集を別ブランチで行うことにして、ブランチの基本操作を試してみましょう。

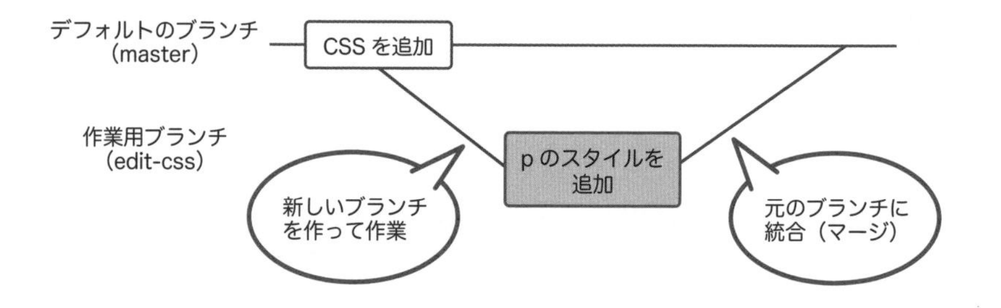

なお、ブランチの作成や切り替えを行う際は、なるべくすべての変更をコミットした状態で行ってください。そうしないと、**コミットしていない変更が失われる**ことがあります（変更を一時退避する機能もありますが、使い方が難しいです）。

VSCodeのステータスバーに**現在のブランチ**が表示されています。ブランチの作成や切り替えをするときは、ここをクリックします。ソース管理ビューのメニューやコマンドパレットからも操作できますが、ステータスバーからの操作が一番手軽です。

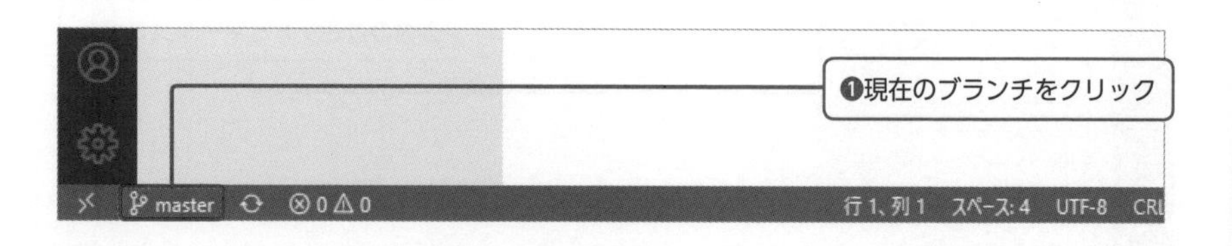

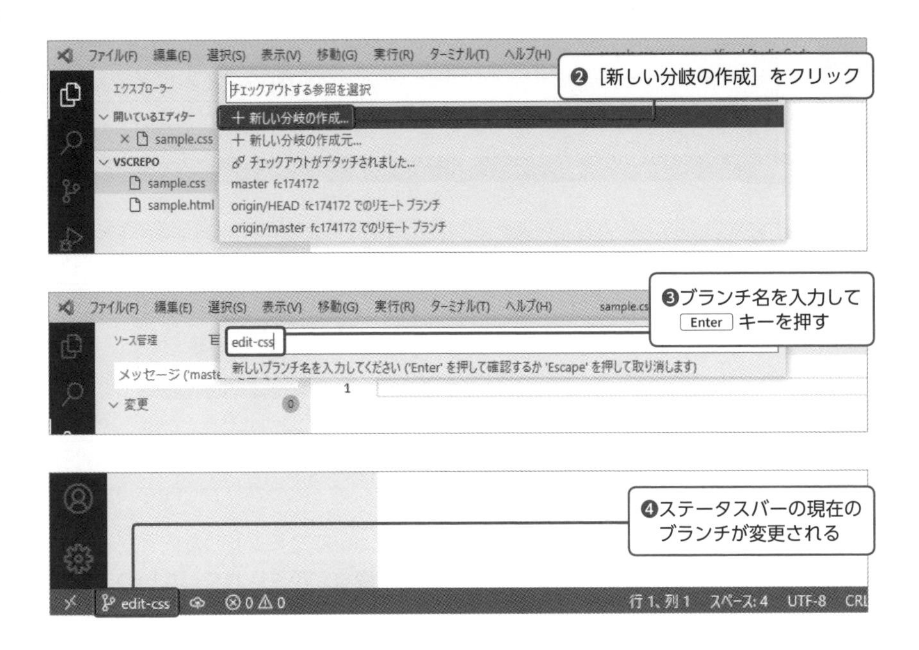

このままstyle.cssを編集して、コミットしてみましょう。

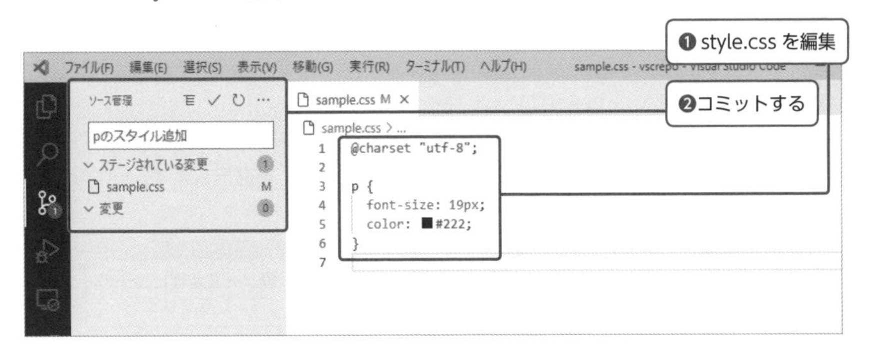

ブランチをマージする

まだ1回しかコミットしていませんが、CSSの編集が終わったことにして、デフォルトのブランチに**マージ（統合）**しましょう。まず、edit-cssブランチからデフォルトのmasterブランチに切り替えます。

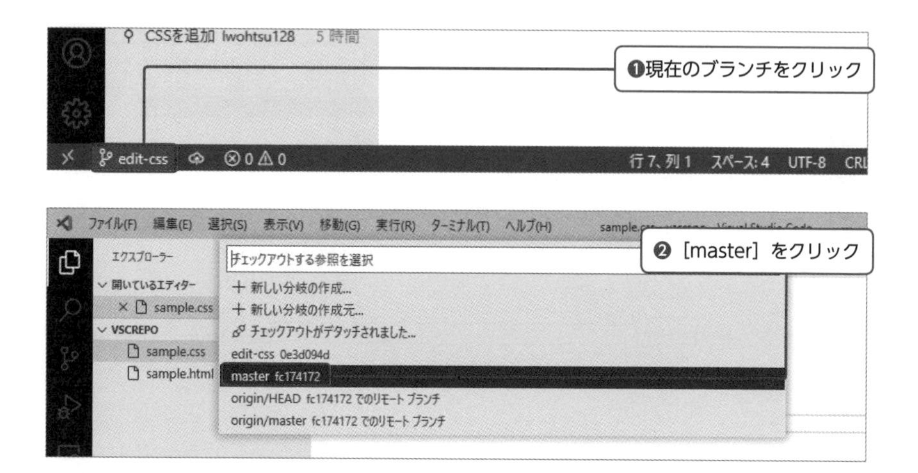

masterブランチに切り替えると、先ほどsample.cssにコミットした内容が消えます。まだマージ前なのでedit-cssブランチで行った変更が反映されていないのです。

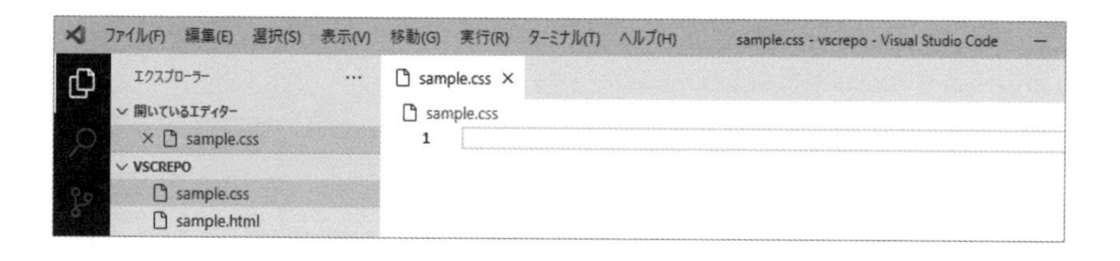

ソース管理ビューのメニューから、[ブランチをマージ] を選択します。

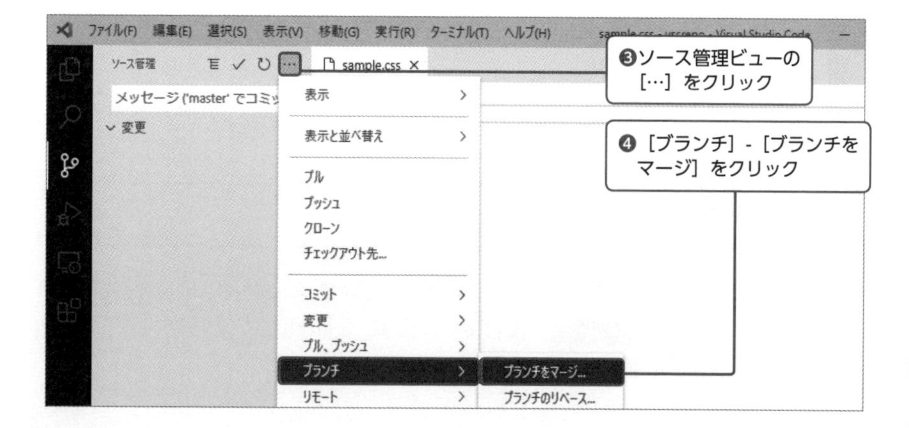

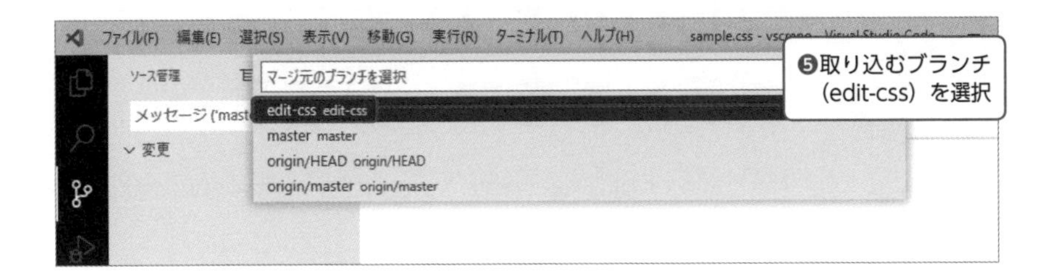

edit-cssブランチをmasterブランチに取り込んだ（マージした）結果、edit-cssブランチで行ったsample.cssの変更内容が反映されました。

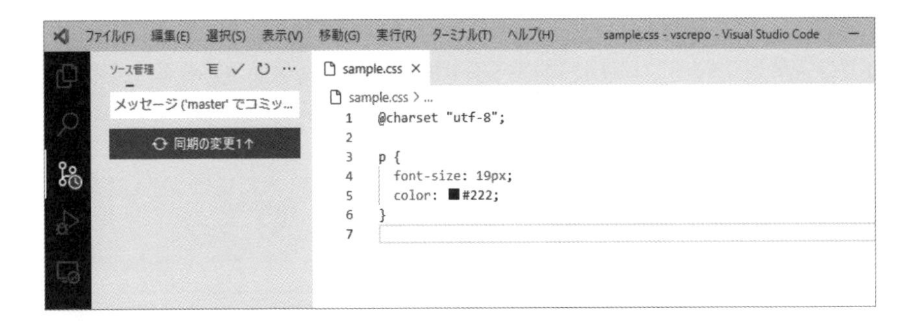

Point　コマンドパレットでGitを操作する

Gitコマンドに慣れている人なら、コマンドパレットを使ったほうが快適かもしれません。コマンドパレットに「merge」や「git」などのキーワードを入力すると、Gitの操作を実行できます。

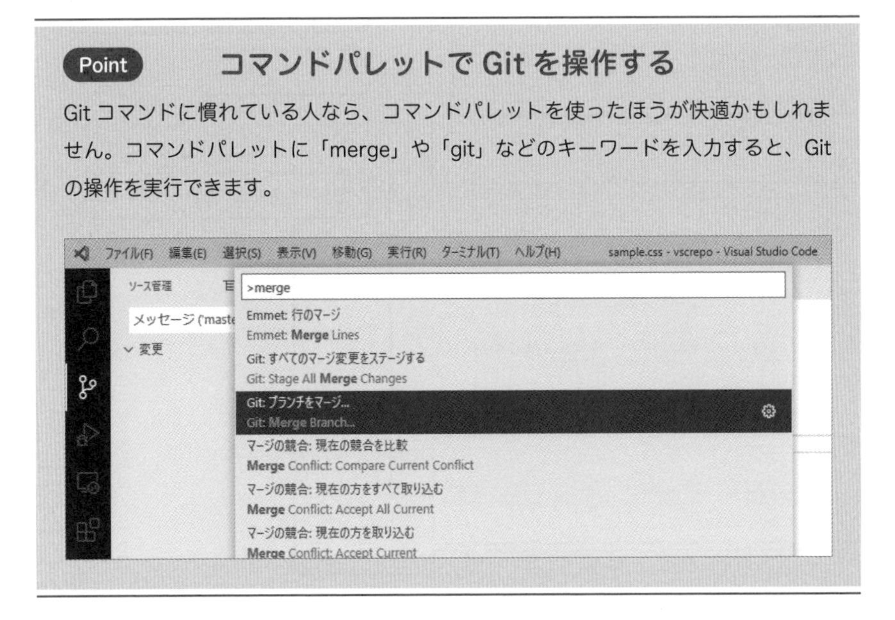

プルリクエストで
レビューを依頼

拡張機能 ／ # ブランチ

プルリクエストを利用してブランチをマージする

プルリクエストはGitHubの機能の1つで、ブランチをマージする前に共同編集者に確認してもらうことができます。

プルリクエストとは

前に「問題がなければブランチをマージする」と説明しましたが、共同で開発している場合、「問題がない」ことを話し合わなければいけません。そのための機能が**プルリクエスト**です。これはGitではなくGitHubの機能で、ブランチをマージする前にいったん保留しておき、確認（レビュー）の結果、問題ないとわかったらマージを実行します。

以下はGitHub上のプルリクエストの例です。例なので1人でレビューして修正、マージしていますが、通常は複数人でレビューします。

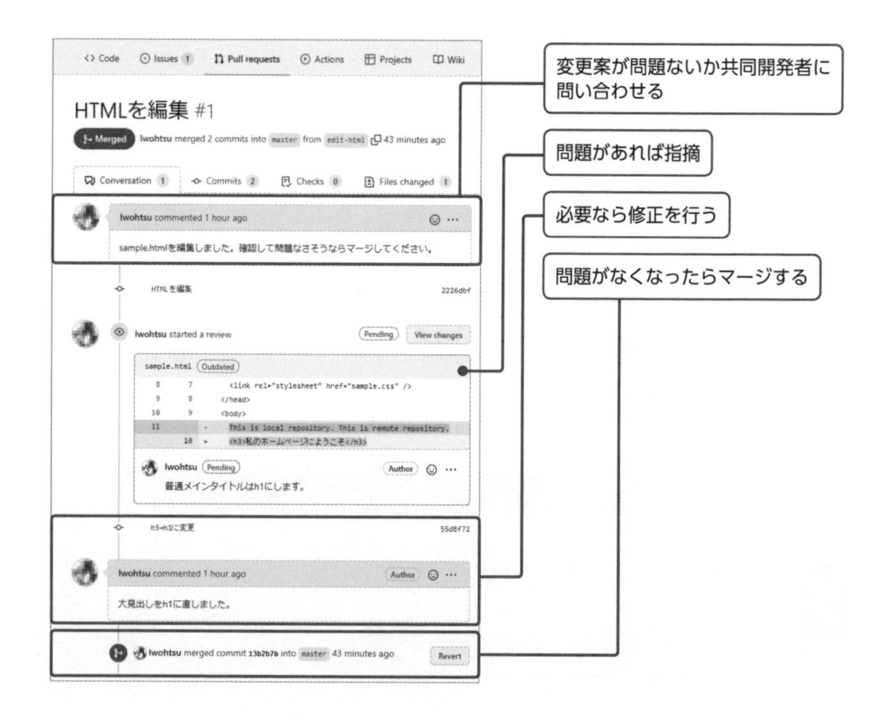

一般的にプルリクエストはGitHubのページ上で利用しますが、**Github Pull Requests and Issues拡張機能**をインストールすると、VSCode上でプルリクエストを利用できるようになります。

Marketplace で Github Pull Requests and Issues を検索

機能拡張をインストールすると、アクティビティバーにGitHubアイコンが追加されます。この**GitHubビュー**で最初にVSCodeとGitHubの連携設定を行います。

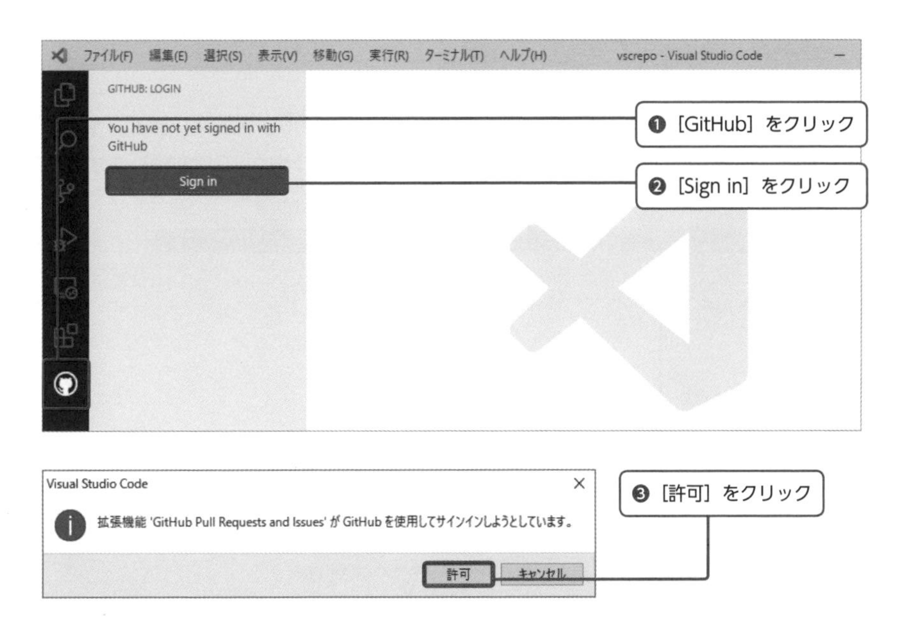

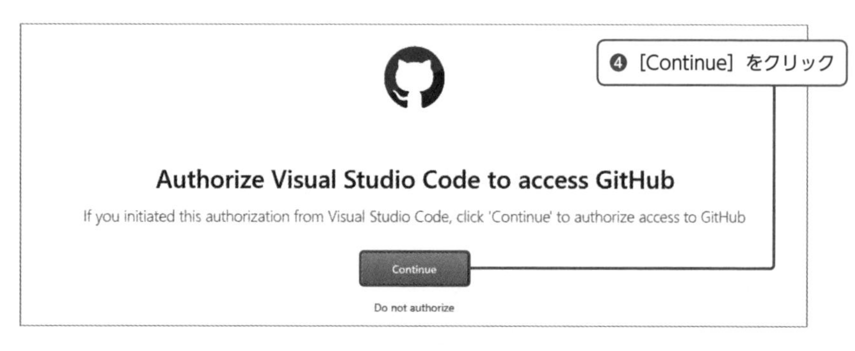

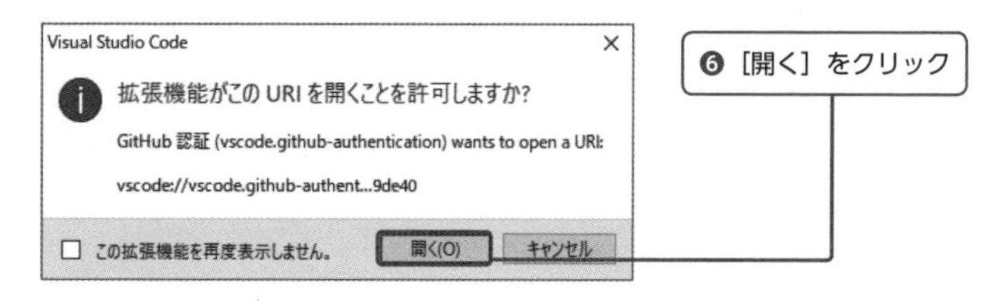

連携設定が完了すると、現在開いているリポジトリのプルリクエストとイシューが確認できるようになります。イシュー機能はさほど便利ではないので割愛します。

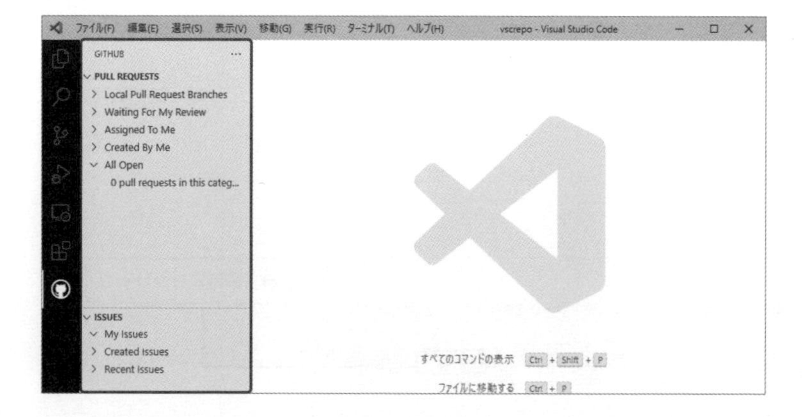

プルリクエストを作成する

　プルリクエストを作成するには、まず作業用のブランチを切り、そこに変更をコミットします。流れに沿ってやってみましょう。

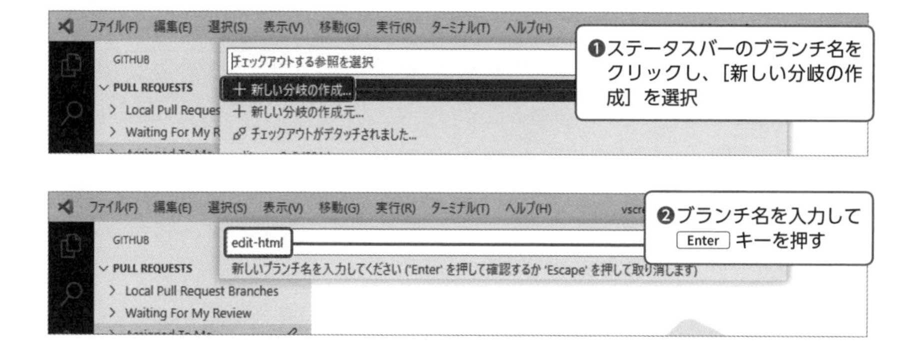

　ファイルを変更してコミットします。

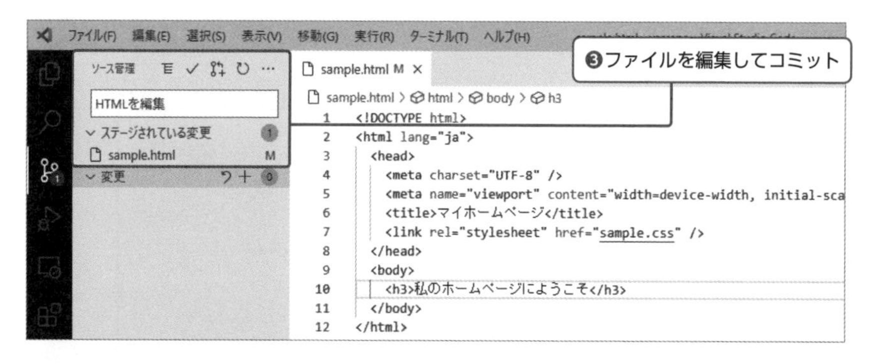

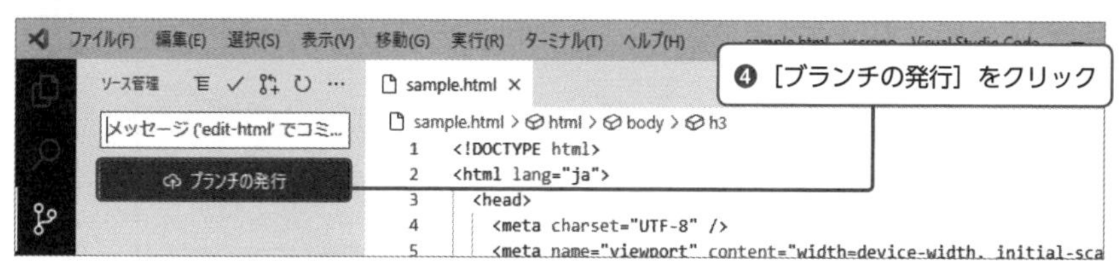

作業がひととおり終わり、すべてコミットしたら、プルリクエストを作りましょう。GitHubビューで操作します。

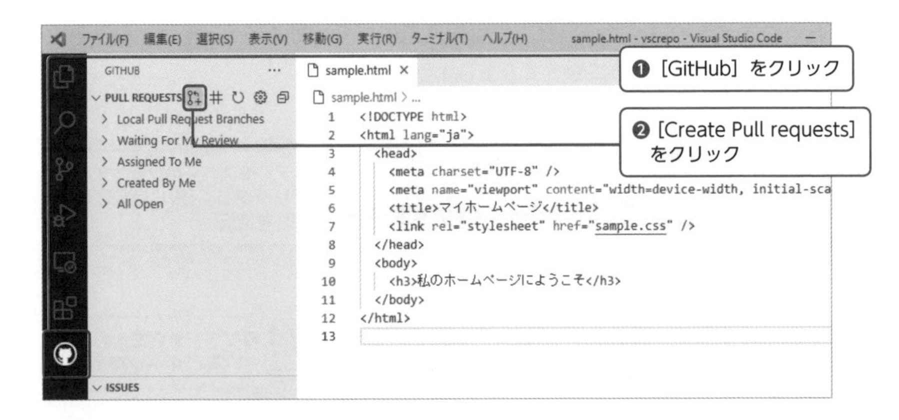

GitHub Pull Requestsビューが表示されます。元のブランチや追加先のブランチが間違っていないか確認し、説明（DESCRIPTION）を入力します。

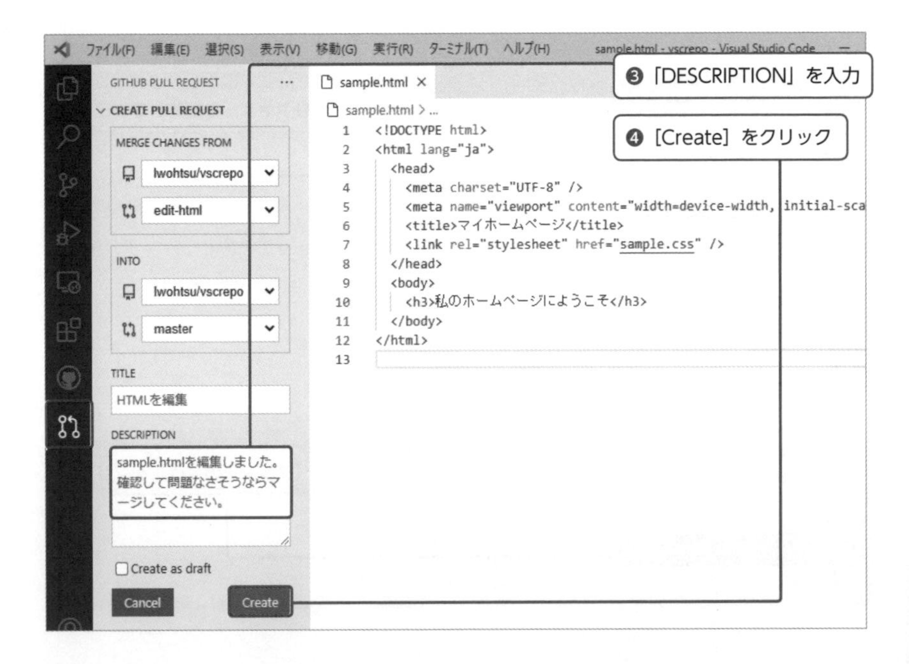

タブが追加され、そこにプルリクエストの情報が表示されます。

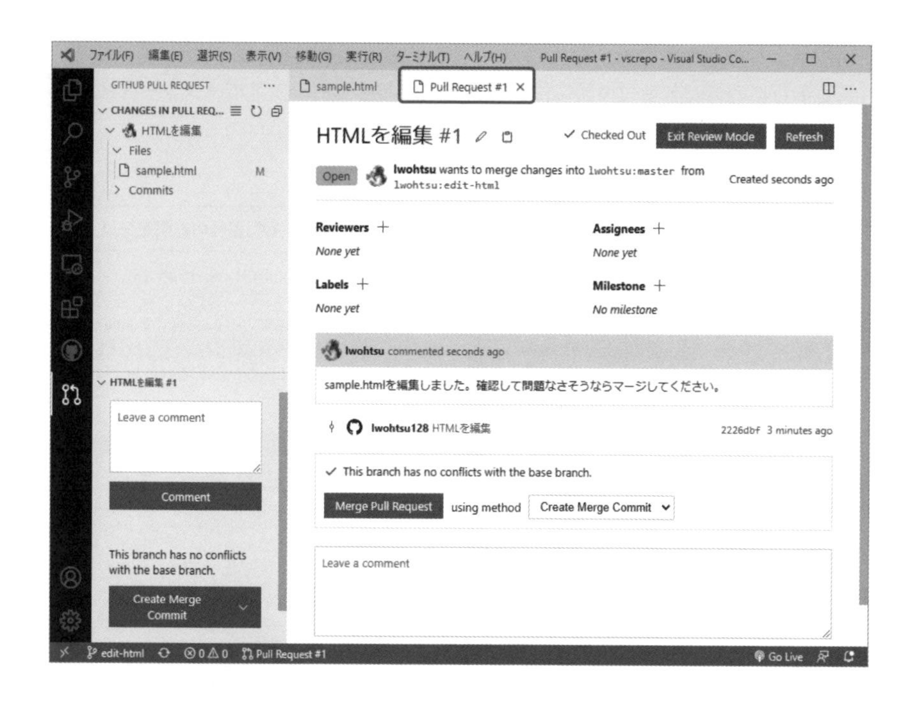

この段階でGitHub上のリモートリポジトリを表示すると、プルリクエストが追加されていることが確認できます。

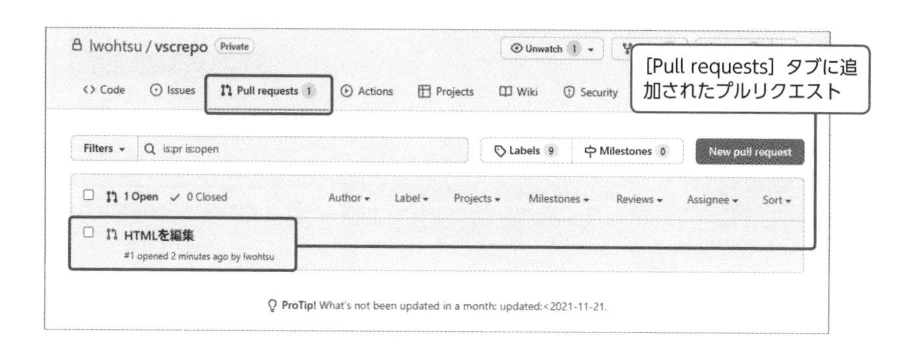

提案された変更をレビューする

プルリクエストで提案された変更を確認する作業を**レビュー**といいます。プルリクエストを作成するとVSCodeは**レビューモード**に切り替わり、ファイルにコメントを付けることができます。

特定の行にコメントを付けるには、行番号の隣あたりにマウスポインターを合わせると［+］マークが表示されるので、そのままクリックします。

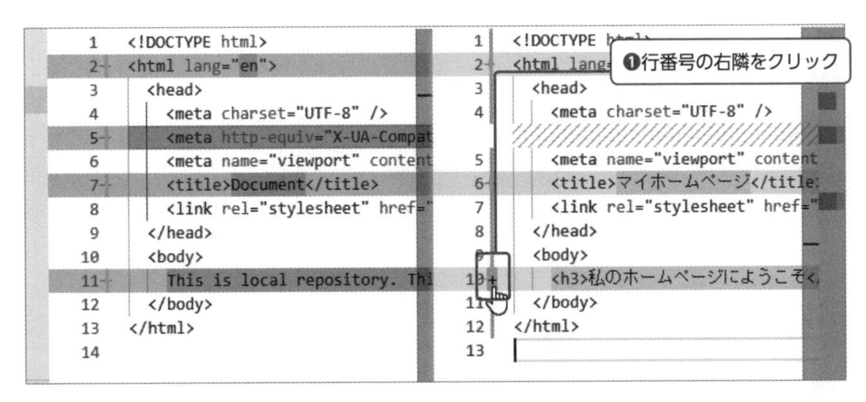

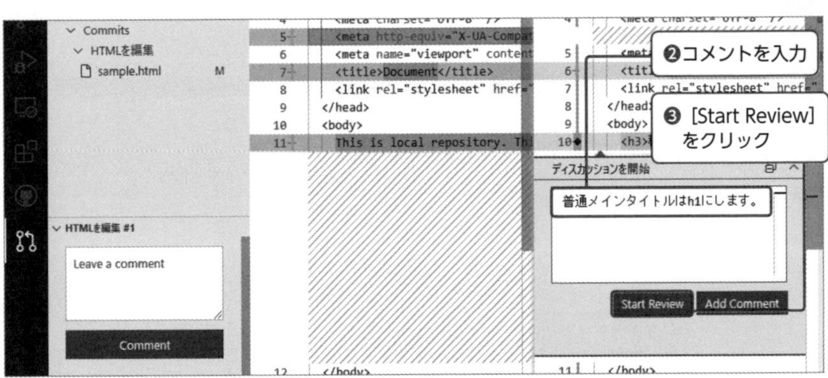

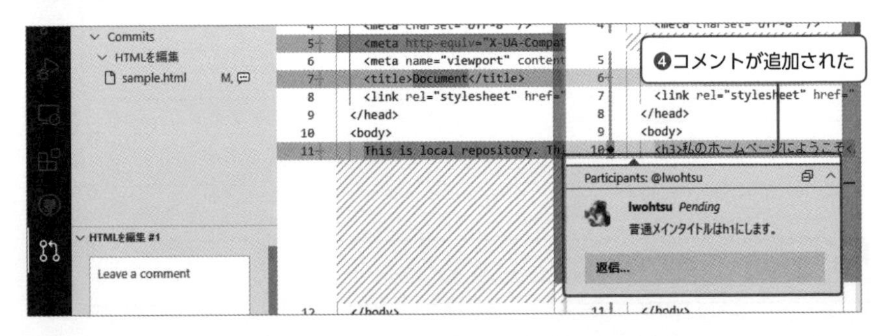

レビューコメントは自動的にGitHubと同期されるので、共同作業者も確認できます。

レビューコメントに対応する

レビューコメントを見て、その指摘が納得できるものであれば、ファイルを修正しましょう。プルリクエストのブランチに対して、いつもどおりにファイルを修正し、コミットします。

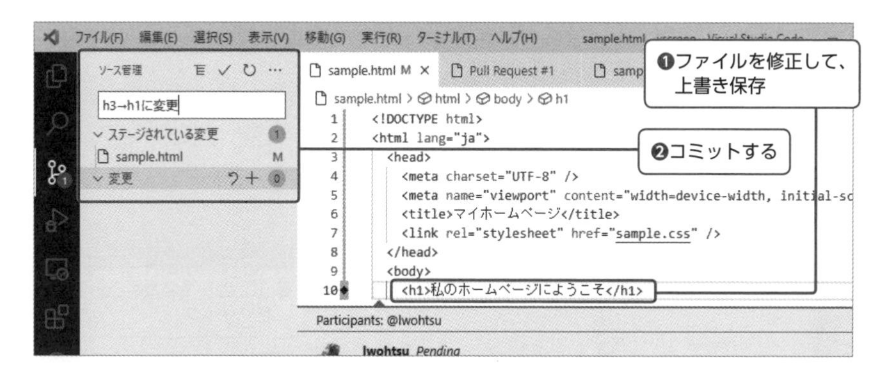

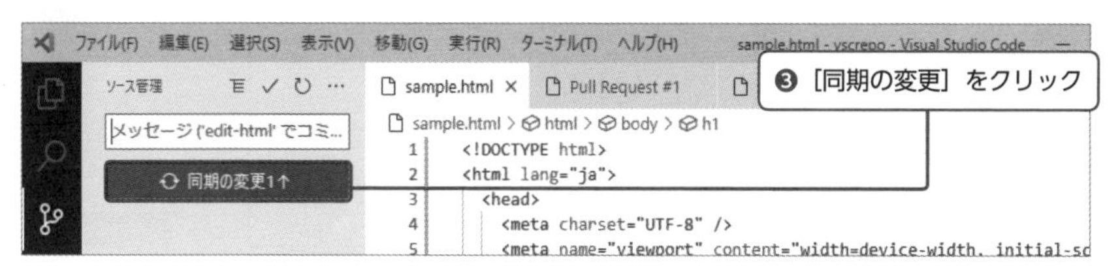

修正したことをコメントしておきましょう。GitHub Pull Requestsビューでコメントを投稿します。

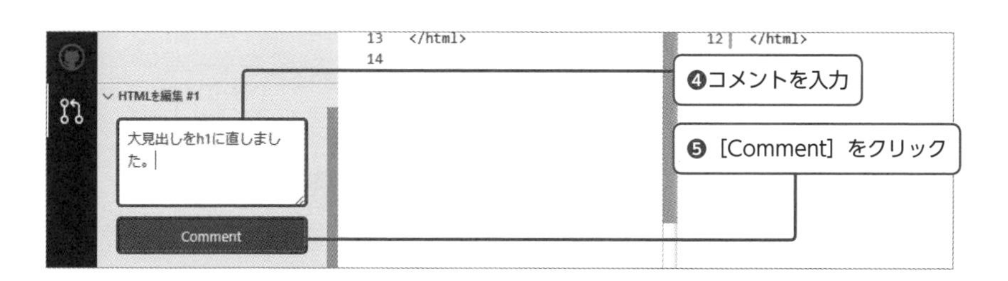

投稿したコメントは、GitHub Pull Requestsビューでプルリクエストを選ぶと確認できます。もちろんGitHub上でも確認できます。

プルリクエストをマージする

変更が問題ないということになったら、プルリクエストをマージしましょう。GitHub Pull Requestsビューで［Create Merge Commit］をクリックします。

プルリクエストに使用したブランチはもう不要なので、削除します。

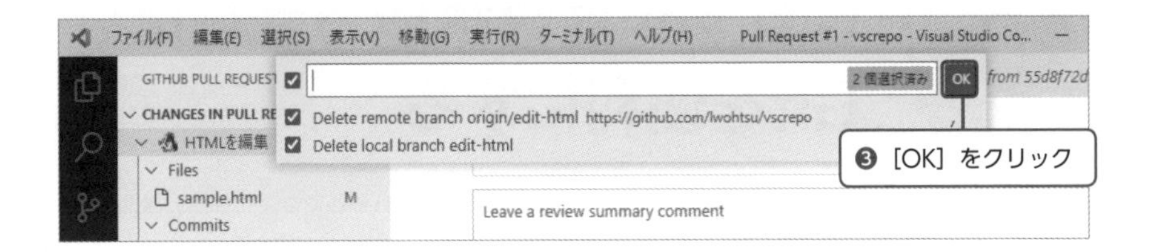

これでプルリクエストの作業がすべて終わりました。プルリクエストはクローズした状態になり、アクティビティバーからGitHub Pull Requestsのアイコンも消えます。

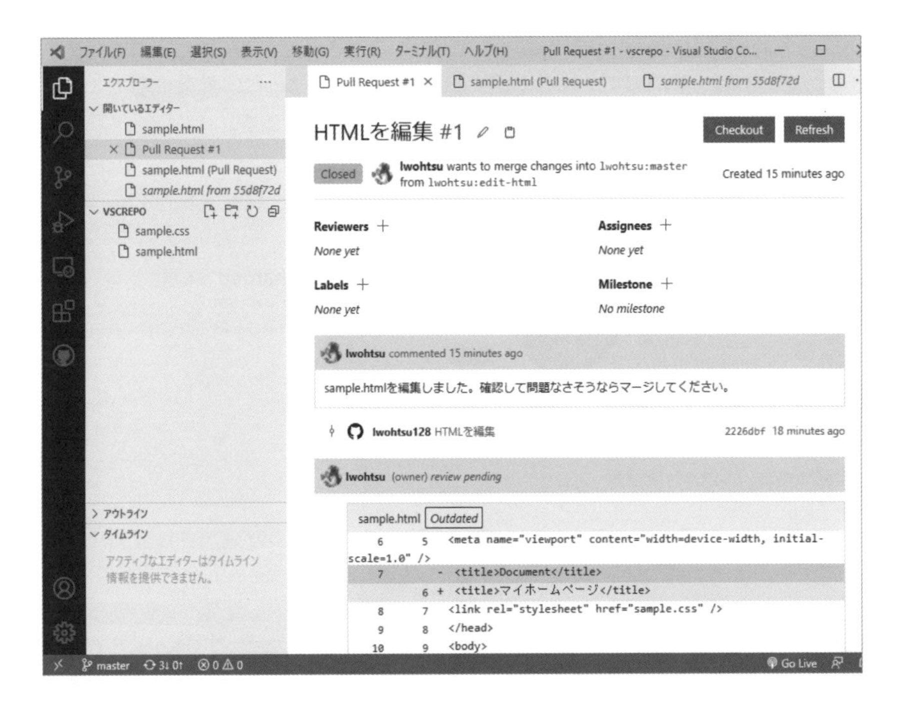

GitHub上で共同作業する場合、プルリクエストを使わずにブランチをマージすることはまずありません。たいていの作業は、プルリクエストを利用して相談しながら進めていきます。本書ではVSCode上での操作のみ説明しましたが、GitHub上でのプルリクエストの使い方も体験しておくことをおすすめします。画面は異なりますが、レビューして、修正をコミットし、最後にマージしてブランチを削除する、という流れは変わりません。

Gitをさらに
快適に使う

拡張機能 ／ #Git の基本

GitLens拡張機能でさらにGitを便利にする

GitLensは、Gitを補助する機能を追加してくれるとても便利な拡張機能です。Gitに慣れてきたらぜひ使ってみてください。

GitLens拡張機能でできること

標準のソース管理ビューを使っていると、なぜその場でコミット履歴を確認したり、ブランチを切り替えたりすることができないのだろうと不満に感じることがあります。その不満を解消してくれるのが、**GitLens（ギットレンズ）拡張機能**です。これをインストールするとソース管理ビューが大幅に強化されます。

Marketplace で GitLens を検索

インストールするとアクティビティバーにGitLensアイコンが追加されます。

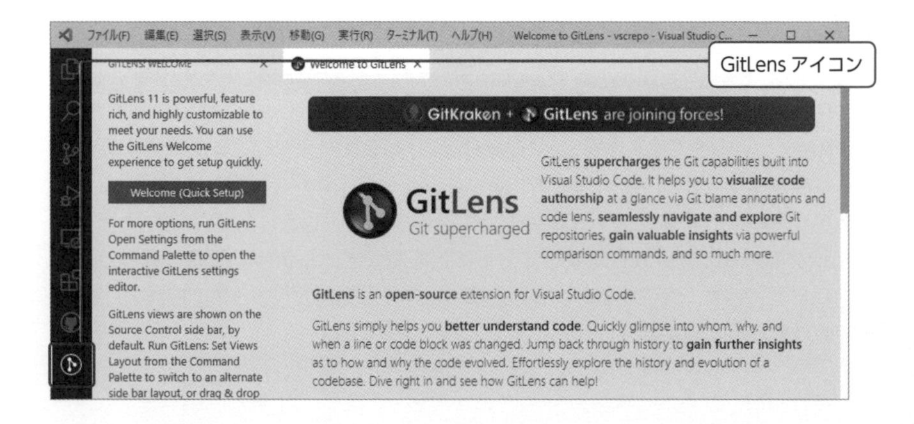

ただしこのビューで設定できるのは、GitLensの機能のオン／オフだけです。主な機能はソース管理ビューに追加されます。また、GitHubとの連携が必要となるので、［アカウント］アイコンから連携設定を行ってください。これまでに何度か行ったGitHubとの連携設定です（P.205参照）。

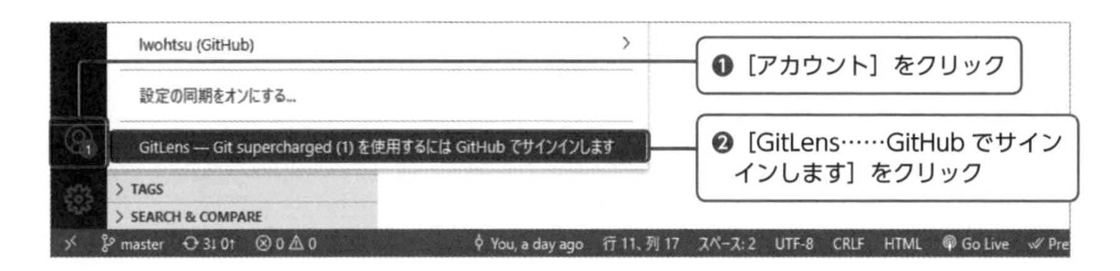

ソース管理ビューに切り替えると、サイドバーの下部に7つのビューが追加されています。

ビュー名	機能
COMMITS	全体のコミット履歴を確認できる
FILE HISTORY	現在表示しているファイルのコミット履歴を確認できるエクスプローラービューのタイムラインと同等の機能
BRANCHES	ブランチの一覧を表示し、切り替えることができる
REMOTES	リモートリポジトリの情報を確認、設定できる
STASHES	スタッシュ（変更を一時退避する機能）を利用できる
TAGS	コミットに付けたタグの一覧を表示できる
SEARCH & COMPARE	コミットをキーワードなどで検索できる

GitLensの主要な機能を紹介しましょう。

コミット履歴を確認する

COMMITSビューによって、ソース管理ビューでコミット履歴を確認できます。標準のタイムラインビューでは選択中のファイルに関するコミット履歴しか見られませんでしたが、COMMITSビューには過去のすべてのコミット履歴が表示されます。

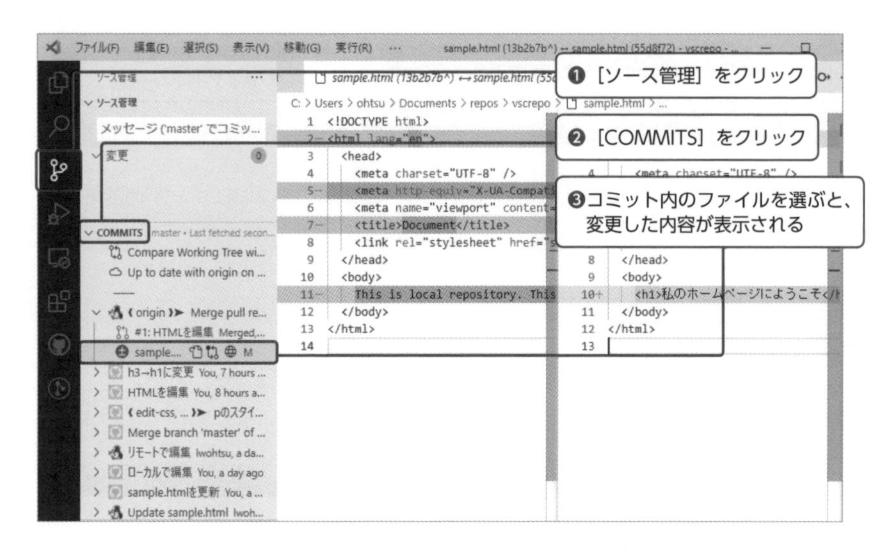

タイムラインビューと同じ機能を持つのはFILE HISTORYビューです。

ブランチ一覧を表示する

BRANCHESビューはブランチの一覧を表示するだけでなく、切り替えや作成、プルリクエストも行うことができます。

切り替えたいブランチ名にマウスポインターを合わせ、[Switch to Branch] をクリックすると、そのブランチに切り替えることができます。

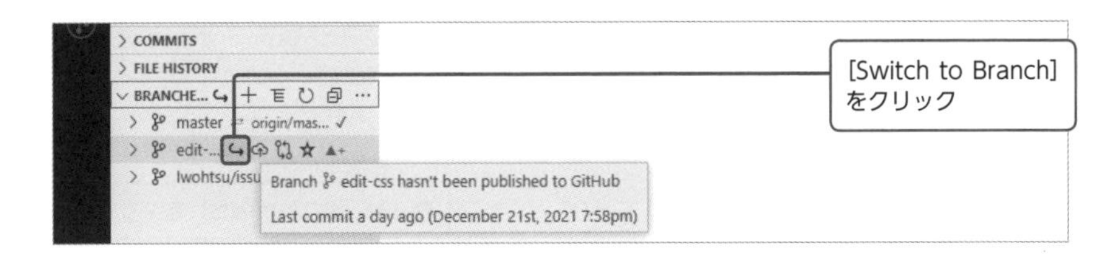

また、[Create Branch]（＋アイコン）で新たなブランチを作成できます。さらにプルリクエストを作成することもできます。

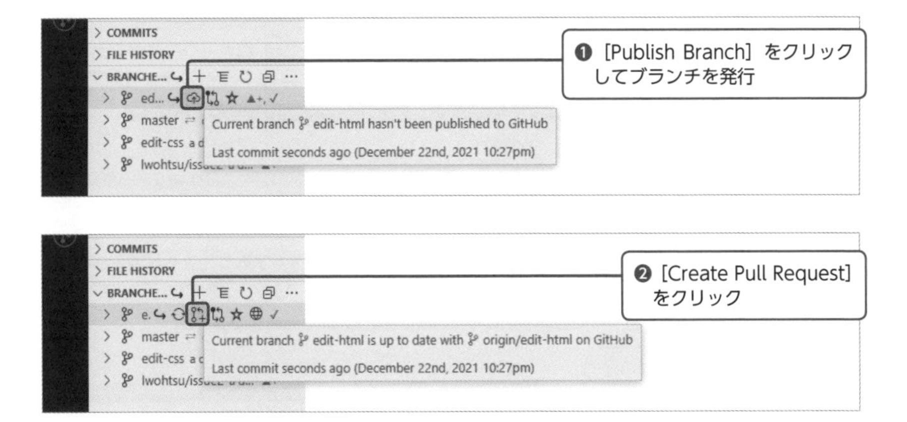

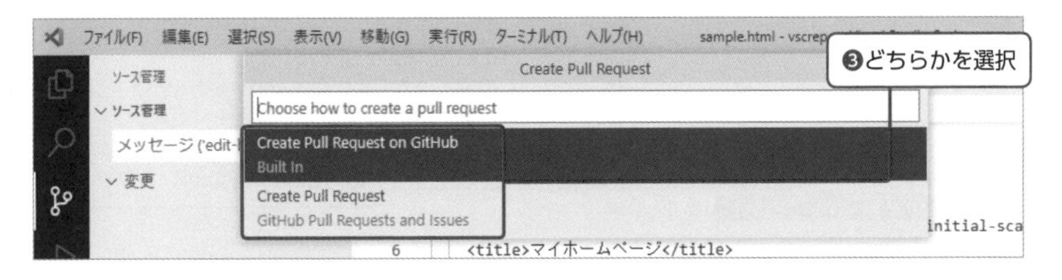

最後にコマンドパレットで選択しているのは、プルリクエストの作成をGitHubのページ上で行うか（Built in）、GitHub Pull Requests and Issues機能拡張を利用するかです。どちらでも好きなほうを選んでかまいません。

コミットを検索する

コミットが増えてきて目的のものが見つけにくくなったら、SEARCH & COMPAREビューを使ってみましょう。コミットメッセージやコミットしたユーザー名で検索することができます。

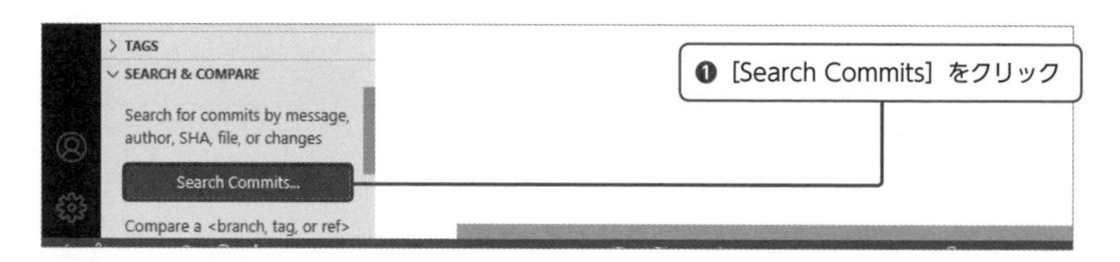

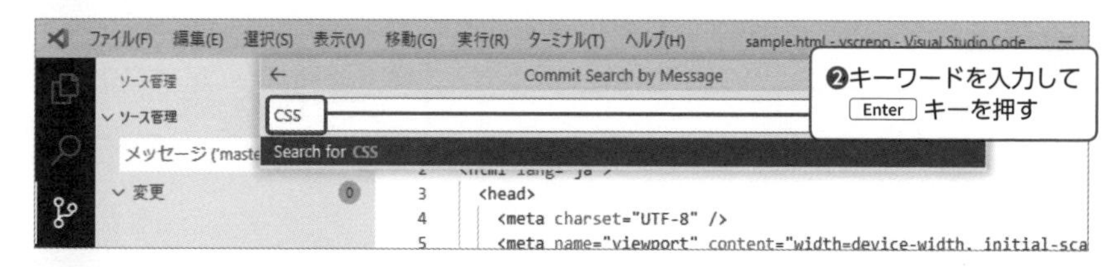

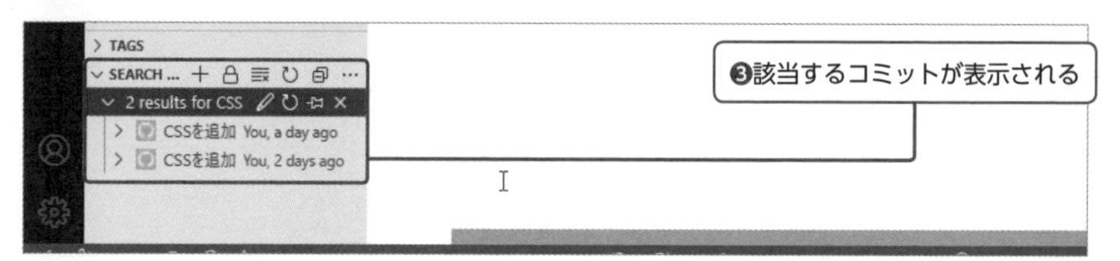

新たな検索をしたい場合は、［Clear Results］をクリックします。

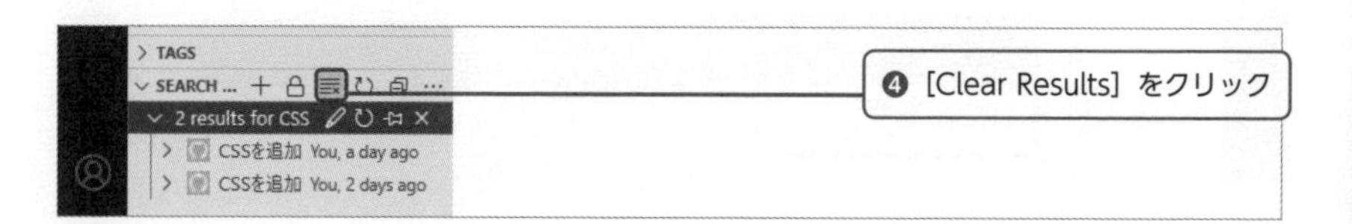

行ごとに変更情報を表示する

ファイルをながめていて、たまたまおかしな記述を見かけると、誰がいつこんな変更をしたのか知りたくなることがあります。そんなときに役立つのが**Current Line Blame機能**です。

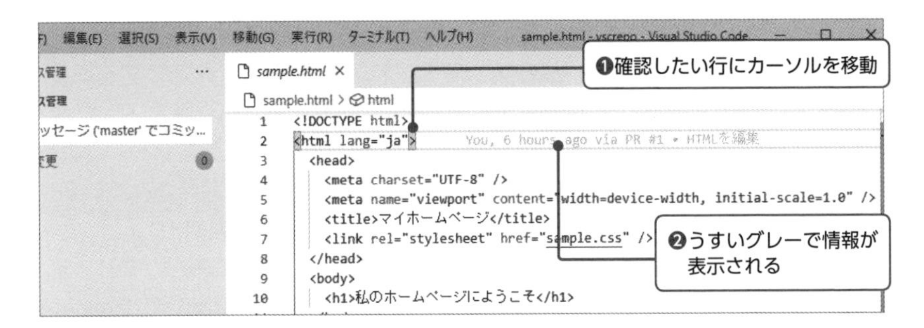

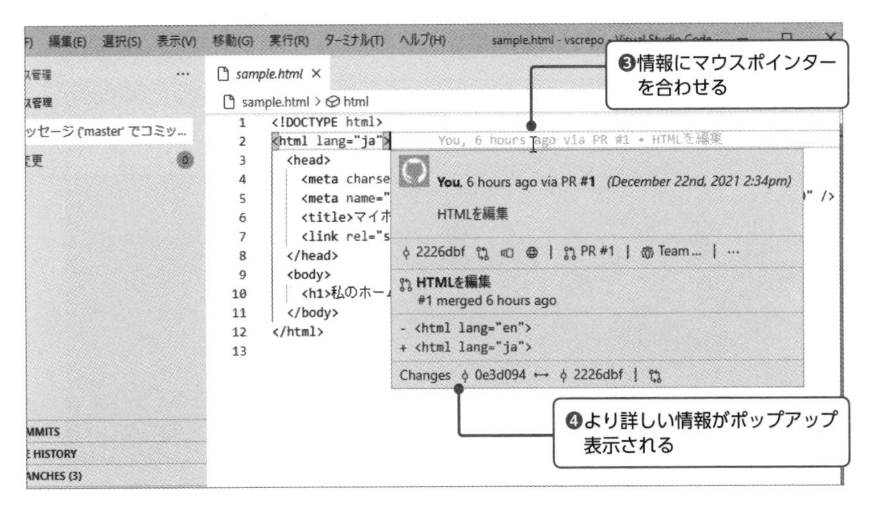

その行に対して変更が行われたコミットや、どのような変更が行われたのか、誰がいつ変更したのか（自分自身の場合はYou）といった情報が確認できます。

Blame機能はGitコマンドやGitHubにもありますが、確認するのが少々面倒でした。それをすぐに確認できるのが、GitLensの便利なところです。

オンライン版／# 実験機能

オンライン版VSCodeを利用する

GitHubの直接編集を手軽に

Visual Studio Code for the WebはWebブラウザ内で動作するVSCodeです。GitHubのリポジトリだけでなく、パソコン内のファイルも編集できます。

デスクトップ版とほとんど同じ機能を持つオンライン版

2021年10月に発表された**Visual Studio Code for the Web**（以降オンライン版VSCode）は、Webブラウザ上で動くWebアプリでありながら、デスクトップ版とほとんど同じ機能を持ちます。VSCodeはもともとJavaScriptで開発されているとはいえ、デスクトップとWebブラウザの環境の違いを考えると驚異的です。

本書執筆時点（2021年12月）では、オンライン版にはいくつかの制限があります。まず、インストールできない拡張機能があり、その中には日本語化を行うJapanese Language Packも含まれます。

Git関連の拡張機能では、GitHub Pull Requests and Issuesはインストールできますが、GitLensはインストールできません。

グレー表示の拡張機能は
インストールできない

その他、メニューの操作方法が異なる点や、ターミナルが使えない、ビルドやデバッグが行えない点などが目立つ違いです。

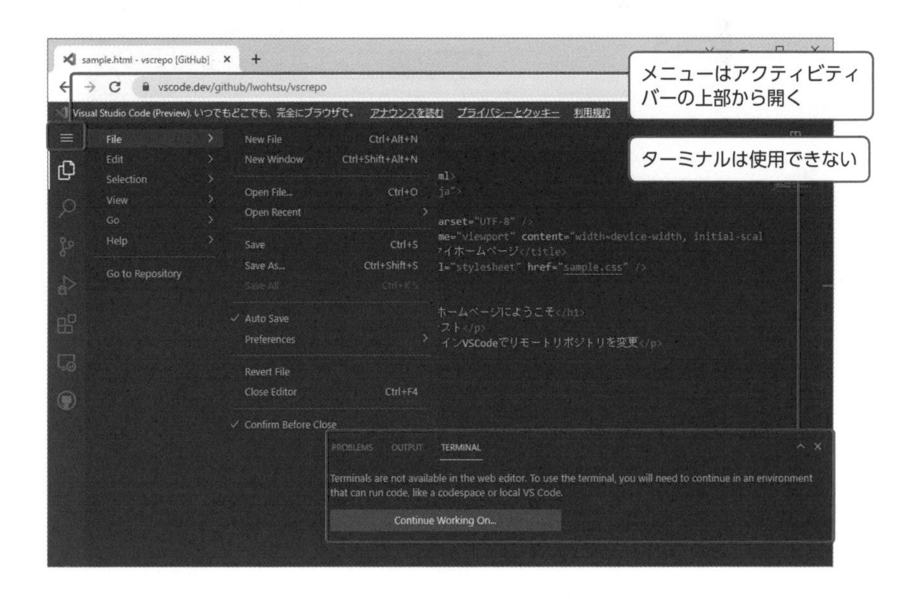
メニューはアクティビティバーの上部から開く
ターミナルは使用できない

オンライン版でパソコン内のファイルを編集する

オンライン版VSCodeの利用方法は、EdgeやChromeなどのWebブラウザで「https://vscode.dev」にアクセスするだけです。ユーザー登録なども不要で、すぐに使いはじめることができます。エクスプローラービューの［Open Folder］をクリックして、パソコン内のフォルダーを開くことができます（メニューにはOpen Folderという項目はありません）。

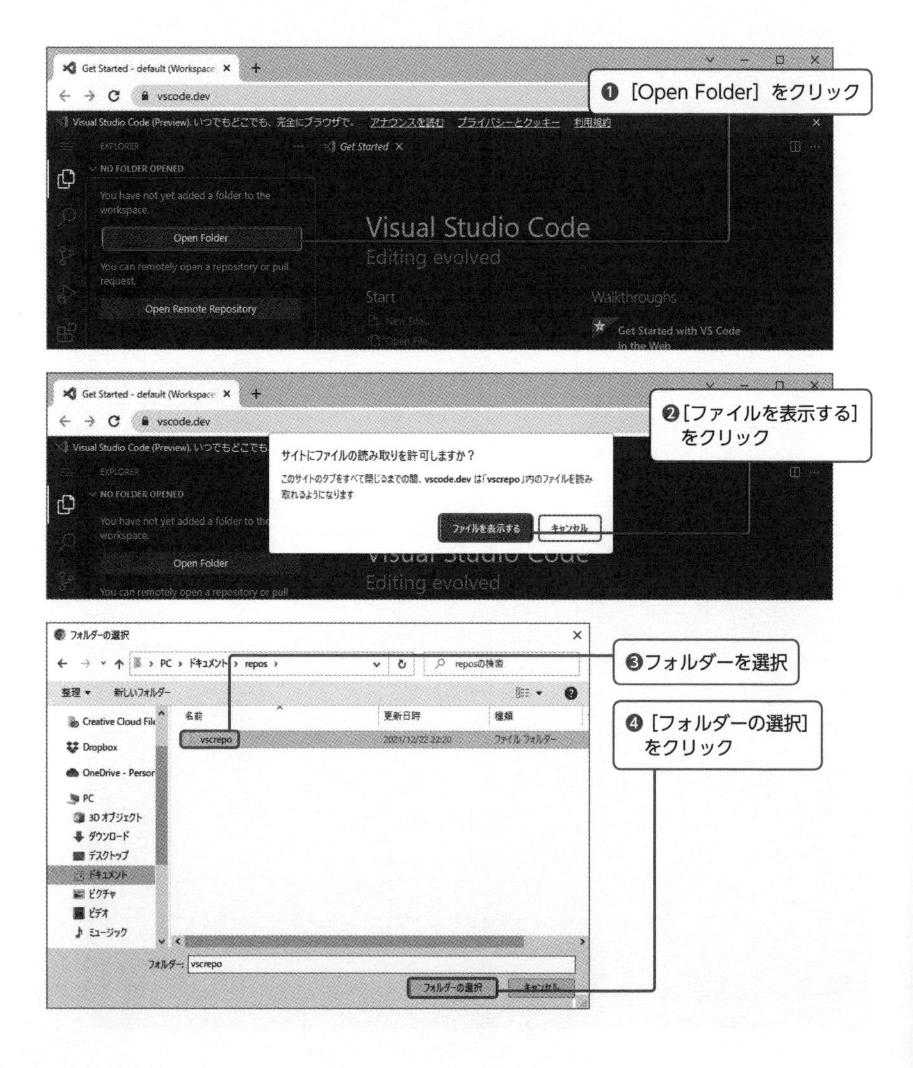

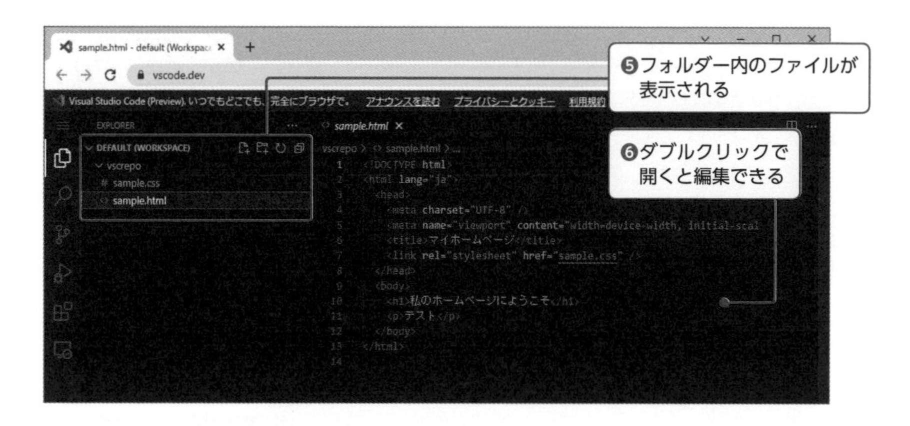
❺フォルダー内のファイルが表示される
❻ダブルクリックで開くと編集できる

フォルダーを開く際に許可を求められたのと同じく、ファイルを編集して保存する際も許可が求められます。いったん許可すると、オンライン版VSCodeを閉じる（つまりWebブラウザのタブを閉じる）まで有効です。

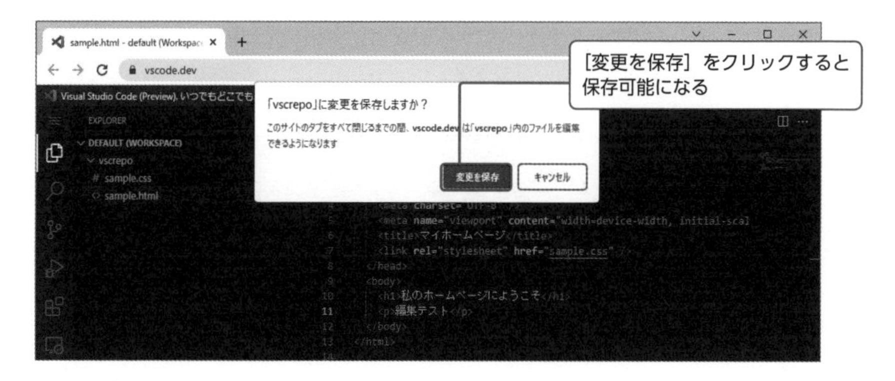
[変更を保存］をクリックすると保存可能になる
「vscrepo」に変更を保存しますか？
変更を保存
キャンセル

面白いことに、ローカルリポジトリを開いていても、Gitの機能は利用できません。ファイルを変更したあとのコミット、プッシュなどの操作はデスクトップ版で行う必要があります。そのため、ローカルリポジトリを編集するよりは、次に説明するようにリモートリポジトリを直接編集したほうが便利でしょう。

オンライン版でGitHubのリポジトリを開く

エクスプローラービューかソース管理ビューの［Open Remote Repository］をクリックすると、GitHub上のリモートリポジトリを開くことができます。

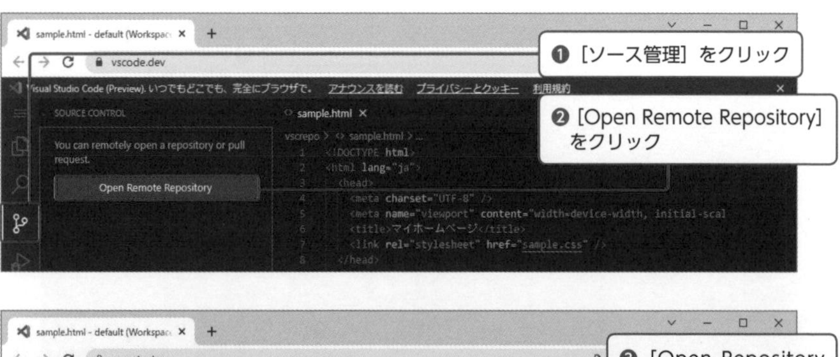

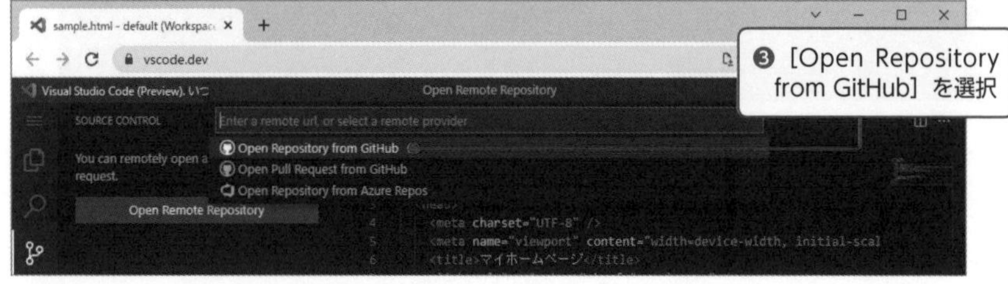

最初はGitHubにアクセスする許可を与える必要があります。いったん許可すると、オンライン版を閉じるまで有効になります。

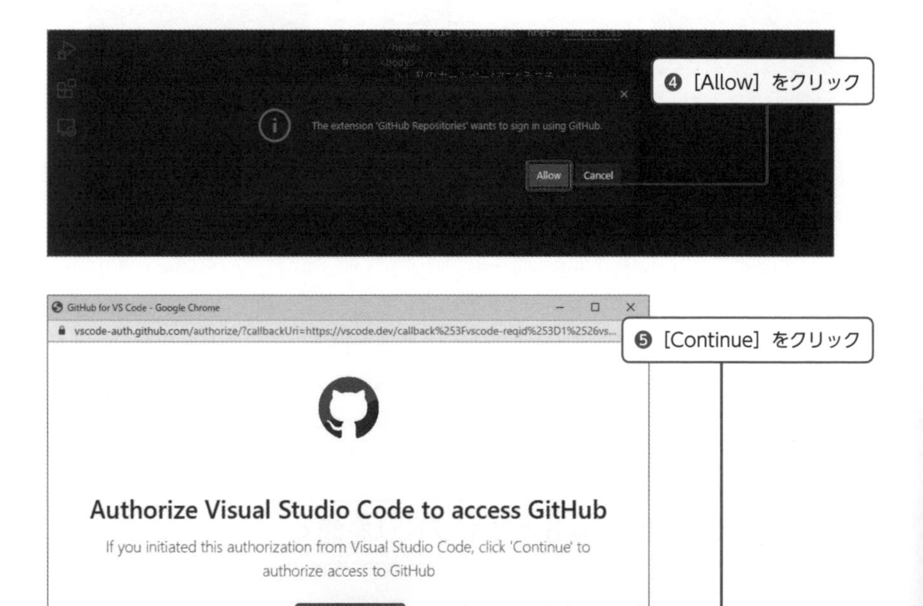

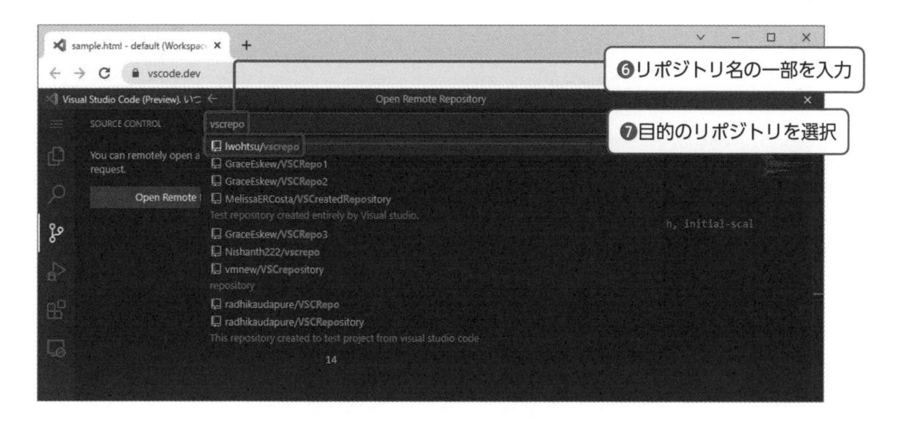

リモートリポジトリが開かれました。パソコン内のフォルダーを開いたときと同じようにファイルを編集できます。

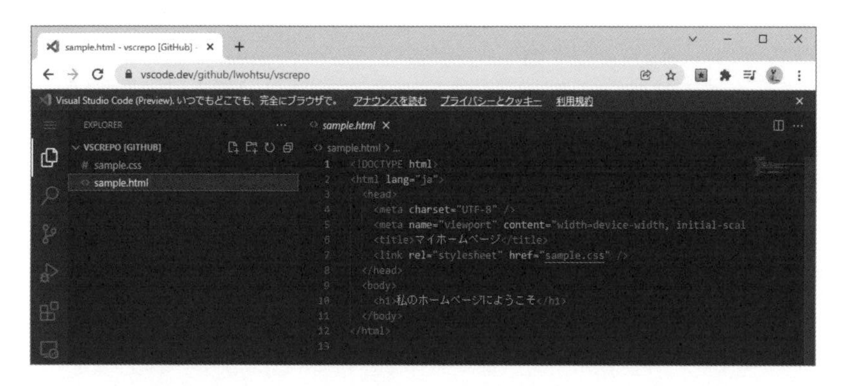

リモートリポジトリに対する変更は、ソース管理ビューでコミットできます。

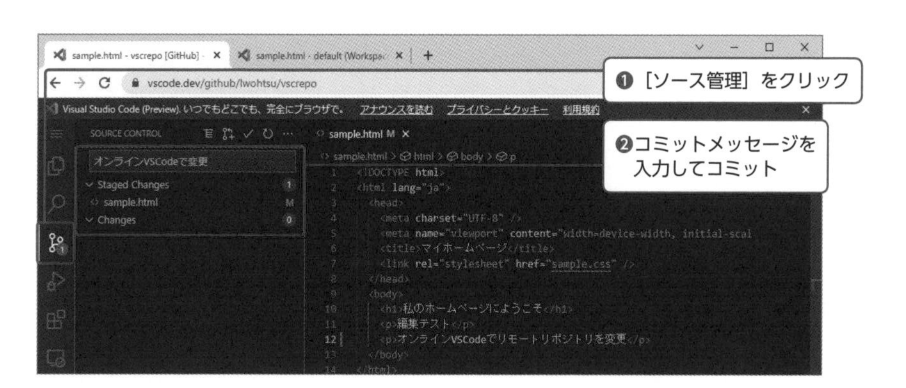

ほかの人のコミットが直ちに反映されていない場合は、ステータスバーの更新アイコンをクリックしてみてください。

リモートリポジトリの直接ファイル編集に最適

実はGitHub上のリポジトリであれば、もっと簡単に開く方法があります。リポジトリURLの「github.com」の前に、「vscode.dev/」を付けてあげればいいのです。それだけでオンライン版VSCodeでリポジトリを開くことができます。

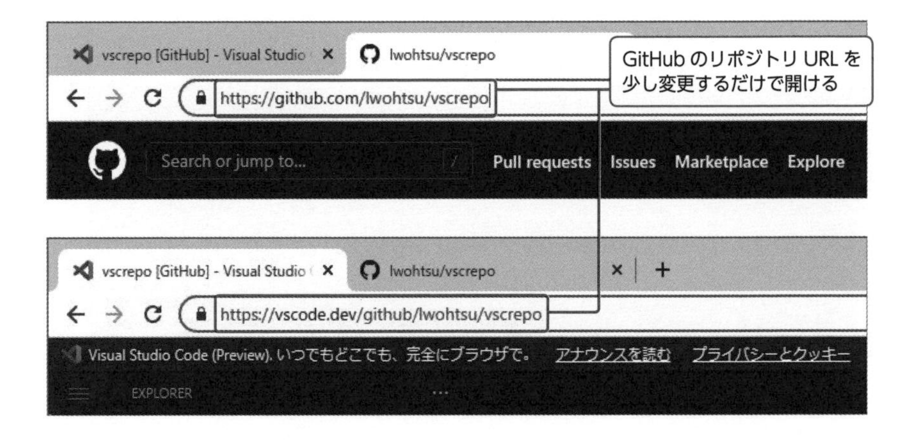

オンライン版VSCodeにはさまざまな制限がありますが、少なくともテキスト編集に関してはデスクトップ版と同等の機能を利用できます。出先などで、たまたまVSCodeがインストールされていないパソコンで編集する必要がある場合に役立ちそうです。また、Webブラウザしかない**Chromebookでも利用できる**ので、メインのテキストエディターとして重宝するでしょう。

特に力を発揮するのは、**GitHub上のファイルを手軽に編集したい場合**でしょう。GitHubのファイル編集（P.227参照）に比べると、格段に優れた編集機能を提供してくれます。「リモートリポジトリのファイルは、ローカルにクローンしてから編集するもの」という常識を塗り替えかねない、ポテンシャルを秘めているといえます。

Appendix

主な
ショートカット＆
設定一覧

主なショートカット一覧

基本操作

Windows	Mac	説明
Ctrl+Shift+P	command+shift+P	コマンドパレットを開く
Ctrl+P	command+P	クイックオープンを開く
Ctrl+,	command+,	ユーザー画面設定を開く
Ctrl+K→Ctrl+S	command+K→command+S	キーボードショートカットを開く
Ctrl+Shift+W	command+shift+W	VSCodeを閉じる

基本的な編集作業

Windows	Mac	説明
Ctrl+X	command+X	切り取り
Ctrl+C	command+C	コピー
Alt+↑または↓	option+↑または↓	カーソルがある行を上または下へ移動
Shift+Alt+↑または↓	shift+option+↑または↓	カーソルがある行を上または下へコピー
Ctrl+Shift+K	command+shift+K	行を削除
Ctrl+Enter	command+enter	下に行を挿入
Ctrl+Shift+Enter	command+shift+enter	上に行を挿入
Ctrl+shift+\	command+shift+\	対応するブラケット（かっこ）へ移動
Ctrl+]または[	command+]または[	インデントを入れるまたははずす
HomeまたはEnd	fn+←または→	行頭または行末へ移動
Ctrl+HomeまたはEnd	command+↑または↓	ファイルの先頭または最終行へ移動
Ctrl+↑または↓	ctrl+fn+↑または↓	行単位でスクロールする
Alt+PgUpまたはPgDn	command+fn+↑または↓	ページ単位でスクロールする
Ctrl+Shift+[	command+option+[	ブロックを折りたたむ
Ctrl+Shift+]	command+option+]	折りたたみを解除する
Ctrl+/	command+/	行コメントを切り替える
Alt+Z	option+Z	文字の折り返し設定を切り替える

検索と置換

Windows	Mac	説明
Ctrl+F	command+F	検索する
Ctrl+H	option+command+F	置換する
F3	command+G	次の検索結果に移動
Shift+F3	command+shift+G	前の検索結果に移動
Alt+Enter	option+Enter	検索にマッチしたすべてを選択

マルチカーソルと選択

Windows	Mac	説明
Alt+クリック	option+クリック	カーソルの追加
Ctrl+Alt+↑または↓	option+command+↑ または↓	カーソルを上に追加
Ctrl+U	command+U	最後のカーソル操作を取り消す
Shift+Alt+I	shift+option+I	選択した行の行末にカーソルを追加
Ctrl+L	command+L	行を選択する
Ctrl+Shift+L	command+shift+L	現在の選択と同じ出現をすべて選択する
Ctrl+F2	command+F2	カーソルがある単語と同じ出現をすべて選択する
Shift+Alt+→または←	ctrl+shift+command+→ または←	選択を拡大または縮小する
Shift+Alt+ マウスドラッグ	shift+option+ マウスドラッグ	矩形選択をする

ナビゲーション

Windows	Mac	説明
Ctrl+T	command+T	ワークスペース内のシンボルへ移動する
Ctrl+G	command+G	指定行へ移動する
Ctrl+Shift+O	command+shift+O	ファイル内のシンボルへ移動する
F8またはShift+F8	F8またはshift+F8	次または前のエラーに移動する
Alt+→または←	ctrl+_またはctrl+−	次に進むまたは前に戻る

エディター管理

Windows	Mac	説明
Ctrl+W	command+W	タブを閉じる
Ctrl+K→Ctrl+W	command+K→command+W	すべてのタブを閉じる
Ctrl+Shift+T	command+shift+T	閉じたタブを再度開く
Ctrl+K→F	command+K→F	フォルダーを閉じる
Ctrl+¥	ctrl+option+command+¥	エディターを分割する
Ctrl+1または2または3	command+1または2または3	指定した番号のエディターグループにフォーカスする
Ctrl+K→Ctrl+←または→	command+K→command+←または→	左右のエディターグループにフォーカスする
Ctrl+Shift+PgUpまたはPgDn	command+K→command+shift+←または→	タブを左右に移動させる
Ctrl+PgUpまたはPgDn	option+command+←または→	タブ移動をする

ファイル管理

Windows	Mac	説明
Ctrl+N	command+N	無題のファイルを新規作成
Ctrl+O	command+O	ファイルを開く
Ctrl+R	command+R	最近開いた項目の履歴を開く
Ctrl+S	command+S	ファイルを保存
Ctrl+Shift+S	command+shift+S	ファイルに名前をつけて保存
Ctrl+K→S	command+option+S	すべてのファイルを保存
Ctrl+K→P	command+K→P	ファイルのパスをコピー
Ctrl+K→R	command+K→R	ファイルをエクスプローラー（ファインダー）で開く

表示

Windows	Mac	説明
F11	ctrl + command + F	フルスクリーンの切り替え
Shift + Alt + 0	option + command + 0	エディターレイアウトの切り替え
Ctrl + + または −	command + shift + + または command + −	ズームイン、ズームアウト
Ctrl + B	command + B	サイドバー表示の切り替え
Ctrl + Shift + E	command + shift + E	エクスプローラーを表示する、フォーカスの切り替え
Ctrl + Shift + F	command + shift + F	検索ビューを開く
Ctrl + Shift + G	command + shift + G	ソース管理を開く、フォーカスの切り替え
Ctrl + Shift + D	command + shift + D	デバッグビューを開く、フォーカスの切り替え
Ctrl + Shift + X	command + shift + X	拡張機能ビューを開く、フォーカスの切り替え
Ctrl + Shift + H	command + shift + H	検索ビュー（置換）を開く
Ctrl + Shift + J	command + shift + J	検索ビューで検索詳細を切り替え
Ctrl + Shift + U	command + shift + U	出力パネルを開く
Ctrl + Shift + V	command + shift + V	マークダウンプレビューを開く
Ctrl + K → V	command + K → V	マークダウンプレビューを隣に開く
Ctrl + K → Z	command + K → Z	Zen モードの切り替え

主な設定一覧

editor.autoClosingBrackets

ユーザーが左角かっこを追加した際に自動的に右角かっこを挿入するかどうかを制御

設定値	説明
always	常にかっこを閉じる
languageDefined	言語設定を利用して、いつ自動でかっこを閉じるか決定する
beforeWhitespace	カーソルが空白文字の左にあるときだけかっこを自動で閉じる
never	自動的にかっこを閉じない

editor.bracketPairColorization.enabled

角かっこのペアの彩色を有効にするか制御

editor.cursorBlinking

カーソルのアニメーション方式を制御

設定値	説明
blink	はっきりと点滅する
smooth	滑らかに点滅する
phase	段階的に点滅する
expand	拡大するように点滅する
splid	点滅しない

editor.cursorStyle

カーソルのスタイルを設定

設定値	説明
line	縦線
block	ブロック
underline	下線
line-thin	lineより細い
block-outline	blockの外枠のみ
underline-thin	underlineより細い

editor.multiCursorPaste

貼り付けたテキストの行数がカーソル行と一致している場合の貼り付けを制御

設定値	説明
spread	カーソルごとにテキストを1行ずつに貼り付ける
full	各カーソルに全文を貼り付ける

editor.wordWrap

行の折り返し方法を制御

設定値	説明
off	行を折り返さない
on	行をエディターの端で折り返す
wordWrapColumn	「editor.wordWrapColumn」で行を折り返す
bounded	エディターと「editor.wordWrapColumn」の最小値で行を折り返す

editor.tabSize

1つのタブに相当するスペースの数を制御

editor.insertSpaces

Tabキーを押した際にスペースを挿入するかどうかを制御

editor.renderWhitespace

エディターで空白文字を表示するかどうかを制御

設定値	説明
none	空白文字を表示しない
boundary	単語間の単一スペース以外の空白文字を表示
selection	選択したテキストにのみ空白文字を表示
trailing	末尾の空白文字のみ表示
all	すべての空白文字を表示

editor.scrollbar.horizontal

水平スクロールバーの表示を制御

設定値	説明
auto	必要に応じて表示される
visible	常に表示される
hidden	常に表示されない

editor.scrollbar.vertical

垂直スクロールバーの表示を制御

設定値	説明
auto	必要に応じて表示される
visible	常に表示される
hidden	常に表示されない

editor.wrappingIndent

折り返し行のインデントを制御

設定値	説明
none	インデントしない
same	親と同じインデントになる
indent	親+1のインデントになる
deepIndent	親+2のインデントになる

editor.lineHeight

行の高さを制御 (P.79参照)

editor.lineNumbers

行番号の表示を制御 (P.80参照)

editor.fontFamily

フォントの種類を制御 (P.76参照)

editor.fontSize

フォントのサイズを制御 (P.78参照)

editor.fontWeight

フォントの太さを制御

- settings.jsonで指定する
- 「normal (標準)」または「bold (太字)」のキーワードか、1～1000の数字で指定する

workbench.colorTheme

配色のテーマを制御 (P.89参照)

editor.minimap.enabled

ミニマップを表示するかどうか制御

editor.minimap.showSlider

ミニマップスライダーを表示するタイミングを制御

設定値	説明
always	常に表示される
mouseover	マウスオーバーした際に表示される

editor.formatOnSave

ファイルを保存する場合にフォーマットするか制御（フォーマッタが有効なときのみ）

workbench.panel.defaultLocation

パネル（端末、デバッグ、コンソール、出力、問題）の規定の場所を制御

設定値	説明
left	ワークベンチの左に表示される
bottom	ワークベンチの下に表示される
right	ワークベンチの右に表示される

window.newWindowDimensions

新しく開くウィンドウのサイズを制御

設定値	説明
default	画面の中央に開く
inherit	最後にアクティブだったウィンドウと同じサイズで開く
offset	最後にアクティブだったウィンドウと同じサイズのウィンドウをオフセット位置で開く
maximized	最大化したウィンドウを開く
fullscreen	全画面表示モードで開く

explorer.copyRelativePathSeparator

相対ファイルパスをコピーする場合に使用するパス区切り文字を制御

設定値	説明
/	スラッシュをパス区切り文字として使用
\	円マークをパス区切り文字として使用
auto	OSの特定のパス区切り文字を使用

terminal.integrated.rightClickBehavior

右クリックに対するターミナルの反応を制御

設定値	説明
default	コンテキストメニューを表示する
copyPaste	選択範囲がある場合はコピーし、それ以外の場合は貼り付ける
paste	右クリック時に貼り付ける
selectWord	カーソルの下にある単語を選択してコンテキストメニューを表示する

INDEX

サ行

タ行

ナ行・ハ行

マ行

ヤ行

ラ行

ワ行

■著者

リブロワークス

書籍の企画、編集、デザインを手がけるプロダクション。取り扱うテーマはSNS、プログラミング、Web デザインなど IT 系 を中心に幅広い。最近の著書は、『スラスラ読める Python ふりがなプログラミング スクレイピング入門』（インプレス）、『今すぐ使えるかんたん Ex PowerPoint ビジネス作図プロ技 BEST セレクション』（技術評論社）、『ビデオ会議 & ウェビナーまるわかり Zoom 実用ワザ大全』（日経 BP）、『みんなが欲しかった！IT パスポートの教科書 & 問題集 2022 年度』（TAC 出版）など。
https://www.libroworks.co.jp/

■スタッフリスト

カバーデザイン	西垂水 敦・市川さつき（krran）
カバーイラスト	山田 稔
本文デザイン・DTP	リブロワークス
制作担当デスク	柏倉真理子
デザイン制作室	今津幸弘
編集協力	浦上諒子
副編集長	田淵 豪
編集長	藤井貴志

■商品に関する問い合わせ先

このたびは弊社商品をご購入いただきありがとうございます。本書の内容などに関するお問い合わせは、下記のURLまたは二次元バーコードにある問い合わせフォームからお送りください。

https://book.impress.co.jp/info/

上記フォームがご利用いただけない場合のメールでの問い合わせ先

info@impress.co.jp

※お問い合わせの際は、書名、ISBN、お名前、お電話番号、メールアドレス に加えて、「該当するページ」と「具体的なご質問内容」「お使いの動作環境」を必ずご明記ください。なお、本書の範囲を超えるご質問にはお答えできないのでご了承ください。

●電話や FAX でのご質問には対応しておりません。また、封書でのお問い合わせは回答までに日数をいただく場合があります。あらかじめご了承ください。

●インプレスブックスの本書情報ページ https://book.impress.co.jp/books/1121101051 では、本書のサポート情報や正誤表・訂正情報などを提供しています。あわせてご確認ください。

●本書の奥付に記載されている初版発行日から 3 年が経過した場合、もしくは本書で紹介している製品やサービスについて提供会社によるサポートが終了した場合はご質問にお答えできない場合があります。

■落丁・乱丁本などの問い合わせ先

FAX 03-6837-5023

service@impress.co.jp

※古書店で購入された商品はお取り替えできません。

Visual Studio Code 完全入門

（ビジュアル スタジオ コード かんぜんにゅうもん）

Web クリエイター&エンジニアの作業がはかどる新世代エディターの操り方

2022 年 3 月 11 日 初版発行
2022 年 10 月 21 日 第 1 版第 3 刷発行

著 者 リブロワークス

発行人 小川 亨

編集人 高橋隆志

発行所 株式会社インプレス

〒 101-0051 東京都千代田区神田神保町一丁目 105 番地

ホームページ https://book.impress.co.jp/

印刷所 音羽印刷株式会社

ISBN 978-4-295-01345-7 C3055

Printed in Japan